Éthique et pratique médicale
fondée par Richard Moreau
Collection dirigée par Roger Teyssou

La collection « Éthique et pratique médicale » est une tribune qui permet à tous les acteurs du monde de la santé, professionnels, enseignants, administrateurs, économistes et patients d'exposer leurs opinions, de décrire leur expérience et de proposer des solutions aux problèmes posés par une profession en pleine mutation, et ce en toute indépendance et en conformité avec la déontologie et les bonnes pratiques médicales.

Dernières parutions

Thibaut COUSSENS-BARRE, *La patrimonialisation des collections d'échantillons biologiques*, 2022.
Christian PIROLLI, *Passeur… Par maux et par mots de patients, la parole d'un médecin*, 2022.
Faouzia PERRIN, *L'État et la santé. Quelle finalité à la politique de santé ?*, 2022.
Michel PINGET et Arnaud BUBECK (dir.), *Regards croisés sur le diabète. La maladie chronique : une rupture dans le temps de la vie,* 2022.
Pierre-Luc L'HERMITE, *La preuve médicale au XXIe siècle*, 2022.
Bernard MARROT, *Politique d'organisation du système de santé en France,* 2022.
Patrice COUZIGOU, *Écologie interne et relation soignante, Médecine de la personne et de ses comportements*, 2022.
Julie LENOBLE-MARTIN, *Le droit d'accès aux soins des personnes sourdes en France*, 2021.
Alain GOLDCHER, *Bien vivre avec un « oignon ». Questions/réponses illustrées sur l'hallux valgus, le trouble statique le plus fréquent*, 2021.
Jeannot BAANITSE, *Soins palliatifs en RD Congo et en Afrique. Appel à la promotion et l'intégration,* 2021.
François MATH, *La recherche médicale française. Hier on la trouvait, aujourd'hui on la cherche,* 2021.
Jacques MORNAT, *Choix et médecine*, 2021.

STRATÉGIE DE CONCEPTION D'EXPÉRIENCE PATIENT

5-7, rue de l'École-Polytechnique ; 75005 Paris

http://www.editions-harmattan.fr/

ISBN : 978-2-14-034722-1
EAN : 9782140347221

Marion Dragée

Stratégie de conception d'expérience patient

Tome 1
La recherche terrain

L'Harmattan

Du même auteur :

Stratégie de conception d'expérience patient, Tome 2 La coconception numérique, éditions l'Harmattan.

Illustrations

Remerciements

Merci à mes parents qui m'ont toujours soutenue, à Aurélien qui m'a fait repousser les ailes et à Flo pour m'avoir éclairée sur des évidences que je ne voyais pas.

Merci à Sébastien Cornuaud, membre de l'association AdaBD, pour ses conseils en matière de droit et de responsabilité, ainsi qu'à Sébastien Fauconnet pour ses précieuses interventions.

Merci aussi aux relecteurs de ce tome, Christelle Piatti, Biljana Antovska, Luz Delgado, Nabil Thalmann, Mathilde Jenn, Clément Wawrzyniak et Hanen Leroy.

Merci enfin à tous ceux qui m'ont encouragée, porteurs invisibles de cette ambitieuse aventure.

Sommaire

« Ni acier ni surhomme, le résilient ne peut pas échapper à l'oxymoron dont la perle de l'huître pourrait être l'emblème : quand un grain de sable pénètre dans une huître et l'agresse au point que, pour s'en défendre, elle doit sécréter la nacre arrondie, cette réaction de défense donne un bijou dur, brillant et précieux. »

Boris Cyrulnik,
1999

SOIGNER LE VIVANT

La santé nous concerne tous. Que ce soit dès le plus jeune âge ou avec le vieillissement, que ce soit au travers d'une maladie, celle d'un proche, ou juste par le biais de la prévention quotidienne. Dans notre vie, nous faisons tous la rencontre des maux de notre corps et de notre esprit ; nous prenons conscience parfois brutalement de notre vulnérabilité. À l'heure où le transhumanisme[1] et l'immortalité surgissent comme des rêves fous, mais plausibles, je vous propose une immersion dans notre corps et notre esprit, dans ce qu'ils ont d'insaisissable, d'expérientiel et d'éphémère. Notre vie est courte et malgré tout pourvue d'une multitude d'instants, de moments, de périodes, et d'ères nous modelant.

Comme une ode à la tendresse de notre abîme, je vous invite personnellement à rester sur terre ; à embrasser les incertitudes et les fragilités pour mieux les accepter et les comprendre ; à concevoir les troubles du corps et de l'esprit, non comme des anormalités, mais comme des particularités, et à admettre la nuance comme une énergie de vie, évolutive, censée et formidablement enrichissante.

Partager des connaissances utiles pour la réalisation de solutions e-santé est l'objectif principal de cet ouvrage. La littératie francophone à ce sujet me semble peu accessible ; et, avec toutes les peines du monde, j'ai souhaité synthétiser les documents intéressants pour vous aider dans la coconception de solutions numériques en santé. J'en profite par ailleurs pour demander d'avance pardon aux scientifiques ayant travaillé parfois de nombreuses années sur des sujets que j'aurais potentiellement trop vulgarisés, survolés, ou peut-être retranscrits ici avec maladresse, loin de la rigueur de leurs

---

[1] Courant de pensée qui vise l'amélioration des capacités intellectuelles, physiques et psychiques de l'être humain grâce à l'usage de procédés scientifiques et techniques (manipulation génétique, nanotechnologies, intelligence artificielle, etc.). Conviction idéologique plus qu'une position solidement argumentée, le transhumanisme est contesté aussi bien d'un point de vue scientifique qu'éthique. https://www.larousse.fr/dictionnaires/francais/transhumanisme/188207, consulté le 11 juin 2021 à 8 h 30.

recherches. Cet ouvrage ne reflète pas la qualité de leurs investigations.

Je souhaite surtout à travers ce livre aider les concepteurs dans la réalisation des solutions en santé. Aux vues des dernières publications scientifiques et intérêts grandissants de la part des industriels et des acteurs de santé, il est à ne pas douter que ce livre est obsolète à l'heure où il paraît. C'est un fait que nous devons avoir en tête. Une seconde édition de cet ouvrage sera publiée dans les années proches, je le souhaite, pour pallier cet aspect très évolutif du secteur.

Les méthodes de conception ne seront pas réellement détaillées, mais simplement indiquées. Ce livre n'est donc pas destiné à ceux qui souhaitent apprendre les techniques de design. Il s'adresse à ceux qui ont déjà une certaine connaissance du design et qui sont convaincus que centrer la conception en santé sur l'expérience du patient est fondamental ; il s'adresse également à ceux qui ne sont pas concepteurs, mais qui souhaitent comprendre comment le design s'insère dans le secteur de la santé. Les terminologies sont techniques parfois, mais restent accessibles. Ce livre est en effet destiné à vous orienter, à cadrer votre réflexion aussi bien dans l'anticipation du projet que dans votre inspiration créatrice et technologique.

L'être humain a besoin des technologies pour pallier certains troubles générés par son environnement, comme il a pallié les difficultés à chasser et à bien s'alimenter en taillant des outils dans la pierre. Si l'hygiène de vie, la pleine conscience, l'écoute de soi et la sérénité sont des méthodes avérées pour retrouver un bon équilibre de vie, ces techniques ne sont ni prothétiques ni orthétiques lorsqu'une nécessaire béquille artificielle est de mise ; ce à quoi peuvent prétendre les technologies numériques en santé : apporter un soutien médical à l'être humain.

Il conviendra d'identifier les différences et particularités entre la conception d'expérience dans le secteur de la consommation et celui de la santé. Nous verrons un peu plus tard dans le livre que la distinction n'est pas si évidente, comme aux États-Unis où le système de santé est très différent du nôtre et où la prévention grâce aux objets connectés devient de plus en plus incontournable, et même un consommable. Ce besoin d'être en forme et la possibilité de chiffrer son état de santé devient une monnaie d'échange comme une garantie, pour une assurance à prix avantageux ou toute autre forme d'intéressement. Un business s'est formé, et les contours de l'éthique se fondent de plus en plus dans les intérêts industriels.

Apporter des solutions numériques en santé reste possible de façon éthique naturellement. Il conviendra simplement de rester vigilant quant à l'origine de la conception et à son hébergement. Le médecin deviendra par ailleurs un gage de bon choix et du bon usage de la solution. Pierre angulaire de notre système de santé, son rôle se modifiera dans les années à venir, dans ses missions quotidiennes et sa relation au patient. Dans l'intérêt de ces derniers, il faudra d'ailleurs revoir la formation du métier de designer en santé en créant un cursus universitaire incluant les notions de philosophie, de physiologie connectée et de cyberpsychologie. Il sera donc un chef de projet e-santé dont le rôle principal sera de créer une maïeutique globale entre les expertises médicales et l'expérience des patients. Ce design en santé devra être enseigné comme cursus spécifique de la médecine tant il influence la qualité de vie et la rémission des patients. Une initiation à l'intelligence artificielle est déjà intégrée au cours des futurs médecins. Qu'en est-il de l'expérience patient vis-à-vis de ces technologies ?

Enfin, évitons à tout prix le productivisme et la consommation numérique du bien-être ; éduquons les personnes à leur émancipation, à leur indépendance, et à leur bonheur frugal. C'est notre responsabilité contemporaine. Le produit intérieur brut étant

directement lié à la consommation de la population ; et sa croissance fait étroitement écho à l'O_2 émis selon Jean-Marc Jancovici, enseignant et conférencier français. La consommation mondiale a le pouvoir de faire changer les choses.

Attardons-nous donc un peu sur ce sujet brûlant qu'est l'effondrement à venir : les inégalités sociales influencent l'accélération de ce processus. Et la santé est particulièrement concernée. Le modèle *HANDY* cofinancé par la *NASA*[1] est un modèle mathématique basé sur des prédicateurs de l'effondrement de la société. Plusieurs scénarios sont possibles pour cet effondrement même si le rôle des inégalités sociales dans ce basculement est majoritaire. Il est à noter que plus une société aurait d'inégalités, plus elle s'effondrerait de manière radicale et irréversible. Le modèle « *HANDY* », fondé sur la *Dynamique Homme-Nature*, et basé sur le modèle *Prédateur-Proie*, modélise les inégalités et l'exploitation des ressources selon la perspective de l'effondrement. Il prouve qu'un équilibre est possible dans le cas où l'exploitation des ressources naturelles serait réduite et distribuée de façon équitable ; en d'autres termes, si l'homme cesse d'être un prédateur pour la nature. Par ailleurs, « *Les Limites à la croissance (dans un monde fini)* », est le « *rapport Meadows* » commandé par les chercheurs du *Massachusetts Institute of Technology (MIT)* en 1970, et soutenu en 1972 par le *Club de Rome*, groupe de réflexion économique et scientifique, argue que la croissance ne pourra pas continuer, et qu'une des solutions serait de répartir les richesses et limiter les progrès technologiques. En victimes et responsables, nous ne pouvons jeter la pierre à personne. Et nous ne sommes pas encore suffisamment avertis pour influencer positivement et massivement cette destinée ; le système économique n'aide pas.

Nous ne pouvons pas faire notre travail de designer en toute insouciance. Et réduire les inégalités sociales est un enjeu auquel peuvent répondre les designers.

---

1 *National Aeronautics and Space Administration.*

1

CONNAÎTRE LES ORIGINES

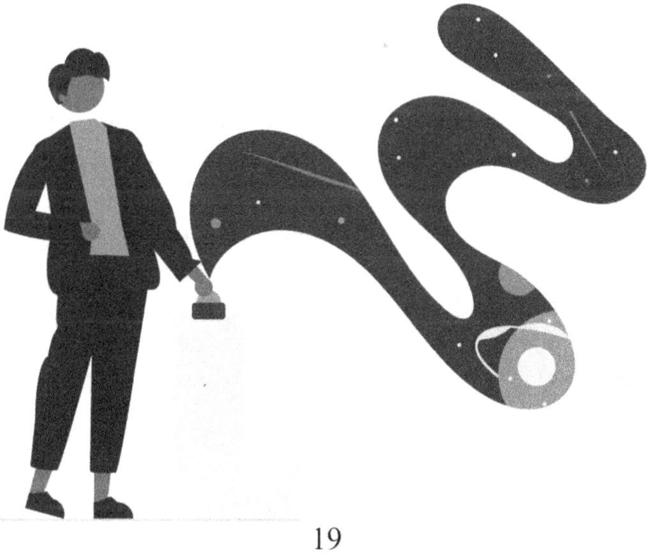

1.1. Genèse de la e-santé

1.1.1. Les origines

Jusqu'au XIIe siècle, les prêtres étaient seuls détenteurs du savoir. Ils étaient à la fois porteurs de la parole de Dieu, médecins et apothicaires. Pour être claire, vous alliez le voir pour vous confesser ; il en profitait pour vous dire que vous êtes malade et vous vendre un remède. Ce n'est que vers le XIIIe siècle que prêtres et médecins se sont vus devenir deux professions différentes.

Et il aura fallu un siècle pour que les professions de médecin et d'apothicaire soient ensuite séparées par la loi. Le but était d'éviter les abus commerciaux de la part des médecins. Il devient dès lors interdit pour ces derniers d'avoir un quelconque rapport avec l'activité d'apothicaire, que ce soit la leur ou celle d'un autre, dans les matières premières ou les matières transformées.

En d'autres termes, une régulation de l'activité de médecin est mise en place afin de préserver le patient d'abus dans la prescription des médicaments. Les médecins faisaient en effet varier les prix selon la demande et leurs intérêts lucratifs.

Au XIXe siècle, avant l'industrialisation de la médicamentation, nous trouvions encore de nombreuses boutiques d'apothicaire dans les villes. Les façades sont parfois en bon état encore aujourd'hui et peuvent s'admirer. Ce n'est qu'à l'heure du gain de place que les pots se transformèrent en boîtes, les étagères en présentoirs, et les apothicaires en pharmaciens. Nous sommes passés en un siècle, de l'apothicaire effrayant dont on jugeait ses actes incompréhensibles comme des *diableries*[1] à un lobbying pharmaceutique vertigineux et proéminent.

Mais un besoin de prévention et d'autonomie se fait de plus en plus prégnant. Les médicaments commencent à être critiqués, voire rejetés. La nécessité de mieux prendre soin de sa santé en amont de la maladie est exprimée. Mais la demande forte ne peut pas être assurée par les médecins, en sous-effectif sur le territoire français.

---

1 Lefébure, C. (1999). *La France des pharmacies anciennes,* Privat.

Le design en santé constitue un nouveau type d'accompagnement thérapeutique, en mesure de combler en partie les brèches territoriales. Il crée de nouvelles formes de pratiques médicales grâce aux usages transformés et aux besoins révélés. Les soins bénéficient de médias de partage avec les outils digitaux et de nouveaux modes de communication.

La médecine chimique et post-traumatique occidentale, qui depuis des millénaires repose sur l'absorption de plantes médicinales et de soins externes, devient de plus en plus communicante et préventive, voire prédictive avec l'intelligence artificielle. Les multiples technologies permettent aujourd'hui d'ancrer plus facilement la prophylaxie dans le quotidien de la population et d'y associer l'hygiène de vie correspondante.

En 1999, lors du 7e congrès international de télémédecine, John Mitchell définit pour la première fois le terme e-Health comme étant « *l'usage combiné de l'internet et des technologies de l'information à des fins cliniques, éducationnelles et administratives, à la fois localement et à distance* ».

En 2005, c'est le terme de Mobile Health, ou Mhealth, qui est défini par le Professeur Robert Istepanian, comme étant « *l'utilisation des communications mobiles émergentes en santé publique* ».

En 2009, la santé mobile, devenue très vite un phénomène mondial, a ensuite été définie par l'OMS comme étant la sphère des « *pratiques médicales et de santé publique reposant sur des dispositifs mobiles tels que téléphones portables, systèmes de surveillance des patients, assistants numériques personnels et autres appareils sans fil* ».

Le décret du 19 **octobre 2010**, en France, inscrit la télémédecine dans la loi avec un cadre réglementaire.

Parmi les actes constitutifs de la télémédecine sont la téléconsultation, la téléexpertise, la télésurveillance médicale, et la téléassistance médicale, une réponse apportée dans le cadre de la régulation médicale[1]. Les applications de santé mobile sont en plein essor depuis, y compris dans la santé mentale qui bénéficie d'un accompagnement 24h/24, 7j/7. Ce qui était avant irréalisable sans

---

[1] Cnom, C. N. (2015). *Santé Connectée, De la e-santé à la santé connectée.* CNOM - Conseil national de l'ordre des médecins . Livre blanc.

être interné en Hôpital Psychiatrique est dorénavant possible grâce aux technologies mobiles.

« *Smartphone, tablette, Wearable camera, montre intelligente et bientôt drone forment une constellation de technologies digitales d'écriture et d'écrans connectés dans les mains des usagers* »[1], déployant de nombreuses possibilités de communication, c'est-à-dire d'impression du *réel*[2].

En **avril 2014**, la Commission européenne avait mis en place une consultation publique concernant les exigences de sécurité des données de santé et de performance des applications en santé mobile. Les données de santé seront donc bien entendu un sujet incontournable de vos conceptions. En dépend clairement la qualité de l'accompagnement numérique. Elles sont des propriétés individuelles à l'instar des informations physiques et physiologiques.

D'ailleurs, il faut reconnaître l'engagement des entreprises de l'Économie Sociale et Solidaire (ESS) ayant fait le choix de ne pas suivre les Business Angels peu scrupuleux en matière de protection des données. Le modèle d'affaires de ces sociétés de l'ESS a donc une croissance peut-être un peu plus longue, mais plus solide, durable et incontestablement plus éthique. Faire progresser notre société sans mettre à mal le principe de solidarité est important. Par ce biais, nous pouvons réconcilier le médecin et le concepteur d'expérience centré sur le patient.

Grâce aux Sciences Humaines et Sociales donc le numérique crée de meilleures expériences utilisateurs. Ces pratiques de Conception Centrée sur l'Utilisateur (CCU) se développent dans les années 90, et en font rapidement bénéficier la e-santé. Les innovations numériques en santé sont alors possibles, car conçues *par* et *pour* le patient.

L'organisation de la médecine change, basée sur les pratiques des patients eux-mêmes, construisant le radeau de leur émancipation grâce au savoir[3]. C'est ensuite par la réalisation de tests cliniques

---

1 Allard, L. (2015). *Manifeste des arts mobiles actuels*. Université de Nîmes, Laboratoire PROJEKT.

2 J'ai hésité sur ce terme, car entre réel et réalité, il y a une différence qui se situe dans la perception et l'expérimentation. Un vaste sujet sur lequel je ne peux pas me permettre de m'attarder. Il faudra donc prendre ce terme avec toute l'ambiguïté qu'il possède.

3 Normand, A. (2017). *La révolution de la e-santé, objets connectés, applis, big data, médecine prédictive*. Eyrolles.

démontrant l'efficacité des objets connectés et application de santé que le remboursement par la sécurité sociale est rendu possible. Il a été mis en place **en 2018**. L'appellation « Dispositif Médical » est ainsi réglementée.

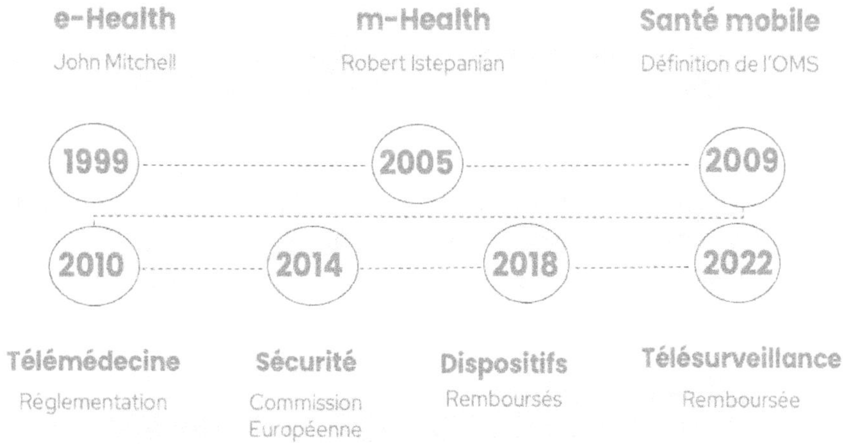

Continuum chronologique de l'évolution du domaine.

Enfin, le **30 décembre 2022**, le décret 2022-1763 inscrit la télésurveillance médicale dans les prises en charge remboursées, sous conditions évidemment liées à la stratégie thérapeutique et aux spécificités techniques du dispositif médical numérique.

Par ailleurs, au croisement des échanges entre les protagonistes de votre projet se situe aussi la vie privée du patient.

Le concepteur de solutions en santé doit donc s'engager dans le respect et la protection de ses informations personnelles au même titre que le docteur s'engage depuis des siècles avec le serment d'Hippocrate, dont on trouve la définition, revue en 2012, sur le site du Conseil national de l'ordre des médecins :

« *Au moment d'être admis(e) à exercer la médecine, je promets et je jure d'être fidèle aux lois de l'honneur et de la probité.*

- *Mon premier souci sera de rétablir, de préserver ou de promouvoir la santé dans tous ses éléments, physiques et mentaux, individuels et sociaux.*
- *Je respecterai toutes les personnes, leur autonomie et leur volonté, sans aucune discrimination selon leur état ou leurs*

convictions. J'interviendrai pour les protéger si elles sont affaiblies, vulnérables ou menacées dans leur intégrité ou leur dignité. Même sous la contrainte, je ne ferai pas usage de mes connaissances contre les lois de l'humanité.

- *J'informerai les patients des décisions envisagées, de leurs raisons et de leurs conséquences.*
- *Je ne tromperai jamais leur confiance et n'exploiterai pas le pouvoir hérité des circonstances pour forcer les consciences.*
- *Je donnerai mes soins à l'indigent et à quiconque me les demandera. Je ne me laisserai pas influencer par la soif du gain ou la recherche de la gloire.*
- *Admis(e) dans l'intimité des personnes, je tairai les secrets qui me seront confiés. Reçu(e) à l'intérieur des maisons, je respecterai les secrets des foyers et ma conduite ne servira pas à corrompre les mœurs.*
- *Je ferai tout pour soulager les souffrances. Je ne prolongerai pas abusivement les agonies. Je ne provoquerai jamais la mort délibérément.*
- Je préserverai l'indépendance nécessaire à l'accomplissement de ma mission. *Je n'entreprendrai rien qui dépasse mes compétences. Je les entretiendrai et les perfectionnerai pour assurer au mieux les services qui me seront demandés.*
- *J'apporterai mon aide à mes confrères* ainsi qu'à leurs familles dans l'adversité.
- Que les hommes et mes confrères m'accordent leur estime si je suis fidèle à mes promesses ; que je sois déshonoré(e) et méprisé(e) si j'y manque. »[1]

Notre système de santé mue pour correspondre aux nouveaux besoins des usagers de la vie. Et bien vivre, c'est-à-dire vivre en bonne santé, dans une vie où nous sommes voués à mourir, c'est finalement bien vieillir.

---

[1] Cnom, Conseil National De L'ordre Des Médecins (2021) *Serment d'Hippocrate*, https://www.conseil-national.medecin.fr/medecin/devoirs-droits/serment-dhippocrate, consulté le 07 juin 2021.

Cela revient à « endurer la durée. »[1]. Conseiller et accompagner les personnes dans la construction d'habitudes de vie saines ; leur partager des informations de santé de façon transparente et pas forcément prémâchée ; les avertir quand des risques les concernant apparaissent ; ce système de santé préventif est en France. Il est déjà une norme aux États-Unis où le système de santé, différent du nôtre a justement contribué à déployer ces compagnons quotidiens.

1.1.2. Du bien-être au médical

« La démarche (...) intégrative de l'Organisation mondiale pour la Santé (OMS) : ce n'est plus seulement l'absence de maladie qu'il faut chercher à atteindre, mais un bien-être physique, psychique, social - et ajoutons environnemental. »

C. Fleury,
2019[2]

---

1 Fleury, C. (2002). *Pretium Doloris, l'accident comme souci de soi,* Pluriel.
2 Fleury, C. (2019). *Le soin est un humanisme,* Gallimard, op. Cit. p.9

Si l'on considère que le bien-être des citoyens est essentiel à l'évaluation de la santé globale comme le font certains pays[1], on considère également que le bien-être physique, sanitaire, social, culturel, émotif, psychique, participe à la qualité de vie. En ce sens, le design centré sur l'usager peut faire office de maïeutique entre leurs avis et ressentis et les services en santé proposés. En effet, le designer centré sur la personne, même hors du secteur de la santé, se demande en général quelle est la meilleure approche possible pour améliorer la vie des usagers.

De fait, le design participatif où le patient est intégré à l'acte de conception se révèle être particulièrement pertinent en santé. Il contribue à la réassurance des patients dans les thérapies numériques et améliore l'adhésion au traitement en fournissant des conditions de prise en charge définies par les patients eux-mêmes.

Rappelons que l'objectif du bien-être était d'ores et déjà présent au début du XXe siècle, quand les objets « design » furent rendus accessibles à toutes les classes sociales en industrialisant l'Art - c'est-à-dire le « *beau* » - via les objets du quotidien. Le but était de vendre des objets fonctionnels, peu chers, avec un minimum de matériaux utilisés, mais dans une forme tout aussi agréable. Cette esthétique de l'objet « *beau* » souffrait d'une réputation qui l'opposait à l'époque au fonctionnel et à l'économique. Les gens de classe sociale basse avaient ainsi un mobilier pratique, mais peu

[1] Deni, M. (2014) Le design de services : projeter le bien-être, *Communication et organisation*, pp. 129-142

esthétique. Les artistes et les industriels de l'objet se sont donc réunis pour créer des objets design et redonner une dignité esthétique aux intérieurs des classes les moins aisées. Il s'agissait déjà de leur procurer un bien-être en leur donnant une légitimité au beau[1]. La notion populaire du terme « *design* » ancre donc d'emblée les techniques de design, ou en français de conception, dans l'imaginaire des acteurs de santé, comme étant du beau, destiné davantage à l'ornement qu'à l'utile. Il n'est pourtant pas question en santé de concevoir le beau comme vecteur unique du bien-être. Même s'il y participe, il va sans dire que ce n'est pas central. Le design peut participer au bien-être des utilisateurs, patients ou non, en apportant des solutions - temporaires ou permanentes - aux troubles et aux pathologies, qu'elles soient physiques ou psychologiques. Le numérique est un nouveau mode de prévention est possible au quotidien pour accompagner les usagers en santé[2].

Par ailleurs, l'accessibilité étant au centre des enjeux, les libertés stylistiques s'effacent dans l'ensemble pour recentrer les conceptions sur les besoins des corps et des esprits. L'exemple des poignées de porte très stylisées et bien rondes jusqu'au XXe siècle est très parlant. Elles n'étaient clairement pas orientées sur l'accessibilité. Une personne ayant une main atrophiée ou amputée souffrait de ne pas pouvoir ouvrir les portes facilement. Ainsi, les hôpitaux et les espaces publics ont fini par adopter de nouveaux standards d'aménagement correspondant à une plus large population[3]. Faire de l'aménagement du territoire un lieu de design inclusif est une innovation sociale en provoquant de nouveaux usages collectifs. Faire des principes d'universalité et d'égalité les lignes directrices fondamentales des projets en santé est un modèle de gestion en soi.

Les méthodologies de conception doivent correspondre aux objectifs des besoins identifiés. Et l'utilité d'une expérience utilisateur créée en santé doit notamment participer aux soins directement ou indirectement. Les patients gagnent notamment en autonomie, soit dans le suivi du traitement et de leur santé grâce au *Self-Tracking*, soit en management des soins grâce à leurs

---

[1] Vial, S. (2010). *Court traité du design*. PUF.

[2] Normand, A. (2017). *La révolution de la e-santé, objets connectés, applis, big data, médecine prédictive.* Eyrolles.

[3] Lupton, E., & Bon Ku, M. (2020). *Health Design Thinking, Creating products and services for better health,* Cooper Hewitt.

connaissances. Les données collectées sur eux-mêmes améliorent et augmentent leurs capacités de réflexion sur leur état, permettant d'agir en conséquence. Cette autonomie personnelle est perçue comme très attractive, induisant un effet de mode sociale. L'automesure s'est massifiée permettant ainsi la collecte beaucoup plus large des informations de santé de la population et donc l'affinement des diagnostics médicaux[1]. Nous passons des pratiques issues du *bien-être* et provenant des patients, au *médical* grâce à la profondeur et à la nuance des observations médicales possibles. Les recherches en médecine bénéficient en effet de données suffisantes pour nourrir une stratification toujours plus fine des pathologies, générant ainsi une médecine de précision. Ce qui nous amène à dire que de cette pratique des usages, pour gagner en qualité de vie, sont nés des business modèles de solutions numériques en bien-être, puis un précédent très positif dans l'histoire de la médecine, avec de nouvelles pratiques en santé. L'innovation numérique impacte donc la pratique des médecins et aussi tout un système de gestion en santé. La e-Santé constitue ainsi un pan entier de l'avenir du système de santé[2], à travers les usages numériques de la population.

1.1.3. Un marché florissant

L'intérêt des technologies pour améliorer la prise en charge des patients, en matière de traitement, de suivi, ou juste de prévention est bien intégré sur le plan de l'industrie du numérique française. De nombreuses start-up ont émergé ces dernières années à travers des applications mobiles pour le suivi de certaines pathologies.

Comptons parmi ces start-up, **Sleep.io.** Ce programme sur mobile, disponible au Royaume-Uni et aux États-Unis, aide à lutter contre l'insomnie grâce à la reconstruction des cycles du sommeil.

Welldoc, une application, validée par la Federal Drug Administration (FDA) aux États-Unis, accompagne les patients diabétiques dans leur quotidien.

---

1 Normand, A. (2017). *La révolution de la e-santé, objets connectés, applis, big data, médecine prédictive*. Eyrolles.

2 Ibid.

Pear Therapeutics a commercialisé des applications concernant le traitement des addictions comme **reSET-O**, à destination des patients souffrant d'un trouble de l'utilisation des opioïdes.

Oleena, lancé par Voluntis, permet aux patients ayant un cancer de gérer de façon plus autonome leurs symptômes et offre un suivi à distance par les équipes soignantes.

Si ces entreprises sont étrangères, en France plusieurs start-up prennent également position dans le secteur de la e-santé. Les applications numériques reconnues comme « dispositifs médicaux » sont encore rares. En voici quelques exemples :

Lucine, dispositif fondé en 2017, est une solution reconnue comme thérapie digitale, inscrite dans l'aire thérapeutique du neurocognitif. Cette thérapie traite les douleurs chroniques avec une solution mobile. Elle mesure le niveau de douleur et permet d'activer ses propres antidouleurs.

Diabeloop, conçu en 2011, un dispositif médical de classe IIb, automatise le traitement du diabète de Type 1 avec un pancréas artificiel, utilisant un algorithme autoapprenant (DBLG1) pour automatiser et personnaliser le traitement du diabète, ainsi qu'un système de délivrance automatisée d'insuline (DBL-hu). Un capteur de glucose placé sur le patient et une analyse poussée des données permettent de calculer la bonne dose d'insuline à administrer.

Tilak Healthcare, une entreprise spécialisée dans les *serious game* thérapeutiques, a lancé en 2016 **OdySight** traitant les troubles ophtalmiques par le jeu vidéo.

GutyCare, fondé en 2019, développe des dispositifs médicaux numériques pour le soin des maladies digestives. Les aires thérapeutiques sont l'Hépato-Gastroentérologie et l'Immunologie. Ces dispositifs permettent l'amélioration de l'accompagnement et du suivi des patients.

MindMaze France, est disponible depuis 2011, et conçoit des solutions neuro-thérapeutiques numériques pour traiter certains troubles neurologiques tels qu'Alzheimer, Parkinson, les accidents vasculaires cérébraux, l'Autisme, et les traumas crâniens.

Bliss est un dispositif médical de classe 1, utilisant la réalité virtuelle, l'image et le son pour la prise en charge de la douleur, avec des techniques de neuroscience, pendant les soins médicaux.

HypnoVR, aide à la gestion de la douleur et du stress, depuis 2016, en associant l'hypnose médicale et la réalité virtuelle. Une trentaine d'aires thérapeutiques sont concernées, telles que les anesthésies, la réanimation, la chirurgie, les soins dentaires, l'imagerie médicale, la pédiatrie, la gynécologie, l'oncologie, les urgences, et la cardiologie.

HAPPYneuron, une société spécialisée dans la stimulation cérébrale, a lancé **Maeva** en 2021, une thérapie digitale pour améliorer l'empan visuoattentionnel chez les enfants dyslexiques. La solution fait une évaluation et une rééducation cognitive.

Ludocare, créé en 2017, propose des thérapies digitales qui améliorent la santé des enfants atteints de maladies chroniques ou rares. La société développe des **compagnons de santé connectés** dédiés notamment aux maladies respiratoires et à l'asthme.

1.1.4. Quelques définitions

La e-santé est normée et les différentes branches sont parfaitement identifiées. Cela ne rend pas plus aisée la compréhension des différentes appellations, surtout pour une personne arrivant tout juste dans le secteur. Dans cette partie du livre, j'ai souhaité vous éclairer un peu sur des notions couramment employées :

- E-santé ;
- *Télémédecine ;*
- *Téléconsultation ;*
- *Thérapies numériques ;*
- *Dispositifs médicaux.*

Cependant, vous découvrirez de nouveaux termes utiles dans votre quotidien de concepteur d'expérience patient tout au long du livre. Il semble important que vous puissiez les situer dans le paysage des innovations en santé.

Vous pourrez ainsi prendre part plus facilement aux discussions avec les parties prenantes, et notamment avec les commanditaires si vous êtes prestataire.

1.1.4.1. La e-santé

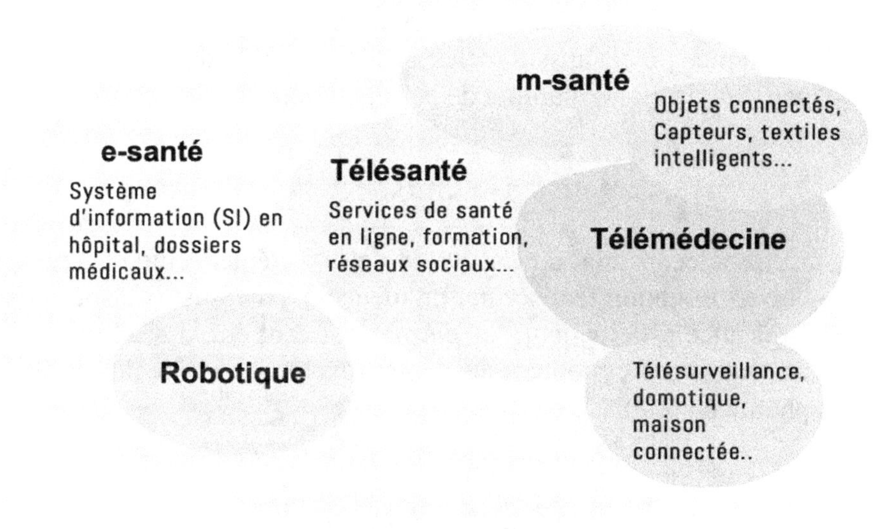

Pour l'OMS[1], la e-Santé représente tous « *les services du numérique rendus au service du bien-être de la personne* ». Tous les Systèmes d'Information (SI) en santé Hôpital numérique, SI cliniques, dossiers médicaux informatisés, SI de vigilance… La e-santé comprend également la Télésanté, la robotique, la m-santé, et la Télémédecine. Cela inclut toutes les applications, objets connectés, dispositifs médicaux, installations multimodales,

---

1 Organisation Mondiale de la Santé.

logiciels hospitaliers, ainsi que les plateformes web, leurs services en ligne, les réseaux sociaux, comme les *serious games*.

Schéma de l'organisation des différents segments de la e-santé, sur de nombreux sites comme celui de l'ARS[1] *de Franche-Comté, sur celui de l'ORS IDF*[2]*, repris également par Patient Numérique.*

1.1.4.2. La télémédecine

La télémédecine représente une « *télé-pratique médicale* ». C'est-à-dire toute activité médicale à distance via les TIC[3]. La CNAM[4] a rendu le remboursement des actes de téléconsultation officiel en septembre 2018. La télémédecine inclut la m-santé comprenant les objets connectés avec les capteurs et technologies inhérentes ; mais aussi la télésurveillance, et la domotique. Elle fait partie de la grande famille de la Télésanté.

1.1.4.3. La téléconsultation

La téléconsultation fait partie de la Télémédecine et représente une consultation réalisée par un médecin généraliste ou spécialiste), à distance d'un patient ; ce dernier pouvant être assisté ou non par un autre professionnel de santé (exemple : médecin, infirmier, pharmacien…).

1.1.4.4. Les thérapies numériques

Les thérapies numériques[5] font partie de la télémédecine, et peuvent être définies comme l'utilisation d'outils numériques à des fins thérapeutiques.

---

1 L'Agence régionale de Santé.

2 L'Observatoire Régional de Santé d'Ile de France.

3 Technologies de l'Information et de la Communication

4 Caisse Nationale d'Assurance Maladie

5 En anglais « *Digital Therapeutics* » ou DTx

1.1.4.5. Les dispositifs médicaux

Un dispositif médical, ou instrument médical est une catégorie réglementaire de produits de santé, validé par la HAS[1] comme répondant aux critères de fiabilité et de sécurité nécessaires. Tout objet connecté peut donc demander un examen de la HAS, pour prétendre à être appelé dispositif médical. À ce titre, il sera remboursé par la CNAM.

1 Haute Autorité de Santé

1.2. Care design et thérapies numériques

1.2.1. Le Care design

Le *care design*, ou conception du soin, est moins expérientiel et plus dans l'adaptation ergonomique des objets, des meubles et des services aux personnes souffrant d'un handicap, permanent ou temporaire, lié à la maladie, à un accident ou à l'usure du corps. Il ne s'agit pas d'équipements médicaux au sens de dispositifs médicaux.

Nous sommes dans une forme de conception fondamentalement inclusive. Pour donner un exemple concret et actuel, Ikea a commercialisé une gamme *care design* avec *Omtänksam*[1] composée de trente-trois objets. Elle s'articule autour du confort à domicile pour les personnes à mobilité réduite, avec des difficultés physiques ou physiologiques, telles qu'une mauvaise circulation sanguine, des troubles musculosquelettiques, une mauvaise pression artérielle, ou des pertes de dextérité. L'utilisateur ciblé est sans aucun doute la personne âgée. Cependant, nous remarquons l'aspect esthétique minimaliste plutôt tendance, correspondant aussi aux goûts de ceux sans problème de santé particuliers.

Le travail ergonomique inclusif permet en effet l'adaptation au plus grand nombre. Ces objets du quotidien tels qu'un repose-pied, un coussin pliable, un vase facile à tenir, ou une table suffisamment haute pour y ranger un fauteuil roulant dessous peuvent faire le confort de tous. Britt Monti, la designer à l'origine de cette collection explique que « c'est une démarche originale, oui, mais plus exactement un retour aux sources. La créativité du designer a toujours été liée à la contrainte, donc à l'ergonomie »[2].

---

1 « *Prendre soin* », en suédois.

2 Godfrain, M. (2020, juin 10). *Le « care design », des objets aux petits soins,* Consulté le septembre 21, 2021, sur Le Monde : https://www.lemonde.fr/m-le-mag/article/2020/06/10/le-care-design-des-objets-aux-petits-soins60423584500055.html.

Cette tendance qui tend à se développer de plus en plus avec le vieillissement de la population n'est pas nouvelle, puisque Alvar Aalto avait déjà conçu le fauteuil *Paimio*, ou *Fauteuil 41*, en 1929, dans le but de faciliter la respiration des personnes atteintes de tuberculose.

La marque OXO a imaginé également des ustensiles de cuisine destinés à l'usage quotidien des femmes ayant de l'arthrite.

En 2017, le studio de design français Les Sismo quant à lui a mis en place le programme *Design With Care* avec pour but de prendre soin de la planète et des humains.

Enfin, le collectif de design à but non lucratif MASS, regroupant près de 140 collaborateurs, voit l'architecture comme influençant directement le soin. Il est à l'origine notamment l'hôpital du district de Burera au Rwanda, construit en 2011. Ainsi, c'est grâce à leur savoir-faire et à leur expertise développée dans un environnement aux ressources locales limitées qu'ils ont contribué à la protection des populations à risque lors de la pandémie.

Le *care design* rejoint dans son mouvement l'éthique du *Care*. Hérité du féminisme anglo-saxon des années 1960, dont faisait partie la psychologue américaine Carol Gilligan, ce mouvement s'inscrit dans le soin des autres et de l'environnement.

Cet état d'esprit, voire cet art de vivre, influence directement la sphère du design. Martine Aubry avait également mis en avant une « Société du Care »[1] dans sa campagne de 2010, en expliquant rejeter le matérialisme pour aller plutôt vers une société où le bien-être et le bien-vivre ensemble sont cultivés. Le Care cherche ainsi à rendre visible le soin via « la transformation des modalités de gestion des territoires, analysée comme le passage du gouvernement des villes à la gouvernance urbaine {…} »[2].

---

1 Meyronin, B. (2020, Février 14). Société du Care : un projet municipal loin de la tentative malheureuse d'une Martine Aubry. Consulté le septembre 21, 2021, sur La Tribune : https://www.latribune.fr/opinions/tribunes/societe-du-care-un-projet-municipal-loin-de-la-tentative-malheureuse-d-une-martine-aubry-839776.html

2 Bacqué, M., & H., G. M. (2011). *Participation, urbanisme et études urbaines.* 1, pp. 36-66.

1.2.2. Les thérapies numériques

« À l'ouverture de l'application, on nous demande nos mensurations, ainsi que nos habitudes de consommation. Tabac, alcool, antécédents familiaux... tout y passe. Une fois toutes les données rentrées, l'application calcule un score de risque pour savoir si une consultation d'oncogénétique pourrait être proposée. Ces données restent stockées sur l'application et ne sont ni consultables ni utilisables par un tiers. »

Cassar F.,
11 mars 2020

Les thérapies numériques résultent d'un mouvement global utilisant et étayant les qualités du numérique au service de la santé. Cette nouvelle forme d'accompagnement est considérée comme non invasive et contribue à faciliter la prise en charge classique des faiblesses de suivi et d'adhésion, voire de communication d'information peuvent être constatés.

Les thérapies numériques sont particulièrement indiquées pour prévenir, gérer certaines pathologies physiologiques ou psychologiques. Cependant, pour le traitement, les thérapies numériques sont plus ciblées. Parmi les pathologies particulièrement concernées, nous retrouvons le diabète et l'obésité, les déficiences cardiovasculaires et respiratoires, les maladies du système nerveux central, les troubles psychologiques, voire psychiatriques, les addictions et les troubles gastro-intestinaux[1].

En fait sont concernées toutes les formes de maladies impliquant des comportements à mesurer et analyser, des signaux cognitifs à capter, des mesures physiologiques à analyser, et des formes d'expériences sensorielles et émotionnelles à suivre. Ce qui en fait des alliés de choix au sein de la médecine moderne, ce sont les enjeux liés directement au confort du quotidien du patient, et à sa qualité de vie. Il n'est dorénavant plus nécessaire dans certains cas

---

[1] Normand, A. (2017). *La révolution de la e-santé, objets connectés, applis, big data, médecine prédictive.* Eyrolles.

de se déplacer à l'hôpital pour prendre les mesures de sa santé ni d'avoir fait des études en santé pour avoir l'interprétation de ses constantes. La compétence médecin se désacralise au fur et à mesure que le patient acquiert de l'autonomie.

Mesurer nos métriques, nos constantes est devenu un geste anodin intégralement sorti de la sphère des prescriptions médicales. L'automesure, qui n'est pas nouvelle rappelons-le, et qui existe depuis plusieurs années, notamment avec les balances domestiques, s'est perfectionnée de façon à rendre au patient toute sa légitimité de savant.

Le praticien y retrouve le confort de pouvoir prendre des décisions à partir des données fiables issues de l'usage du patient. La technologie des capteurs utilisés dans les thérapies numériques permet d'alimenter la réflexion du praticien grâce à l'utilisation intelligente des données. Les diagnostics en sont consolidés, voire améliorés. L'application « Mon dépistage : cancer » en est un bon exemple. Elle est soutenue notamment par l'Institut National du Cancer (l'INCa)[1]. Voici un extrait d'un article de Fabien Cassar citant l'application :

Cette fiabilité due à la mesure quotidienne permet ainsi au praticien d'axer sa stratégie thérapeutique selon une stratification numérique affinée de la pathologie du patient. Il pourra notamment travailler sur certains comportements pour améliorer des résultats. Il pourra aussi évaluer l'état de santé psychologique ou physique de son patient. Une surveillance est donc possible hors consultation et elle est également gage de sûreté pour les patients à risque. Cela leur permet de mieux éviter les complications survenant la majeure partie des cas dans la sphère privée. Il est donc plus facile d'en ajuster la prise de décision à la mesure des indicateurs reçus[2].

Le numérique en santé apporte une valeur incontestable pour l'exercice de la médecine moderne, pourvu que les réponses cliniques de ses données soient validées médicalement afin d'éviter

---

1 Cassar, F. (2020, Mars 11). *Prévention : une application mobile évalue vos risques d'avoir un cancer*, La Provence, https://www.laprovence.com/article/hub-sante/5928014/prevention-une-application-mobile-evalue-vos-risques-davoir-un-cancer.html. Consulté le septembre 2021

2 Ces indicateurs sont nombreux. Ils peuvent être dynamiques pour traduire le comportement, physiologiques pour transmettre des constantes, ou biologiques pour les analyses médicales.

que les interprétations de résultat ne dépendent que d'un traitement algorithmique. Les soins préventifs, grâce au numérique, apportent donc une alternative aux médicaments.

Les thérapies numériques viennent donc en complément de la médecine symptomatologique, répondant ainsi à une certaine limite médicamenteuse observée ces dernières années, notamment dans la gestion de la douleur. En santé mentale, il n'est d'ailleurs pas rare de voir s'installer des effets indésirables suite à la prise de médicaments, comme l'exemple de la dépendance aux opiacés. Les thérapies numériques peuvent répondre aussi aux problématiques des maladies complexes demandant un engagement constant du patient. Une exigence d'infaillibilité usante à long terme.

Même si des limites aux traitements chimiques sont remarquées, les avancées médicales ont permis à l'espérance de vie d'être améliorée. La gestion des soins demeure une affaire quotidienne et concerne de multiples maladies chroniques. Ces types de pathologies, dont la souffrance est quotidienne et la rémission durable incertaine, se vivent dans la durée. Les malades chroniques adoptent de fait une gestion proactive, créant des habitudes.

La question de l'adhésion au traitement se pose en général, avec le besoin de soutien extérieur pour conserver, voire nourrir, la motivation du patient. Et ceci est facilité par le numérique et les supports mobiles. Ainsi, au cœur de la vie quotidienne des usagers en santé, les technologies numériques apportent une aide évidente pour optimiser le suivi de leur traitement. Elles permettent de proposer une offre en santé ubiquitaire, non intrusive, non médicamenteuse, et préventive.

1.3. Endurer la maladie

« Quand j'ai appris que j'avais une tumeur au cerveau, du jour au lendemain j'ai basculé dans un monde qui me semblait familier, mais dont en réalité j'ignorais tout : le monde des malades. »

D. Servan-Schreiber,
2007[1]

1.3.1. Le conditionnement du patient

« Statut qui risque de lui faire perdre pas moins que son autonomie morale, car la relation de soin médical tend à substituer à sa volonté propre une volonté de soin qui lui est extérieure ; elle tend à choisir le bien pour lui et à sa place, parfois même contre lui. La liberté qui lui reste consiste à choisir entre le consentement ou le refus (…). »

P. Barrier,
2019[2]

Avant d'être sous traitement, la première étape est celle des sensations intéroceptives[3]. Le changement pressenti et ressenti dans le corps du patient est déjà une première épreuve dans le vécu. Être malade, c'est « *se sentir malade* » et ensuite de se définir comme

---

1 Servan-Schreiber, D. (2007). Anticancer, les gestes quotidiens pour la santé du corps et de l'esprit. Robert Laffont, op. cit. p. 57.

2 Barrier, P. (2019). Origine et destination du soin médical, *La place de l'usager en design*, Ocula 20, op. cit. p 128.

3 Sensations internes au corps.

malade[1]. Si la place du patient a toujours été transitoire, dérangeante puis centrale dans la société, elle n'est pas pour autant intuitive.

C'est celle du malade qui l'est, et qui le reste tant que la personne ne s'est pas définie elle-même comme patient, en s'engageant dans une relation avec un médecin. C'est donc seulement dans un second temps que le malade devient patient et qu'il devient « l'interlocuteur du médecin », comme un « tu » et non plus simplement comme un « je ». Être l'interlocuteur du médecin signifie que le patient n'existe comme patient qu'en tant qu'il est « toujours corrélé au médecin qui le soigne[2].

L'architecture des bâtiments hospitaliers conférait aux patients un statut d'assujetti au savoir médical. Les conceptions spatiales influençaient considérablement les rapports sociaux donnant aux patients la place de personnes non désirées devant être surveillées et écartées de la population saine. Il ne fallait pas « laisser des coins dans lesquels l'impur pourrait subsister »[3]. Absolument rien n'était fait pour mettre en confiance le patient, notamment dans les milieux psychiatriques où « même ceux qui connaissaient déjà ce type d'environnement avaient de réelles craintes quant à ce qui pourrait leur arriver. Leur nervosité était donc entièrement liée au fait de se trouver soudain en milieu hospitalier "[4]. E. Levinas parlait même de " L'hypostase" des existants pour désigner ce type de transition dépersonnalisant, le passage « allant de l'Être à un quelque chose, de l'état de verbe à l'état de chose."[5].

En effet, le but jusqu'au milieu du XXe siècle était de penser avant tout aux flux organisationnels des établissements de soin, au sein d'une ville et d'un territoire. Le patient, socialement isolé, était ainsi exclu du reste de la population. L'architecture panoptique, initialement conçue pour répondre au besoin de surveillance de détenus en milieu carcéral, permettait d'observer le flux constant de

---

1 Le Blanc, G. (2010). L'expérience de la vie malade, La philosophie du soin.

2 Lagrée, J. (2004). Patient, Dictionnaire de la pensée médicale. Paris : Puf, op. cit. p.846.

3 Foucault, M. (1977). L'œil du pouvoir, (entretien avec J.-P. Barou et M. Perrot) J. Bentham, Le *Panoptique,* Paris, Belfond, Dits Ecrits Tome III texte n°195. op. cit. pp. 9-31

4 Watzlawick, P. (1985). *L'invention de la réalité, Contributions au constructivisme*. Points.

5 Levinas, E. (1982). *Éthique et Infini*. Biblio Essais.

personnes et de surveiller en permanence les patients répartis de part et d'autre d'une place centrale. Les patients étaient donc surveillés, mais sans réelle considération.

L'emplacement des lieux de soin dans la ville et sur le territoire a dessiné nos paysages urbains, en les positionnant en périphérie des villes, voire en créant même des îles-hôpitaux. Cet agencement hérité des précédents dogmes de la médecine crée aujourd'hui des disparités tant sur le plan territorial que social et économique. Les moins avantagés, en milieu rural, bénéficient de moins d'accessibilité aux soins. Ce panoptique, nous avons pu la retrouver indirectement avec la cartographie numérique des patients atteints de la Covid-19, plébiscitée durant la pandémie. La crise ayant démontré que les espaces initialement conçus pour gérer le flux des patients étaient tout à fait inadaptés pour faire face efficacement à cette période.

Au-delà de cet aspect spatial du positionnement du patient, l'aspect existentiel est non négligeable et très fluctuant. L'individu, passant de sain à malade, puis de malade à patient, effectue des transitions significatives avec « des conséquences existentielles, juridiques, sociales »[1] dues au diagnostic qu'il reçoit. Ce qui le pousse instinctivement à modifier l'expression de sa personnalité, et son comportement, consciemment ou inconsciemment, comme pour correspondre à cette étiquette de malade « prononcé », comme un verdict qui lui serait attribué. Le patient se sentira de fait anormal et aura des attitudes pouvant déclencher des aggravations comme pour confirmer l'hypothèse médicale. Le diagnostic ayant « l'effet d'une prédiction qui se vérifie d'elle-même »[2].

1 Watzlawick, P. (1985). *L'invention de la réalité, Contributions au constructivisme.* Points, op. cit. p. 138

2 Ibid., p. 142

La construction d'un espace de partage entre le médecin et le malade constituerait un pont « entre le pouvoir-savoir de l'un » et la souffrance de l'autre[1]. Le but étant d'éviter la relation asymétrique habituelle et de permettre une communication égalitaire. Cette « fonction en partage » qu'est le soin[2] est à concevoir selon la flexibilité des singularités psychologiques et historiques de chacune des parties prenantes. En tant qu'expert de sa maladie et compétent, le patient doit être dans une relation de collaboration réciproque avec l'équipe médicale[3]. A. Cicourel expliquait que « comme tout couple auditeur-locuteur, le médecin et le patient doivent parvenir à créer et à construire de la cohérence au moyen et à partir des propos d'autrui »[4].

Le numérique est donc une nouvelle forme de panoptique. Il offre cependant un sentiment de liberté aux personnes suivies qui subissent moins leur condition. La gestion éthique des données du patient est à anticiper dès le début du projet, car cette surveillance médicale ne doit pas être abusive.

1.3.2. Le vécu de la maladie

« {…} le temps n'est pas le fait d'un sujet isolé et seul, mais {…} la relation même du sujet avec autrui. »

E. Levinas,
1979[5]

---

[1] Zaccaï-Reyners, N. (2006). *Respect, réciprocité et relations asymétriques. Quelques figures de la relation de soin.* Esprit, Les nouvelles figures du soin, op. cit. p. 95.

[2] Fleury, C. (2019). *Le soin est un humanisme*, Gallimard, 6, Op. cit. p.20

[3] Ibid. p. 31

[4] Cicourel, A. (2002). *Le Raisonnement médical. Une approche socio-cognitive.* Paris: Seuil, op. cit. p. 63.

[5] Levinas, E. (1979). *Le temps et l'Autre*. Montpellier : Fata Morgana.

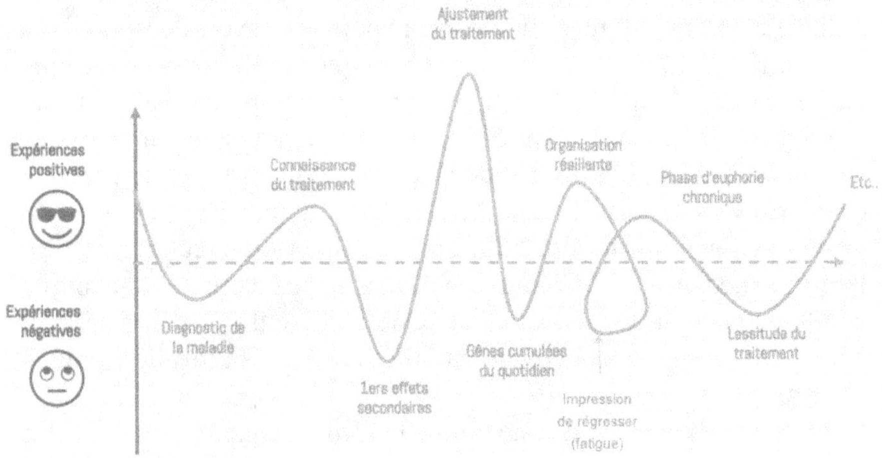

Patient Journey[1] illustrant les différentes étapes possibles que traversera une personne prise en charge pour une maladie chronique. Cet exemple est fictif.

L'expérience d'être patient dans la maladie s'endure dans la durée du soin. Cette approche sensible l'invite à ressentir une émotion par rapport à ce qu'il vit. Mais aussi par rapport à ce qu'il voit, dans le cas où l'expérience patient serait vécue par un aidant ou une autre personne.

L'expérience d'être un patient, s'expérimente également en amont, dans la perception que les personnes saines ont de celles porteuses de souffrances « *prises en charge* ». Je parle ici d'une anticipation, antinomique aux attentes que pourrait avoir l'utilisateur « moyen » évidemment, mais tout aussi importante à prendre en compte dans la recherche terrain.

En effet, selon la perception initiale d'une personne saine de la maladie, cette dernière sera vécue différemment. Il ne s'agit pas seulement d'un ressenti, mais de la forme de la prise de conscience de la maladie. Nous sommes dans une action cognitive, au sens où la connaissance qualifie le ressenti. De fait, d'ores et déjà qualifier un ressenti nouveau comme une forme de pathologie, invite à agir

---

1 Visonneau A. (2021), *Stratégie de design UX, Accélérer l'innovation et réduire l'incertitude*, Ed. Eyrolles, pp. 38-39

en conséquence. Il faut entendre par là que le malade s'établira alors, soit dans l'acceptation et le soin, soit dans le refus[1], voire le déni.

« Le malade est d'abord celui qui se ressent comme malade parce qu'il ne parvient plus à loger aisément dans son corps du fait d'une douleur ou du fait d'une atteinte explicite portée au corps. »

G. Leblanc,
2010[2]

La maladie constitue un événement faisant irruption dans la vie d'une personne. Elle survient comme une fêlure soudaine entre un monde de normalité stable et acquis, et un monde d'anormalité avec une forme d'exclusion sociale. Cette césure marque un tournant dans l'histoire du malade définissant ainsi sa vie d'avant, passée et normale et celle du présent, anormale. Ce fait biologique universel influence ainsi toute la perception de l'existence du patient, initiant une épreuve au changement.

Cette épreuve existentielle et affective se manifeste notamment par le biais de questionnements n'ayant pas de réponse acceptable. Il en va d'une transition entre l'insouciance et la prise de conscience de la vulnérabilité organique de l'être humain. Le malade, expérimentateur du corps dans le temps, voit sa perception évoluer en fonction de son état. Il ne percevra pas les mêmes informations au fur et à mesure que son état de santé physique ou psychologique évoluera.

Il est admis par ailleurs que le ressenti subjectif de la qualité de vie est un indicateur fiable de rétablissement du malade. Lorsqu'une personne vit la maladie comme une intrusion dans sa relation avec son corps, il expérimente un corps qui ne répond plus à ses besoins, le trahissant par rapport à ses attentes. Il se retrouve en quelque sorte

---

1 Barrier, P. (2019). Origine et destination du soin médical, *La place de l'usager en design*, Ocula 20, pp. 127-134

2 Le Blanc, G. (2010). L'expérience de la vie malade, La philosophie du soin, pp. 301-317

étranger à lui-même. C'est ainsi que l'être humain, être vivant, se sait en bonne santé ou malade selon son expérience[1].

« Rien de ce qui est vivant n'est achevé à proprement parler. »

G. Canguilhem,
2002[2]

Si le soin médical est avant tout prothétique, la compréhension apportée via les soins aux malades est arrivée plutôt dans la moitié du XXe siècle où les praticiens ont cessé de séparer le corps et la psychologie.

Le mouvement de la psychosomatique a invité les médecins à dépasser la segmentation du corps, qui soignait de façon très spécifique et locale les différents organes. Les professionnels de santé se sont ainsi ouverts à une médecine générale de l'organisme[3].

---

1 Guilloux, G., & Le Bœuf, J. (2017). *Design et territoire de la pratique du design en santé : enjeux pour la recherche et la formation*, Puf, 6, op. cit. pp. 26-39.

2 Canguilhem, G. (2002). *Les maladies*, dans Écrits sur la médecine, Paris : Le Seuil, op. cit. p. 47

3 Delay, J. (1961). *Introduction à la médecine psychosomatique.* Masson.

« {...} nous constatons comme une donnée de fait, et quelle que soit l'explication qu'on en donne, l'étroite interdépendance du physique et du moral. »

J. Delay,
1961[1]

Aujourd'hui, nous connaissons toute l'importance des déterminants environnementaux dans le développement de la maladie. Et cela s'ajoutant aux déterminants génétiques, les personnes à risque constituent de fait une nouvelle population saine « mais dont le mode de vie est conçu comme nocif pour sa santé »[2].

S'il n'est pas justifié de les qualifier de patients, ces personnes n'en sont pas moins consommatrices d'aides numériques pour aider à maintenir leur hygiène de vie. Elles rejoignent ainsi, dans un certain sens, la sphère des maladies chroniques où les individus vivent leur quotidien avec des habitudes spécifiques à la prévention ou à la cure, intégrées par force de récurrences comme presque normatives. La différence majeure entre les personnes à risque ayant une aide numérique et les personnes ayant une maladie chronique avec une thérapie demandant également un suivi se situe dans la douleur. En effet, hormis cela, les deux personnes sont astreintes de la même manière à des habitudes et à un suivi qui les rend dépendantes des technologies, numériques ou non.

1.3.3. L'expérience invisible

L'expérience patient selon l'IFEP[3], « C'est l'ensemble des interactions et des situations vécues par une personne ou son entourage au cours de son parcours de santé. Ces interactions sont

---

1 Ibid., p. 7

2 Guilloux G., Le Bœuf J. (2017), *Design et territoire de la pratique du design en santé : enjeux pour la recherche et la formation*, Puf, n°6, pp. 26-39.

3 Institut français de l'expérience patient

façonnées à la fois par l'organisation de ce parcours, mais aussi par l'histoire de vie de la personne concernée. »

Penser le patient, c'est penser son positionnement dans le temps et la vie sociale sur une chaîne de soin.

À ce titre, « le malade qui pratique l'automédication n'est pas un patient »[1]. C'est d'ailleurs dans cette forme d'auto prise en charge que le patient accepte pleinement sa condition de malade. Et en développant ses compétences de partenaire de soins, il améliore ses connaissances. Au titre de patient expert, il est même en mesure de devenir formateur dans le milieu de l'enseignement, patient ressource en milieu hospitalier, et patient chercheur dans la recherche scientifique[2].

Pour ce faire, il est nécessaire pour lui d'acquérir un certain recul sur le compagnonnage avec la maladie et le soin. Il aura donc accepté sa pathologie, mais également atteint un niveau de maturité réflectif en lien direct avec son autodétermination.

« La maladie n'a pas basculé du côté de la mort mais du côté de la vie : être malade signifie désormais plus souvent vivre avec un mal qu'y succomber directement, voire vivre mal avec un mal qui vit. »

C. Fleury,
2019[3]

Force de proposition pour aider à la réalisation des projets de vie d'autres patients, il est en mesure de coconstruire des stratégies de soin[4] au côté des professionnels de santé. Ainsi le soignant ayant la conscience des multiples savoirs du malade, dus à l'endurance de la

---

1 Lagrée J. (2004), *Patient* in Lecourt D. (Dir.), *Dictionnaire de la pensée médicale*, Paris, Puf, Op. cit. p. 846.

2 P. Lebel, V. Dumez (2014), *Programme partenaires de soins : rapport d'étape (2011-2013) et perspectives,* Faculté De Médecine, Université de Montréal.

3 Fleury, C. (2019). *Le soin est un humanisme,* Gallimard, 6, op. cit. p. 29

4 Ibid.

maladie et/ou à un apprentissage académique, devra vulgariser son expertise pour valoriser et inclure celle du patient[1].

Vivre la maladie, c'est la ressentir à chaque instant ; c'est voir l'invisibilité de son essence. Prend forme une présence discrète et absolue, alourdissant le quotidien d'un poids psychique sourd et constant. Il va de soi qu'une phase d'observation *in situ*, même en immersion totale, ne sera pas suffisante pour vraiment comprendre et définir les contours de cette lourdeur. Tout au plus, la lassitude des soins à répétition pourra être perçue.

Et, s'il existe une bascule entre être malade et devenir patient, l'inverse n'est pas nécessairement vrai. L'abolition du statut de patient n'annule pas la sensation acquise *d'être* un patient. Les valeurs biologiques peuvent garantir une guérison pour le médecin, ou encore annoncer la fin d'un traitement, sans que le malade fasse le deuil de celui qu'il était devenu, et qu'il doit abandonner pour être une personne « comme les autres ».

« Comme si le vide était plein, comme si le silence était un bruit. {…} la scène même de l'être est ouverte : il y a. Dans le vide absolu, qu'on peut imaginer, d'avant la création – il y a. »

E. Levinas,
1982[2]

Ce qui lui fait deux changements identitaires forts dans l'expérience de la maladie. La maladie prend forme en tant que critères biologiques, tandis *qu'être* malade est une valeur existentielle établie dans l'appréciation subjective d'un sentiment propre. Pour ne plus se sentir malade, malgré la fin d'une prise en charge, le patient devra retrouver un sentiment de confiance et de « sécurité corporelle »[3].

---

1 Fleury C. (2019), *Le soin est un humanisme*, Tracts Gallimard, n°6, p.29

2 Levinas E. (1982), *Éthique et Infini,* Le livre de Poche, Biblio Essais, op. cit. p. 38.

3 Guilloux G., Le Bœuf J. (2017), *Design et territoire de la pratique du design en santé : enjeux pour la recherche et la formation,* Puf, n°6, pp. 26-39.

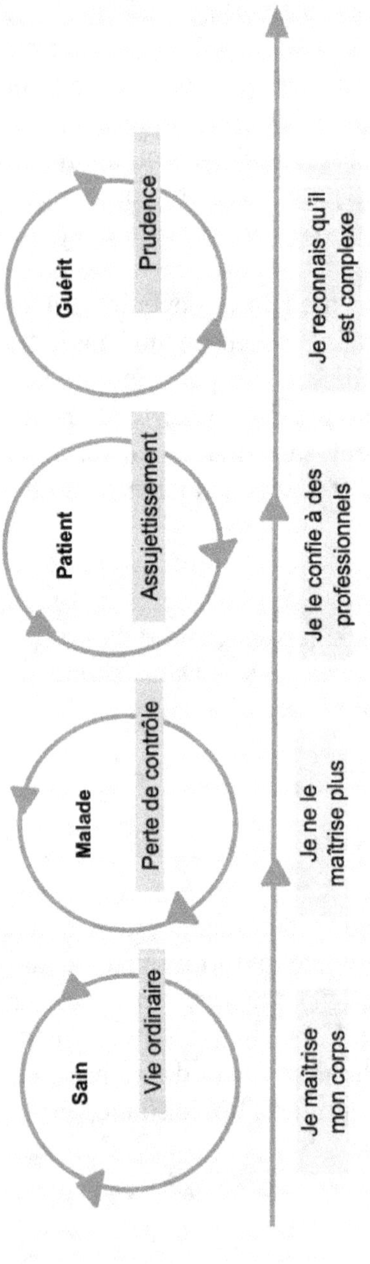

Enfin, si aujourd'hui le patient reste au maximum chez lui, c'est parce qu'il est en mesure de garantir un suivi au médecin et une communication fluide, grâce aux outils numériques.

Faciliter cette prise en charge distancielle permet aussi de diminuer l'écart entre le confort de vie du malade et d'une personne saine. A fortiori, le malade qui avait la double peine de se sentir mal et de vivre mal, c'est-à-dire avec des « *hyper-contraintes* »[1], verra dorénavant davantage sa différence dans la dévalorisation et la stigmatisation de sa condition par les personnes en bonne santé. La vulnérabilité affaiblit les individus aux yeux des autres qui les jugent non performants, invalides, voire dépendants. Cependant, cette même tendance poussera également la population saine à soigner son approche sociale pour éviter de blesser la personne fragile. Paradoxalement et dans une forme d'existentialisme intuitif, le terme de *fragilité* provoque une prise de conscience de la responsabilité des uns envers les autres. Cette fragilité induit en effet davantage de préservation, comme un objet rare en

---

[1] Fleury C. (2019), *Le soin est un humanisme*, Tracts Gallimard, n°6, op. cit. p. 7

demanderait, rendant finalement le vécu du malade gracieux dans la vulnérabilité, beau dans la transformation de son être. Ce sentiment se retrouve notamment dans la marque de respect témoigné et dans la fascination ressentie, quand le malade, remis, raconte son parcours contre la maladie[1].

1.3.4. Concevoir le soin

Le soin est dans tous les espaces et à chaque moment. Inscrite dans un aménagement de plus en plus inclusif des lieux publics, la prise en charge est « étendue au-delà de l'espace hospitalier »[2]. Si l'hôpital s'est vu opérer une transformation spatiale au cours du dernier siècle, notre époque numérisant au maximum les informations fait sortir les patients de son enceinte pour les prendre en charge le plus possible à domicile.

Cette expérience d'être patient souverain et chez soi, abolit la frontière entre l'intime et le public. L'expérience de l'usager dans le soin est métamorphosée. Une révolution, au sens sphérique du terme, des notions de l'espace-temps en milieu de soin est faite. L'hospitalité initiale se fond dans l'intrusion des équipes médicales au cœur du foyer des patients.

Si les vulnérabilités sont de plus en plus nombreuses, notamment compte tenu des victimes d'attentats, du vieillissement global de la population, des maladies chroniques, des accidentés, des personnes en situation de handicaps, permanent ou temporaire, l'objectif n'est pas de les rendre invisibles, mais bien de les rendre visibles pour inclure cette notion de *normalité* dans la société.

C'est vivre et accueillir le soin à l'autre « en plein jour de l'ordre public »[3] ; c'est-à-dire au sein même de chaque relation, au cœur d'une humanité consciente de ses responsabilités.

Cette liberté de pouvoir se mouvoir dans son espace intime et de gérer sa maladie avec davantage d'autonomie n'est pas sans

---

[1] HAS, H. A. (2021-2022). *Qualité des soins perçue par le patient, Indicateurs PROMs et PREMs.*

[2] Guilloux G., Le Bœuf J. (2017), *Design et territoire de la pratique du design en santé : enjeux pour la recherche et la formation,* Puf, n°6, pp. 26-39.

[3] Levinas, E. (1982). *Éthique et Infini*. Biblio Essais, op. cit. p. 234

conséquence. Positive ou négative, la façon de vivre le rapport à la maladie et au soin est directement liée à l'espace de vie.

Si, comme nous l'avons vu, la catégorisation des espaces appelait à la stigmatisation du patient, Alexander Mitscherlich rappelle que la source des maux se trouve en lieu et place du désespoir, et inexorablement au sein même de chaque être humain.

Ainsi, sans encadrement physique et matériel, certains patients peuvent se sentir très seuls, et ressentir une forme de désespoir. Comme s'il manquait d'encouragement…

« La névrose est donc partout où est le désespoir, et le désespoir est partout où il y a des hommes. »

A. Mitscherlich,
1970[1]

Rendre le soin visible, c'est aussi donner une visibilité sur le comportement du patient, ces moments jusque-là préservés de l'œil médical, hors des consultations. Suivies, chiffrées, analysées et interprétées, soit par des algorithmes, soit par des médecins, voire par les deux, ses données dynamiques informent non seulement sur son état de santé, mais également sur sa prudence, son adhésion au traitement, ses réactions et non-réactions en contexte de vie réelle.

L'espace de soin se dématérialise, mais il n'en est pas pour autant absent. Les patients, dans leur foyer, ont créé un cyberespace, partagé avec le corps médical. L'entrée dans ce cyberespace est visible par le biais des interfaces, et ressenti à travers une sensation étrange d'avoir été là, mais ailleurs en même temps, comme aspiré dans l'univers de l'écran, comme lors des téléconsultations par exemple. Contacter son médecin sans bouger de chez soi est possible grâce à cette nouvelle dimension.

L'intimité résidentielle du patient, celle qui était jusqu'alors encore préservée s'ouvre dorénavant, pour révéler d'autres informations sur le patient. Avec internet et l'avènement des objets

---

[1] Mitscherlich, A. (1970). *Psychanalyse et urbanisme, Réponse aux planificateurs,* Gallimard, op. cit. p. 174.

connectés, ce que nous considérions être un geste anodin, comme se peser est devenu une mode. Le *Quantified Self*[1] n'est pas nouveau.

Mais étant devenu un indicateur de bonne santé et de performance, il représente dorénavant un enjeu social. L'usager passif, auparavant assujetti à l'ordre médical, est non seulement sorti de l'hôpital, mais reprend également son pouvoir décisionnel grâce à la connaissance de son état physique. En tant que « sujet libre, actif et responsable », il est « coauteur et coresponsable de l'organisation du service dont il est la finalité »[2]. Il bouscule les habitudes paternalistes des prises en charge, et consolide l'approche centrée sur le patient. Il est pris en considération de façon holistique. C'est-à-dire dans toutes les dimensions de son être, dans ses différences, ses valeurs, et ses expériences[3].

Le système de santé représente de nombreux défis à relever au quotidien, ne serait-ce que dans sa mission principale qui est de soigner les pathologies. D'autres complications s'ajoutent à cela, notamment avec une population vieillissante, vulnérable et avec des pathologies de plus en plus chroniques. Par ailleurs, un peu partout en France, une baisse des ressources est à constater et à prendre en considération de manière générale.

Ainsi, développer de nouveaux services aujourd'hui, c'est un peu réinventer le soin, et le concevoir non plus comme un acte, mais comme un mode de vie. Ce mode de pensée doit s'inscrire au sein des réflexions de l'équipe dès le début de la conception. L'expérience du soin humaniste, soucieux de l'autre et de son environnement physique et émotionnel est à considérer au sein d'un système imposant où les processus sont difficilement modifiables.

L'amélioration, encore peu connue, qu'est en mesure d'apporter la méthodologie du design pour concevoir des solutions de soin plus proches des besoins des patients, doit s'articuler *autour* et *dans* ce système de santé complexe. Le meilleur atout de la méthodologie du design est son approche collaborative. Coconstruire *pour* et *avec* les

---

[1] L'automesure en français.

[2] Barrier, P. (2019). *Origine et destination du soin médical, La place de l'usager en design*, Ocula 20, op. cit. p. 127-134

[3] Pomey, M., Hihat, H., Khalifa, M., Lebel, P., Néron, A., & Dumez, V. (2015). Patient partnership in quality improvement of healthcare services: Patients' inputs and challenges faced, *Patient Experience Journal, 1*, op. cit. pp. 29-42.

individus concernés par ces changements nécessite de porter une certaine éthique de la sollicitude et d'incarner l'éthique du *Care*[1] au sein des dispositifs.

L'approche collaborative signifie aussi comprendre et désamorcer de potentielles tensions hiérarchiques et sociales pouvant mettre à mal le projet.

Don Berwick, Président émérite et chargé de recherche à *l'Institute for Healthcare Improvement* de Boston, pense que l'expérience du patient devrait se traduire par « de la transparence, de l'individualisation, de la reconnaissance, du respect, de la dignité et du choix dans tous les domaines sans exception liés à sa personne, à sa situation et à ses relations dans les soins de santé »[2].

Ces valeurs morales raisonnent comme des points d'ancrage ne correspondant pas forcément à toutes les situations rencontrées au quotidien. Elles ne prennent pas en compte non plus les conflits de valeurs internes et imposent au patient de faire des choix, c'est-à-dire de s'exprimer à tous les niveaux des points de contact du système de santé. Ce qui dans la réalité est extrêmement compliqué à mettre en place, au risque de devenir même invivable, voire harassant, pour les usagers.

---

1 Côté, V., Bélanger, L., & Gagnon, C. (2017). Le design au service de l'expérience patient, *Sciences du Design, 6,* pp. 54-64.

2 Balik, B., Conway, J., Zipperer, L., & Watson, J. (2011). Achieving an Exceptional Patient and Family Experience of Inpatient Hospital Care, *Innovation Series white* paper). Cambridge, Massachusetts: Institute for Healthcare Improvement, op. cit. p. 264

Il s'agit donc plutôt d'une éthique de conception bienveillante[1], où chaque discipline, dans sa considération différente du soin, coconçoit de façon inclusive ou universelle, les outils numériques de prise en charge. Les facteurs humains sont à prendre en compte, tant dans l'aspect *facteur de risque* que dans l'aspect emphatique.

En d'autres termes, la conception centrée sur l'humain est à définir comme une conception humaniste de la Thérapie Numérique. Et les indicateurs de la qualité de vie des malades sont une mesure fiable pour évaluer la réussite de la conception. Ce design des thérapies et du soin peut être envisagé sous un angle fonctionnel via les médias numériques existants, comme « un moyen d'améliorer la sécurité des patients et l'efficacité clinique »[2].

---

[1] Doyle, C., Lennox, L., & D., B. (2012). A systematic review of evidence on the links between patient experience and clinical safety and effectiveness, *BMJ Open*, 1, op. cit. p. 1-18.

[2] Ibid. p. 1-18.

1.4. Sciences humaines et design

« Les sciences comportementales et le design se chevauchent et se complètent de façon merveilleuse. »

S. Wendel,
2020[1]

Pour terminer ce premier chapitre, je préciserais que les concepteurs usent de méthodes qui ont fait leurs preuves dans les domaines des Sciences humaines et sociales (SHS). Les inscrire dans l'action sociale concrète qu'est la recherche-projet[2] pour concevoir le soin de demain est un merveilleux hommage à leurs valeurs intrinsèques.

Grâce entre autres aux tests, les designers acquièrent une expertise considérable en matière de sciences comportementales et particulièrement dans la compréhension de la psyché, dépassant ainsi la simple pratique de conception.

L'être humain, malgré tout ce qu'on a pu découvrir de lui, possède encore de nombreux mystères. Et les techniques de design centré sur le patient cherchent sans cesse à mieux les comprendre.

La méthodologie de coconception crée ainsi un nouveau paradigme où la technologie a une place de tiers aidant en faveur du changement de comportement de l'usager.

Didier Alain, responsable du groupe de travail sur la téléconsultation de l'IFEP[3] en 2019-2020, a corroboré cet aspect, en employant même le terme de tiers technologique que je trouve très juste lors d'une réunion.

---

1 Wendel, S. (2020). *Designing for Behavior Change,* Second Edition Applying Psychology and Behavioral Economics. Kindle, Op. cit. pp. 404-409

2 Findeli, A. (2003). *La recherche en design, questions épistémologiques et méthodologiques, La critique en design, contribution à une anthologie.* Jacqueline Chambon.

3 Institut français de l'expérience patient

Le mot d'Alexandre Berkesse

Les périodes historiques dans lesquelles de nouvelles médiations (ici la médiation technique et technologique) émergent ou se renforcent et font évoluer notre rapport au monde, à soi et à autrui, sont toujours des périodes socialement fébriles. Elles catalysent à la fois tous les espoirs pour répondre aux enjeux de notre temps, ouvrant de nouveaux possibles jusqu'alors inconcevables ou inexplorés. Elles suscitent également doutes, peurs et colères face à l'inconnu ou à la crainte d'un renforcement de ces mêmes enjeux.

La période que nous vivons se caractérise assurément ainsi et ce premier chapitre illustre de manière tout à fait évidente la nature et l'envergure des transformations qui génèrent ce moment social à la fois exaltant et déstabilisant de redéfinition des usages.

L'élan principal qui nourrit ce travail de redéfinition est le constat partagé et l'expérience quotidienne des patients comme des professionnels de l'inadéquation des usages actuels pour répondre aux besoins populationnels en matière de santé. Notre système de soin est organisé pour agir principalement face à des enjeux de santé aigus, temporaires et dans une logique curative alors que la chronicisation des maladies et l'augmentation de l'espérance de vie

contribuent à l'évolution des besoins vers une approche d'accompagnement et d'autonomisation dans la durée.

Les réponses imaginées et déployées dans ce contexte portent en elles la possibilité de contribuer à cette transition, mais sont aussi, comme toujours, déterminées par d'autres évolutions sociétales que nous devons expliciter afin d'en saisir l'influence et ce premier chapitre nous aide dans cet exercice.

Nous observons notamment à travers les exemples présentés le renforcement de la place de l'Individu (comme soi, comme essence, comme ressource, etc.) en tant qu'échelle légitime d'analyse et d'action pour la santé. Une telle évolution favorise le déploiement privilégié de solutions où l'on vise l'autonomie de la personne, son encapacitation (« *empowerment* ») et son rôle d'acteur de ses propres soins.

La conscience de ce prisme nous invite toutefois, en contrepartie, à orienter notre vigilance vers une possible surresponsabilisation individuelle (exemple : attribuer principalement à l'individu (manque de motivation, prise inadéquate de son traitement, etc.) des résultats de santé problématiques qui sont souvent de nature relationnelle et environnementale).

Aussi, la progression d'un rapport objectif au réel (qu'illustre notamment la référence au *quantified-self* dans ce chapitre) où, pour faire face à l'incertitude et reprendre un tant soit peu de contrôle face à celle-ci, nous développons des dispositifs nous permettant de mesurer, de quantifier et de calibrer nos différentes constantes physiologiques et caractéristiques psychiques.

Nous comprenons aisément l'intérêt d'un tel exercice qui permet de mieux comprendre notre état de santé et son évolution ou de pouvoir dialoguer et coopérer avec les professionnels de la santé à partir de données objectives. L'accès à de telles informations peut notamment contribuer à l'amélioration continue des pratiques de soin et à la sécurité des patients et donc à l'amélioration de la santé des personnes.

Cette évolution nous oblige toutefois, en contrepartie, à la vigilance quant aux possibilités de réification du rapport au corps et à ses conséquences peu désirables (exemple : dévalorisation de l'intérêt des données subjectives de santé, entrée dans une gestion de la performance de nos comportements (comme via les applications sportives, nutritionnelles, etc.).

Enfin, les dispositifs visant à renforcer notre capacité d'autogestion de la maladie (« self-management ») peuvent également avoir l'effet inverse et nuire à notre autonomie. Par exemple, pour une personne vivant avec le diabète depuis des années et ayant acquis une maîtrise fine de ses injections d'insuline pourrait voir son pouvoir d'agir sur son diabète diminuer si elle est équipée d'un appareil dont elle ne connaît pas le fonctionnement technique, avec lequel elle perd progressivement sa capacité à évaluer la quantité de sucre à ingérer au quotidien et la dose d'insuline à injection en fonction (exercice qu'elle devra réaliser si le dispositif tombe en panne) et dont les écarts aux prescriptions professionnelles seront continuellement inscrits à son dossier médical (augmentant par exemple la probabilité d'un retour à une forme de contrôle paternaliste).

Face aux potentialités tant positives que négatives qu'ouvre le développement des technologies numériques et des dispositifs techniques les mobilisant, l'écho que provoque actuellement tant l'état d'esprit que la méthodologie du design est une excellente nouvelle et augmente la probabilité que ce soit les positives qui se matérialisent à l'avenir.

Ce chapitre met notamment en lumière deux principales caractéristiques du design qui augmentent la probabilité que ce contexte de redéfinition des usages en santé soit au service de l'émancipation individuelle et collective :

Le design ancre dans l'expérience concrète, celle de l'usage des soins et services de santé. C'est d'abord et avant tout à partir des expériences quotidiennes et des besoins des patients, des aidants ou des professionnels de santé que ce travail de conception, d'expérimentation, d'évaluation et d'ajustement s'effectue.

Le design est une méthodologie d'action collective qui requiert de travailler « avec » les patients, les aidants et les professionnels de santé. Certaines écoles du design, qui reproduisent sans questionner ou adapter les apprentissages du design d'objet dans d'autres champs d'application, ont parfois tendance à agir davantage « pour », dans une logique d'approche centrée sur le patient. Or, la reconnaissance de la dimension active des patients (le patient comme acteur de soin à part entière), en particulier ceux vivant avec une maladie chronique, et les enjeux méthodologiques d'instrumentalisation désormais largement reconnus lorsque ce sont uniquement les professionnels qui analysent et interprètent les besoins exprimés par les usagers, nous invitent désormais à agir en *coleadership* pour réaliser des activités de coconstruction (d'objets, de parcours, d'offres de soins, etc.), c'est-à-dire d'adopter une méthodologie de *codesign*.

Nous vivons dans un contexte où de nouvelles possibilités d'émancipation et de développement de nos pouvoirs d'agir sur la santé sont à notre portée. À nous de nous en saisir, collectivement, lucidement (en ayant notamment conscience des rapports de pouvoirs et des manières de faire problématiques que nous pouvons reproduire sous d'autres mots) et d'explorer les horizons du possible avec conscience éthique et politique, mais aussi avec passion !

M. Alexandre Berkesse

Co-directeur du Centre d'Excellence sur le Partenariat avec les Patients et le Public (CEPPP) du Centre hospitalier de l'Université de Montréal (CHUM)

2

DÉCOUVRIR LE DESIGN EN SANTÉ

2.1. Sa maïeutique

Le système de santé gagne en temps d'action grâce aux logiciels utilisés au quotidien par les professionnels de santé[1]. Ces logiciels ont permis la mise en place de la traçabilité des médicaments entre autres. Les données ont commencé à être tracées, avec des indicateurs à postériori, ou avec des alarmes en temps réel. La température de conservation en transport ou en stockage a pu être suivie, ainsi que la conformité de production et bien d'autres informations. Les laboratoires pharmaceutiques ont été parmi les premiers à bénéficier des technologies en santé, dans l'intérêt de la qualité médicamenteuse. Avant d'envisager un usage du patient, les technologies médicales étaient plutôt médico-centrées. Les dispositifs médicaux peuvent en effet être implantables comme les prothèses[2], appareils (simple tensiomètre ou oxymètre), lits médicalisés ou les lentilles de correction par exemple. Et ça l'est toujours dans certains cas, car les dispositifs médicaux ne nécessitent pas tous d'interaction avec le patient. Certains dispositifs en santé peuvent en effet être installés et désinstallés par un professionnel, sans qu'aucune manipulation, ni prise de connaissance par le patient. De fait, il n'est pas évident de voir l'intérêt du design en santé. Les possibilités ne sont pas visibles au premier coup d'œil, et sans connaissance de ce qu'offre la palette des méthodes de design, il est facile de rester dans les aprioris. L'intérêt croissant pour les méthodes de design en santé[3] témoigne pourtant bien de la confiance grandissante des professionnels de santé pour l'approche de la recherche-projet[4]. Cette approche de recherche par le design[5] s'inscrit directement dans le design social en travaillant avec

---

1 Sigle signifiant « Professionnels de Santé »

2 Appelé aussi DMI pour Dispositif Médical Implanté

3 Côté, V., Bélanger, L., & Gagnon, C. (2017). Le design au service de l'expérience patient, *Sciences du Design, 6,* pp. 54-64.

4 Findeli, A. (2004). *La Recherche-Projet : Une méthode pour la recherche en design,* Texte présenté au Premier Symposium de recherche sur le design. Swiss Design Network.

5 Ibid. Cette méthode de *recherche-projet* n'est pas nécessairement connue ni volontairement appliquée par les professionnels du design. Cependant, il m'apparaît assez marquée qu'elle est active et appliquée de façon indirecte car elle correspond complètement aux enjeux terrain.

l'expérience vécue des usagers et la prise en compte des contraintes du système. Le design de service est également très pratiqué dans ce secteur et a contribué, entre autres, à développer le business des start-up. Le design d'expéricncc utilisateur a quant à lui permis le déploiement de *serious games*, très utiles dans la rééducation physique ou psychologique par le numérique, et est particulièrement efficace dans les remédiations cognitives. C'est le cas notamment de *Perefit*[1] proposant une sonde vaginale ayant un capteur de pression appairée à un jeu sur smartphone. Avec ce jeu, les femmes en période post-accouchement adoptent instinctivement une synchronicité kinesthésique facilitant la maîtrise des efforts. Cet exemple montre que dans la création de nouveaux traitements, le numérique en santé a fait ses preuves avec de nouveaux dispositifs, objets médicaux, et services précis.

L'innovation a également un grand intérêt dans les processus cliniques et la coordination des soins[2]. En effet, l'innovation en santé n'est pas viable sans modèle de déploiement au sein du système de santé ou au sein d'un établissement. Donc ces processus doivent être réfléchis en commun, en atelier participatif par exemple, pour *simplexifier*[3] leur fonctionnement et comprendre comment y intégrer la solution.

Par ailleurs, certains parcours de santé ont déjà été revus, dans l'organisation des communications notamment. Ce sont généralement des projets de moyenne envergure où les professionnels de santé et l'Institution qui les emploie sont associés à la coconception avec les patients ; les professionnels soignants et l'Institution étant souvent à l'origine du financement, avec un responsable du projet en interne. Ce type de projet concerne généralement une famille de pathologies, ou un service de santé, quand il s'agit de dispositif médical, comme nous verrons majoritairement dans ce livre. Concernant la qualité de la prise en charge, cela pourra concerner d'autres sphères comme l'intégration d'une intelligence artificielle pour faciliter l'admission, administrative ou médico-soignante, du patient, la construction d'un

---

1 Lien où trouver des informations sur ce dispositif médical : https://perifit.co.

2 Jones, P. (2013). *Design for Care: Innovation for Healthcare Experience*. Brooklyn, New York : Rosenfeld Media.

3 Rendre simple ce qui est complexe.

nouveau bâtiment ou encore le déploiement de supports informatiques pour numériser certaines tâches des professionnels de santé. Or, améliorer un seul domaine confine l'innovation à ce seul « point de contact » entre les patients et le système de santé. Autrement dit, toutes les autres expériences de santé seraient à améliorer d'une autre manière, selon la qualité de l'investissement financier et humain dédié, et les enjeux de l'établissement.

Un projet abordé de façon holistique et systémique est plus difficile à prendre en charge. Commencer au départ par des projets de plus petite envergure est raisonnable, surtout qu'ils peuvent être intégrés dans un plan de transformation ou d'optimisation plus global. Cependant, l'amélioration globale de l'expérience patient sera limitée en son point de contact précis avec le système de santé, et la partie immergée de l'iceberg influencera tôt ou tard l'expérience du patient. Rester très focus sur un type de maladie ou de service en santé ne résout donc pas le fond de la plupart des problématiques[1] en santé, souvent liées aux Technologies de l'Information et de la Communication globales de l'établissement et du système de santé.

Simplexifier ce dernier, tous secteurs confondus et avec toutes les parties prenantes, est le vrai challenge de notre époque. Les conceptions devraient prendre en compte les usagers et utilisateurs finaux, les chercheurs et industriels ; mais également les établissements de santé publique ou privée, ainsi que les laboratoires

[1] Jones, P. (2013). *Design for Care: Innovation for Healthcare Experience.* Brooklyn, New York : Rosenfeld Media.

pharmaceutiques et académiques ; les entreprises, notamment celles porteuses de projets, et les mutuelles sont également impliquées dans cette révolution qu'amène la e-santé. Les cultures différentes amenant des champs sémantiques et des valeurs différentes sont à anticiper. Les spécificités métiers, les différentes compétences et les inférences potentielles doivent être intégrées dès le départ, à l'aube et au centre du projet, dans la stratégie même de recherche.

Et c'est le rôle du chef de projet en partie. Pour lui, un effort considérable de compréhension est à déployer de façon pour comprendre les patients. Il doit de façon très concrète, expérimenter et ressentir l'inconfort de la thérapie. Il doit aussi s'adapter à la sémantique du patient, du développeur et des soignants. Toutes les parties prenantes, fédérées autour d'une table - que dis-je - d'une ambition, seront écoutées. Le chef de projet ira donc vers cet inconfort de langage et de position pour mieux comprendre les protagonistes, et les aider à mieux *se* comprendre *entre* eux. Même si le chef de projet n'est probablement pas utilisateur régulier du service en santé ou du traitement en question, il est indéniablement inscrit dans la *chaîne de soin*. En effet, le concepteur centré sur le patient, souvent aussi chef de projet, est responsable de la mise en place de la conformité médico-légale définit dans le périmètre de son projet.

Retenez ces priorités :

- Apprendre ensemble ;
- Développer du sens dans le projet ;
- Augmenter le pouvoir d'agir des participants.

Ces trois leitmotivs représentent de surcroît trois bénéfices à court terme pour les participants. Créer le partage de connaissance grâce aux rencontres et accompagner une communauté apprenante est une façon d'ancrer l'innovation dans le système et de pérenniser la démarche de design et d'appliquer les retours d'expériences d'autres approches des projets réalisés.

La population vieillissante, souffrant de maladies chroniques a souvent de multiples traitements, alourdissant l'engagement quotidien du patient pour ses soins. L'accompagnement en est d'autant plus complexe en termes administratifs. Et l'adoption d'une approche systémique pourra de ce fait nourrir la maïeutique du projet pour travailler à une solution pérenne.

Pour ce faire, Jones[1] donne quelques conseils intéressants, notamment applicables au numérique :

1. Garder le patient est au centre du système, et non la maladie ;
2. Optimiser les modèles d'orientation et les infrastructures existantes ;
3. Réduire les coûts et améliorer les soins comme objectif sous-jacent ;
4. S'inscrire dans les communautés de patients ;
5. Anticiper l'application des connaissances des médecins et l'autogestion des patients ;
6. Coordonner la communication entre tous les prestataires de soins.

2.1.1. Le fédérateur

Les valeurs normatives régissant le design telles que l'inclusion, l'éthique culturelle et conceptuelle, sont naturellement considérables lorsqu'elles viennent impacter le fonctionnement bien rodé des soignants.

[1] Jones, P. (2013). *Design for Care: Innovation for Healthcare Experience.* Brooklyn, New York: Rosenfeld Media.

La méthodologie appliquée par le concepteur induit une médiation entre les différentes perceptions[1] des parties prenantes. Le concepteur peut concevoir, entre autres, des stratégies de communication d'informations et de services, à différents niveaux de hiérarchie et de complexité. Il intervient en général sur des points de jonction temporelle et spatiale d'une organisation tout en projetant des effets sur d'autres points.

Le concepteur se doit aussi de traduire des problématiques à travailler, car c'est le point de départ des projets. Avec une fine sélection des informations nécessaires à la compréhension de la problématique, il synthétise sous un angle approprié un questionnement pertinent pour avoir l'avis des parties prenantes. Le designer aborde la complexité du projet dans sa transversalité et la dimension intégrative des problèmes. La capacité à transcrire visuellement les articulations de la problématique, précède un processus créatif effaçant les barrières entre les différentes disciplines métier. Cela permet une communication entre les différents points de vue et une transversalité entre les différentes parties prenantes du projet (concepteur, designer...). En effet, qu'ils soient convergents ou non, ils sont de toute façon complémentaires. Et ce processus permet d'enrichir les informations au cours du projet. Il améliore les prises de décision nécessaires même en l'absence d'information complète[2]. Le designer, qui peut aussi être chef de projet dans les petites agences, a donc un positionnement stratégique dans son rôle d'interprète des besoins, et de fédérateur des protagonistes. Cette attitude projectuelle transpose ses connaissances de la problématique en propositions innovantes[3].

La parole des patients est donc réceptionnée avec méthodologie et restituée sous un angle novateur aux médecins[4]. Le discours des patients peut interpeller et influencer directement le professionnel de santé, dans son activité même de praticien, puisqu'il découvre les

---

1 Côté, V., Bélanger, L., & Gagnon, C. (2017). Le design au service de l'expérience patient, *Sciences du Design, 6,* pp. 54-64.

2 Sanders, E., & Stappers, P. (2008). Co-Creation and The New Landscape Of Design, *Codesign, 1.*

3 Deni, M. (2014). Le design de services : projeter le bien-être. *Communication et organisation*, 46, pp. 129-142.

4 Delanoë-Vieux, C., Coirié, M., Coubard-Millot, J., & Figuerolat, X. (2019). L'expérience du patient en design, une ressource pour la conception d'un parcours d'hospitalité dans un Hospital neuf, *Ocula, 20*, pp. 135-155.

patients différemment, avec un autre discours que celui des consultations.

Au-delà de l'interprétation sensible et orientée du concepteur, certains récits permettent à eux seuls de comprendre différemment les patients, et aident même certains professionnels à retrouver le sens initial de leur vocation.

Cette approche de recherche par le design[1] améliore la qualité de leur présence auprès des usagers. Nous avons eu des retours de professionnels avouant comprendre autrement le discours de certains patients après avoir participé à un atelier de coconception par exemple. Et cela rejoint quelque part le concept *d'Experience based co-design* que nous verrons dans le tome 2. Cette dynamique d'échanges en confiance permet de rendre compréhensible ce qui peut l'être dans la maladie et le traitement.

Ainsi, les différentes disciplines des protagonistes ne sont pas à concevoir uniquement comme différents points de vue, mais

[1] Findeli, A. (2004). *La Recherche-Projet : Une méthode pour la recherche en design*, Texte présenté au Premier Symposium de recherche sur le design. Swiss Design Network. Cette méthode de recherche-projet n'est pas toujours connue des designers. Cependant, elle est appliquée de façon indirecte car elle correspond aux enjeux terrain.

également comme différents « points de vie » [1] du patient dans son parcours de soin. Ce qui souligne encore l'importance de rassembler les avis, comme en *focus group*[2], et de les enrichir mutuellement en utilisant des outils comme *l'experience map*[3] ou la *journey map*[4].

Les étapes d'une prise en charge complexe sont réparties entre les soignants, dans le temps. Elles ne sont pas sous la responsabilité d'une seule et unique personne. La solution prendra donc en compte le risque d'erreurs humaines et technologiques ; les coordinations et les vérifications déjà appliquées et éventuellement être dérangeant. Cet apport du design social est considérable. Il permet de renouveler les formes de recherche en sciences humaines et sociales[5]. La médiation que permettent les méthodes de design facilite le transfert des discours des patients aux soignants, créant par là même une jonction interrelationnelle entre eux, entre la conception et son espace de déploiement ensuite.

---

1 En design d'expérience patient, le ressenti et le vécu sont d'abord corrélés à l'avancement du patient dans son parcours. Parcours intrinsèquement lié à la continuité de sa vie. Mon expression peut être sujette à tergiversation ; je serais heureuse d'en débattre.

2 Technique de design thinking invitant une dizaine de personnes à s'exprimer de façon égalitaire sur un sujet spécifique.

3 Technique de conception centrée sur l'utilisateur cartographiant une expérience sous forme non d'actions se succédant (sans limite de temps particulière)

4 Technique de conception centrée sur l'utilisateur abordant une l'étude d'une expérience sous forme de période définie, avec une échelle de temps particulière.

5 Catoir-Brisson, M. J., & Watkin, T. (2021) Quand le design social renouvelle les méthodes de recherche en sciences humaines et sociales. Retour réflexif sur deux recherches-projets en santé et habitat. *Agbessi, Eric. Art et innovation sociale. Définitions citoyennes et territoriales*, L'Harmattan, pp.149-164.

Schéma proposé par l'équipe de chercheurs du IMT d'Alès, d'Audencia Nantes, d'Unîmes, de Bioserenity, de l'unité du sommeil du CHU de Nîmes et de l'ENS Paris Saclay, sur le site du projet : https://projetsomhealth.wordpress.com/methodologie/

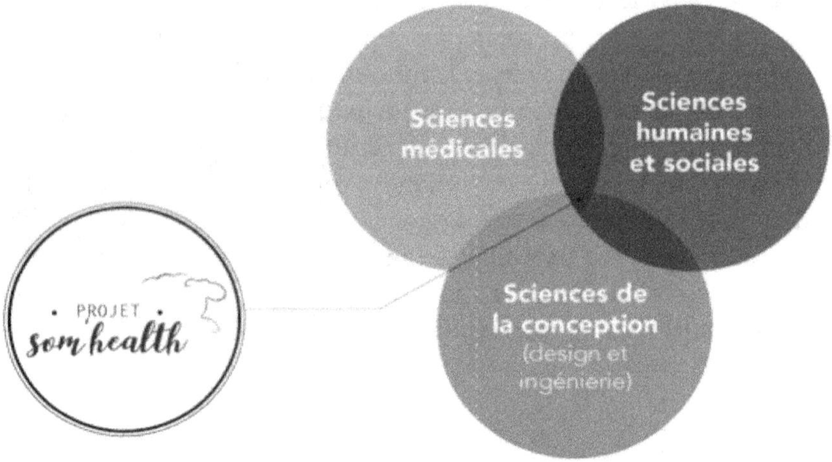

2.1.2. La transdisciplinarité de l'approche

Les projets demandent de travailler l'expérience patient s'inscrivent dans la discipline du design social, « à la croisée du design, des sciences humaines et sociales, et des sciences médicales »[1]. Pour parvenir à une qualité de réalisation, les membres de l'équipe doivent développer une partie des recherches selon leur discipline respective.

Il leur est nécessaire de hiérarchiser les strates de réponses inhérentes au fonctionnement de leur domaine[2]. Si les techniques de design « facilitent l'implication, la prise de parole, l'expressivité et réflexivité des participants sur leurs propres pratiques »[3], un langage

---

[1] https://projetsomhealth.org/methodologie/ - Consulté le 14 juin 2021 à 15h.

[2] Deni, M. (2014). Le design de services : projeter le bien-être. *Communication et organisation*, 46, pp. 129-142.

[3] Normand, A. (2017). *La révolution de la e-santé, objets connectés, applis, big data, médecine prédictive.* Eyrolles, Op. cit. p.159.

technique commun reste nécessaire. Il s'agira ainsi de pouvoir aborder des notions de conception et de méthodologie de façon fluide et compréhensible par tous. Si nous devions employer des termes techniques concernant l'interaction entre la technologie, l'humain et le système de santé, nous aurions beaucoup de mal à avancer dans le projet. Ce langage commun est salutaire également lorsqu'il s'agit de tergiverser sur les résultats des évaluations, discuter de l'utilisation d'un service ou de l'intérêt d'une proposition.

Les professionnels de santé ont d'ailleurs l'habitude d'aborder les sujets concernant le comportement humain, mais les centres d'intérêt des concepteurs plutôt axés sur l'usage doivent être clairement énoncés ; ceci, tout en reconnaissant l'importance du rôle des professionnels de santé. Nous faciliterons ainsi les prises de conscience dans chaque discipline ainsi que la mise en place d'un système de valeurs tacites[1]. L'intérêt est que les spécialistes « apportent les connaissances de leur discipline principale, partagent et pollinisent de manière croisée, et développent une empathie pour le design et le processus de design »[2].

Reconnaître les intérêts (quantifiables) et les convictions de chacun (aligner les enjeux et les orientations stratégiques), permet aussi de présenter les informations dans leur contexte situationnel le plus probable. En effet, l'interdisciplinarité de l'approche induit a fortiori des situations différentes selon la spécialité des personnes interrogées. La spécialité du soin apportant également au malade un stade spécifique d'avancement au sein des équipes en est une preuve. La culture procédurale et collaborative est en effet bien instaurée. Et cet aspect du secteur d'ailleurs sera dans vos *taskflows*[3].

Ainsi, au sein du projet, le designer devra anticiper, voire former, les participants aux méthodes de design participatif (cf. II-4.2. Le design participatif)[4] en collaboration avec le chef de projet qui est

---

1 Doyle, C., Lennox, L., & D., B. (2012). *A systematic review of evidence on the links between patient experience and clinical safety and effectiveness*, *BMJ Open, 1*.

2 Kelley, D., & Vanpatter, G. (2005). *Design as Glue: Understanding the Stanford D. School. Conversation*, op. cit. p.5.

3 Flux de tâches, ou tâches successives, présentées sous forme de diagramme enrichie visuellement. Cet outil sert de repères d'avancement pour le chef de projet et l'équipe.

4 Il s'agit de concevoir une solution *avec* et *pour* les utilisateurs finaux durant toute la durée du projet et à toutes les étapes de conception.

maître du calendrier et du plan d'action. L'intervention hebdomadaire du designer (ou mensuelle selon la timeline) sera ritualisée. Le designer ou chargé de projet inscrira tous les temps d'échanges dans les agendas des parties prenantes dès le départ. L'intérêt est d'instaurer un rythme. Cela rend la collaboration plus facile et moins exigeante. Il s'agira aussi de créer des habitudes de collaboration afin de les ancrer dans leur quotidien, avant la mise en œuvre de la solution. Naturellement, cela demande d'inclure toutes les parties prenantes dans la planification du projet ainsi que dans l'anticipation de son lancement. Cette phase est directement liée aux décisions inhérentes aux services de mise en œuvre. Le designer contribuera ainsi à l'acculturation des parties prenantes à l'amélioration continue. Il s'agira, pour le designer, d'endosser « le rôle de « colle » - le pont, le facilitateur, le protecteur, l'explicateur, l'évaluateur, le modélisateur, l'orchestrateur et le défenseur de tous les types de pensée »[1].

J'ai constaté à plusieurs reprises que le design participatif a des points communs avec l'Éducation thérapeutique (ETP)[2]. L'ETP travaille effectivement aussi au plus proche des patients et de leurs préoccupations quotidiennes. Leur but est de mieux les comprendre pour mieux les accompagner dans le vécu de leur maladie, souvent chronique. Leurs méthodes me semblent très riches, approfondies et sources d'apprentissage fécond pour le designer.

Les chercheurs en médecine commencent également à s'inspirer des méthodes de design. Ils commencent à inclure dès le départ les parties prenantes, en mixant les méthodes quantitatives cliniques avec l'approche qualitative des concepteurs. Appliquer les principes de design participatif induit un nouveau type de questionnement, et de nouvelles perspectives à étudier ; ce qui ne peut qu'améliorer la qualité de leurs productions médicales. En effet, ces méthodes inscrites dans une communication directe avec le patient aident les praticiens à établir des relations plus solides. Cela améliore significativement la satisfaction des patients d'une part et leurs

---

[1] Kelley, D., & Vanpatter, G. (2005). *Design as Glue: Understanding the Stanford D. School. Conversation*, op. cit. p.7.

[2] Il s'agit d'un dispositif mis en place en parallèle souvent d'un traitement de maladies chroniques. Via des ateliers et des moments d'échanges les patients font l'acquisition de connaissances utiles à la bonne observance de leur thérapie.

résultats cliniques d'autre part[1]. Apporter de nouvelles méthodes de recherches collaboratives avec les patients ne permet pas de dépasser dans l'immédiat les limites de l'institution, mais apporte des réponses nouvelles, pouvant remettre en question à moindre risque certaines connaissances.

2.1.3. Éclairage sur les métiers

L'amélioration des connaissances des médecins, après leur formation universitaire, témoigne de la nécessité permanente de suivre les évolutions permanentes des découvertes en médecine. Cet apprentissage est lui-même inscrit dans leur routine quotidienne. Ils superposent de multiples voies d'acquisition de connaissances dans un roulement de tâches bien rodé. Leur apprentissage reste cependant un mélange d'occasions programmées et improvisées, vécues à un rythme soutenu et à haut risque. Si les études académiques permettent des bifurcations, des tests et des remises en question, ce n'est pas le cas dans un contexte d'application clinique des soins. Ici, il ne peut y avoir qu'un seul parcours allant de l'admission à la sortie.

La plupart des expériences patient sont reliées d'une façon ou d'une autre à l'application technique des connaissances des soignants. Les dossiers papier (de patients ou de notes cliniques) permettraient une communication plus efficace et plus précise que les systèmes numériques dans les équipes médicales. Les ressources d'informations numériques pour les décisions de diagnostic et de traitement sont à disposition et fréquemment utilisées en période d'apprentissage et pas forcément après. Les médecins expérimentés ne préparent pas de prise en charge courante en allant chercher des informations en ligne avant, sauf éventuellement en de rares cas pour se rafraîchir la mémoire si les différentes étapes apparaissent plus techniques que d'habitude.

A priori, le mode opérationnel du praticien au quotidien d'identifier les « points » à améliorer n'a clairement pas besoin d'aide numérique pour être efficace. Il est donc nécessaire d'adopter

---

[1] Lupton, E., & Bon Ku, M. (2020). *Health Design Thinking, Creating products and services for better health*, Cooper Hewitt.

une posture adéquate et un langage approprié pour montrer en quoi le design peut apporter des réponses et des solutions en santé. Le designer devra questionner les praticiens locaux, pour comprendre leurs propres préoccupations réelles et leurs attentes. Cela ne correspondra pas forcément à ce que le design pourra apporter ou aux compétences que le designer pourra mobiliser. Il a été constaté de toute façon qu'un projet de design efficace et pertinent ne demande pas nécessairement à modifier les usages[1].

De plus, le métier de designer en santé est peu connu des professionnels de santé puisqu'il émerge seulement. Ainsi, il peut être difficile en début de projet de se faire comprendre sur l'intérêt du design en tant que relais du corps médical[2]. Le designer devra donc éclairer sur sa pratique en situant le design dans le contexte réel de la pratique médicale, sur la place du design dans les prises en charge, l'accompagnement qu'il peut apporter, et montrer qu'il s'agit surtout d'outils facilitateurs, la plupart du temps[3], de leur pratique. Un changement de perception est nécessaire pour espérer un changement de posture du professionnel de santé vis-à-vis du designer. C'est important pour la bonne fluidité du projet. En communiquant sur les possibilités et les enjeux du design en santé aux professionnels de santé, il est possible qu'ils reconsidèrent la question pour concevoir différemment « l'ensemble des dispositifs {…} comme autant d'opportunités de favoriser un renouvellement

[1] Deni, M. (2014). Le design de services : projeter le bien-être. *Communication et organisation*, 46, pp. 129-142.

[2] Guilloux, G., & Le Bœuf, J. (2017). *Design et territoire de la pratique du design en santé* : *enjeux pour la recherche et la formation,* Puf, 6.

[3] Apparaissent depuis peu des applications en santé entièrement indépendantes de l'accompagnement du corps médical.

de pratiques au service d'une approche efficiente et bienfaisante [1]. Et c'est peut-être là tout l'intérêt des méthodes de design ; cela résiderait dans la médiation « entre le réel et le possible, tant dans sa forme académique que pratique »[2].

2.1.4. Les technologies de l'information

Le système de santé est garant des soins et de la prise en charge de façon sécurisée des vies humaines[3]. Ce n'est pas rien. Les praticiens bénéficient d'un large choix de ressources pour répondre aux éventuels questionnements inhérents à leur pratique. Et pourtant, dans la réalité des usages, beaucoup commencent par Google. Cela paraît assez contre-indiqué, mais les professionnels notent des termes très spécifiques à leur domaine de manière à filtrer les références qui ne seraient pas cliniques. Et ils ne sélectionnent évidemment que les références de sites à forte crédibilité ; c'est-à-dire reconnus au sein du milieu médical comme sûrs, soit parce qu'une personne reconnue elle-même l'atteste[4], soit parce que les références scientifiques sont solides. Si la recherche d'informations peut commencer sur des sites plutôt communs, ils poursuivent leur navigation de façon complètement différente du reste de la population.

Les technologies de l'information et de la communication en santé sont particulièrement importantes dans leur quotidien, car au cours d'une journée, un soignant peut être confronté à plusieurs formes différentes de technologies de l'information. Implanter de nouvelles pratiques semble de fait plutôt difficile même s'il ne s'agit pas de *rajouter* mais bien de *remplacer* pour *améliorer*. Au cours d'une journée type, un professionnel de santé commence par examiner le planning pour prendre connaissance des patients à visiter dans la journée, de façon à préparer les traitements envisageables ou les nouvelles procédures de prise en charge, si les

---

1 Ibid.

2 Côté, V., Bélanger, L., & Gagnon, C. (2017). Le design au service de l'expérience patient, *Sciences du Design, 6,* pp. 54-64.

3 Lupton, E., & Bon Ku, M. (2020). *Health Design Thinking, Creating products and services for better health,* Cooper Hewitt.

4 Aussi appelée "*Key Opinion Leader*".

résultats du traitement en cours ne sont pas concluants. Le professionnel de santé va rechercher dans les dossiers des patients pour vérifier leur statut actuel, ou celui enregistré durant la nuit. Le praticien a également des appels réguliers et de nombreux mails à lire chaque jour ; il numériserait encore dans certains établissements les résultats d'examens biologiques pour les transmettre, ou les enregistrer. Ou bien, il les imprime pour s'en servir comme support d'échanges avec un collègue en face à face. Enfin, il peut éventuellement se référer au Vidal pour vérifier ou ajuster le traitement. Beaucoup d'habitudes et de réflexes facilitant leurs tâches quotidiennes permettent de libérer les fonctions cérébrales et manuelles pour les réserver aux besoins des patients. C'est leur cœur du métier de soignant. Rendre l'expérience patient plus humaine sans ajouter de charge cognitive supplémentaire au médecin n'est pas impossible. Mais cela doit se faire en développant de nouvelles collaborations entre les soignants et en intégrant concrètement les politiques locales soutenant la mise en œuvre des évolutions techniques.

Depuis peu, une certaine volonté du secteur de la santé semble émerger pour introduire les méthodes de design dans la recherche médicale et l'amélioration des parcours de santé. L'objectif des praticiens est de comprendre davantage comment les processus sont amenés et appliqués, et en quoi ils constituent une causalité aux résultats positifs et non une simple corrélation. Il faudra donc, en tant que designer, démontrer dans les secteurs publics la pertinence du design en santé. Cet objectif, ne trahissant pas moins la curiosité que le scepticisme des praticiens, invitera de fait à clarifier du mieux possible les apports méthodologiques du design aux Sciences Humaines et Sociales [1].

2.1.5. Le design préventif

Cet intérêt de la part des professionnels de santé valorise quelque part la recherche par le design dans le milieu de la santé. Cela constitue une amorce de consensus. Cet accord tacite, entre

---

[1] Côté, V., Bélanger, L., & Gagnon, C. (2017). Le design au service de l'expérience patient, *Sciences du Design, 6,* pp. 54-64.

professionnels de santé et concepteurs sur les valeurs humanistes, véhicule les méthodes de design dans la recherche auprès des patients. À court terme, les soins de santé seront conçus « à hauteur d'humain »[1] et à long terme, l'humanisme du soin sera renforcé. Cet élan reflète également la volonté de sortir des soins centrés sur les symptômes pour entrer plutôt dans une approche « d'amélioration de la santé d'une communauté »[2]. Cette approche se réalise dans l'écoute de la population saine et par la mesure de la qualité de vie, notamment dans une dimension sociale et égalitaire des soins.

Œuvrer pour le *bien commun*[3] inscrit la santé préventive en tant que système de services. La prévention constitue un classique de la complexité du système de santé. Mais prendre les bonnes mesures sur une population saine est difficile, car lorsque tout va bien, il est facile de demeurer sans réponse fiable ; toute estimation étant forcément cousine de la corrélation et non de la causalité confirmée. De plus, intervenir pour éviter qu'un événement ne se produise dans le futur est contrefactuel. Les possibilités de mesurer l'efficacité de cette prévention sont assez menues ; être cantonné à des échantillons de population, dans un laps de temps défini, pour évaluer le degré de ce qui ne se produit pas est difficile, mais peut-être pas impossible avec l'intelligence artificielle. Là n'est cependant pas le propos de ce livre.

Que ce soit par intelligence humaine ou artificielle, les déterminants prévalents dans la prévention seraient cependant avant tout sociaux. Selon la Déclaration de Jakarta[4], la paix, le logement, l'éducation, la sécurité sociale, les relations sociales, l'alimentation, un revenu, la responsabilisation des femmes, un écosystème stable,

---

1 Ibid.

2 Tamber, P. S., Kelly, B., Carroll, L., & Morgan, J. (2015*). Communities Creating Health: What would happen if the design, implementation, and evaluation of health interventions became something we do with communities rather than to them? Stanford :* Creating Health Collaborative & Stanford Social Innovation Review.

3 Vous verrez beaucoup cette appellation/justification au sein de vos projets en santé, surtout s'il y a un enjeu social et une certaine envergure. En effet, les levées de fonds et soutiens publics s'inscrivent dans une éthique globale qui incite à rendre duplicable les innovations et les techniques de conception inhérentes.

4 *Déclaration de Jakarta*, A ère nouvelle, acteurs nouveaux, Adapter la promotion de la santé au XXIe siècle, 4e conférence internationale sur la promotion de la santé. Jakarta, Indonésie, 21-25 Juillet 1997.

une utilisation durable des ressources, la justice sociale, le respect des droits de l'homme, et l'équité, sont des déterminants pour l'instauration de la santé. Ces déterminants constituent un groupe de causalités potentielles à la survenue de maladies. S'ajoutent à ces déterminants les causes profondes, origines d'une chaîne de causalité porteuse de risques, à savoir notamment le développement de l'enfant dès la petite enfance, le type d'alimentation au quotidien, la sécurité affective, etc. Celles-ci peuvent ne pas être relevées avant plusieurs années compte tenu de la subjectivité du sujet et de l'ambivalence possible des points de vue selon nos origines.

Cependant, la conception en prévention de santé, inscrite dans un rapport longitudinal à la collecte d'informations, doit suivre un ensemble de principes :

1. Rester centré sur l'humain ;
2. Consolider une connaissance aiguë ;
3. Amorcer la recherche très tôt ;
4. Être focus et simple dans l'approche.

2.2. Son intérêt

Les technologies dans l'univers de la santé sont très demandées et nombreuses. Il suffit de comparer l'environnement hospitalier à l'environnement scolaire. Les équipements technologiques ne sont pas du tout les mêmes, trahissant par là même un intérêt économique différent. La performance en santé est ainsi gouvernée par les financements des porteurs de projet, même si les capacités, le périmètre et les objectifs, définis, réalistes, évalués et maîtrisés sont aussi importants. Les porteurs de projet, même si leur idée est pertinente, ne peuvent pas être en charge eux-mêmes des études d'usage. L'investissement émotionnel et les biais cognitifs (cf. II-1.1.6. Les biais) inhérents sont autant de troubles à l'interprétation des situations étudiées. Les points de vue énoncés par chacun avec honnêteté seraient tout autant victimes d'inférence subjective plutôt que d'analyse objective.

Le développement des innovations technologiques rencontre cependant de multiples freins sur le terrain[1]. Leurs conceptions et leurs implantations dites *techno-centrées* excluent l'étude des usages. Or dans le secteur de la santé, la démarche *top down*[2] néglige l'importance de se situer au plus proche des besoins et des bénéficiaires. Repositionner le projet vis-à-vis de ses actions concrètes dans l'environnement de mise en œuvre, avec toutes les conditions et les complexités de situation possible, se traduit par l'adoption de la démarche *bottom up*[3].

---

[1] Grosjean, S., Bonneville, L., & Marrast, P. (2019). *Innovation en santé conduite par les médecins et infirmières : l'approche du Design Participatif à l'hôpital.* 6, pp. 69-92.

[2] « *Du haut vers le bas* » en français. Se dit d'une conception descendante ; partant des grandes lignes pour aller vers les détails ; par analogie, cela signifie également partir des commanditaires pour aller vers les bénéficiaires. Opposé à la démarche *Bottom-up.*

[3] « *Du bas vers le haut* » en français ; Se dit d'une conception ascendante ; apportant dès le départ les éléments fondamentaux de la conception d'une solution ; cela signifie également en design : partir des bénéficiaires pour aller vers les commanditaires. Opposé à la démarche *top down.*

La recherche-projet[1], désignant pour rappel la démarche de recherche *par* le design, offre la possibilité d'une médiation « *entre les* réalités observées et les potentialités » [2].Ces observations peuvent servir également dans la documentation des services publics sur les enjeux de la réalité terrain. Révéler toute l'ambiguïté du vécu selon les lieux et les événements, ainsi que les pensées agonistiques nées parfois d'éléments déclencheurs pouvant sembler anodins, apportera une nouvelle dimension aux connaissances publiques. Au-delà de la stricte collecte d'informations, les relations entre l'environnement physique et émotionnel des patients informent directement sur leur vécu. Les usagers et les usages tissent de fait une relation spécifique aux espaces et aux objets, constituant ainsi par eux-mêmes la qualité de leur expérience. La matérialité environnante des patients a donc un rôle important dans les perceptions de ce dernier, et a fortiori dans ses ressentis.

L'exploration des solutions possibles induit la mise en cohérence du regard des uns avec le regard des autres, tout en restant aligné avec l'expérience de l'ensemble des protagonistes du projet. Ces nuances dans les préoccupations de chacun sont filtrées par le biais de l'interprétation du designer. Il traduit à ses outils et son savoir-faire ces nuances en des solutions spatiales, matérielles, servicielles et fonctionnelles. Il peut créer ainsi « de futurs usagers, organisations et contextes d'usage »[3]. L'ambiguïté des intentions officielles et non officielles est à négocier avec les outils de design. Ainsi en sont produits les éléments de connaissance. La coproduction de ce savoir améliore le potentiel d'innovation des alternatives produites. Les logiques actuelles peuvent être dépassées grâce aux améliorations continues des aspects matériels, virtuels et organisationnels[4] de l'environnement étudié.

---

1 Findeli, A. (2003). *La recherche en design, questions épistémologiques et méthodologiques, La critique en design, contribution à une anthologie.* Jacqueline Chambon.

2 Catoir-Brisson, M. J., & Watkin, T. (2021) Quand le design social renouvelle les méthodes de recherche en sciences humaines et sociales. Retour réflexif sur deux recherches-projets en santé et habitat. *Agbessi, Eric. Art et innovation sociale. Définitions citoyennes et territoriales*, L'Harmattan, pp.149-164.

3 Jullier, G., & Kimbell, L. (2016). *Co-Producing Social Futures Through Design Research.* University of Brighton.

4 Ibid.

Les méthodes d'innovation par le design approfondissent les connaissances issues des sciences humaines. Dépassant les limites connues et les modes de recherches traditionnels, le design permet d'aller chercher ailleurs les problématiques et de définir ainsi les multiples points d'amélioration identifiés au cours d'un parcours. Associant les connaissances de la littérature médicale aux connaissances ethnographiques et sociales spécifiques au projet. L'acceptabilité des technologies est remise à l'avant-poste des projets. L'expérience humaine est intimement liée au ressenti charnel et matériel de l'environnement. Il est de fait nécessairement à l'origine de l'innovation en santé.

2.2.1. L'empathie

Dans le milieu médical, c'est essentiel de fournir une solution aussi inclusive que possible, tout en étant centrée sur le patient, autant dans la relation sensible qu'elle offre que dans sa dimension responsive[1]. Les dispositifs médicaux se doivent donc d'être extrêmement adaptatifs, car les humeurs des patients sont tributaires de leur état physique. Leurs émotions peuvent influencer notamment

[1] Catoir-Brisson, M. (2020). *Présentation séminaire DEI.* Université de Nîmes : Laboratoire PROJEKT.

l'expérience de leurs usages. C'est pourquoi la parole des patients est une source documentaire en elle-même, utilisée et utilisable durant toute la durée des projets. Les discours, leur intonation et les absences d'expression sont à examiner. Les coïncidences et corrélations sont à pointer de façon à avoir une vision aussi représentative que possible du vécu patient.

Dans les retours d'expérience des patients est identifié entre autres le manque d'empathie de la part des soignants. Leur sentiment général est qu'ils ne sont pas particulièrement à l'écoute. Et s'ils le sont, les praticiens ne prennent pas toujours en considération ce que le patient évoque. Plusieurs origines sont possibles à cela. Comptons éventuellement la lourdeur administrative du système de santé pouvant jouer dans la fluidité des relations humaines. Éventuellement, les expressions plus ou moins familières ou sous-entendus du patient peuvent aussi sembler clairs pour ce dernier, et très flous pour le professionnel de santé. Ce faisant, la communication semble souvent brouillée, justifiant peut-être en partie ce sentiment de manque d'écoute. Cet aspect peut en l'occurrence nuire à l'expérience du patient dans son parcours de soin. Il ne se sent pas entendu par ceux qui le soignent. Cela a deux conséquences directes : l'inquiéter et le démotiver. Il sera en effet indéniablement impacté dans son implication active nécessaire au niveau des soins[1]. Il en va de même concernant les aidants envers leurs proches. S'ils ne se sentent pas écoutés, pourquoi feraient-ils l'effort de communiquer ?

Si plusieurs recherches se sont intéressées à l'empathie dans le secteur de la médecine, les approches dites qualitatives sont encore peu appliquées. Pourtant de récentes études ont d'ores et déjà montré que les méthodologies à vocation quantitative sont plutôt limitées dans l'étayage de leurs connaissances[2].

L'expérimentation de la vie, c'est-à-dire l'expérience du vécu à travers les sentiments, passe de prime abord par l'interprétation du

---

1 Bélanger, L., Desmartis, M., & Coulombe. (2016). *Ouverture à la présence de la famille et des proches auprès de la personne hospitalisée : perception des proches sur les facteurs facilitant leur implication et leur collaboration avec l'équipe de soins.* CHU de Québec-Université Laval : Hôpital St-François d'Assise.

2 Pedersen, R. (2009). Empirical research on empathy in medicine – A critical review, *Patient Education and Counseling, 76.*

premier concerné ; celui qui les vit. Or, ces études quantitatives négligent relativement la parole des médecins et des patients ainsi que la portée de l'empathie dans les pratiques cliniques.

L'empathie du designer fait également partie intégrante de ses capacités de professionnel, à l'instar du professionnel de santé. C'est là sûrement ce point qui rapproche le plus les disciplines. Sa pratique induit une empathie cognitive et émotionnelle dans son observation, son écoute, sa capacité à synthétiser et à narrer les récits entendus. Cette compétence est nécessaire pour être en mesure de déployer les solutions coconçues dans les différents milieux[1].

Canevas d'emphaty map[2] possible, à compléter selon les objectifs du projet.

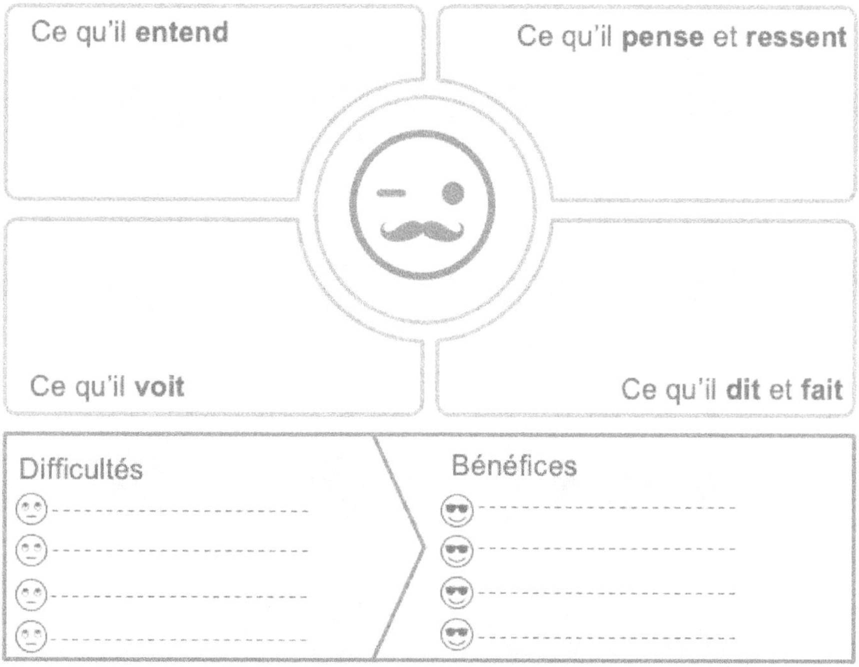

---

[1] Delanoë-Vieux, C., Coirié, M., Coubard-Millot, J., & Figuerolat, X. (2019). L'expérience du patient en design, une ressource pour la conception d'un parcours d'hospitalité dans un Hospital neuf. *Ocula, 20*, pp. 135-155.

[2] Visonneau A. (2021), *Stratégie de design UX, Accélérer l'innovation et réduire l'incertitude,* Ed. Eyrolles, p.101.

Une conception ne sera en effet pas toujours vouée à être utilisée dans le même environnement. Mais elle pourra cependant être dupliquée si les résultats sont bons, à d'autres services ou d'autres types de parcours de santé.

Pour aider à organiser les observations, l'*emphaty map* est tout indiquée. Vous prendrez soin de noter les difficultés et les bénéfices du patient dans les accomplissements de tâches quotidiennes.

« Hassenzahl et Tractinsky définissent l'UX comme « une conséquence de l'état interne d'un utilisateur (prédispositions, attentes, besoins, motivation, humeur, etc.), des caractéristiques du système conçu (complexité, but, utilisabilité, fonctionnalités, etc.) et du contexte (ou environnement) dans lequel l'interaction prend place (cadre organisationnel/social, sens de l'activité, volonté d'usage... ».

C. Lallemand & G. Gronier,
2015[1]

[1] Lallemand, C., Grenier, G. (2015). *Méthodes de design UX, 30 méthodes fondamentales pour concevoir des expériences optimales*, 2e édition Eyrolles, op. cit. p.34

Naturellement, le niveau de participation du designer aux projets en santé est également à adapter, voire à négocier selon les tenants et aboutissants des objectifs. Les méthodes de design se répandent de façon croissante au sein des différentes sphères en santé. Cette approche demeure tout de même rattachée au design. Ainsi, le rôle du designer commence à être reconnu.

Mais il apporterait encore davantage d'éléments constructifs si une place plus importante lui était confiée. Il devrait intégrer les équipes dans l'établissement même commanditaire du projet, au cœur même de l'unité matricielle du système, en binôme avec le chef de projet s'ils sont deux. Les connaissances et les expertises liées aux objets environnementaux, à la réorganisation des espaces et à la conception des dispositifs communicationnels[1] et médicaux, en font des collaborateurs d'envergure pour ce type de projets.

2.2.2. L'humilité

« Cette médicalisation des applications grand public
est largement le résultat des progrès de la médecine elle-même. »

A. Normand,
2017[2]

Le designer, pluridisciplinaire et appliquant une richesse de méthodologies liées telles que l'ergonomie, la psychologie, l'ingénierie, le design, la sociologie, et l'ethnographie[3] pourrait, par manque de connaissances sur l'apprentissage académique et empirique des professionnels de santé, se montrer prétentieux quant à ses propres compétences professionnelles.

---

1 Côté, V., Bélanger, L., & Gagnon, C. (2017). Le design au service de l'expérience patient, *Sciences du Design*, 6, pp. 54-64.

2 Normand, A. (2017*). La révolution de la e-santé, objets connectés, applis, big data, médecine prédictive*. Eyrolles, op. cit. p.56

3 Lallemand, C., Grenier, G. (2015). *Méthodes de design UX, 30 méthodes fondamentales pour concevoir des expériences optimales*, 2e édition, Eyrolles.

Ce que le designer considère comme une innovation peut tout à fait être perçu comme une simple amélioration pour le praticien.

Et même si le designer est censé savoir faire la différence entre une amélioration et une innovation[1] dans l'application ordinaire de sa pratique, certains domaines comme la médecine demandent peut-être davantage de prudence, de connaissance des interactions et des réglementations concernant la prise en charge des patients. La nécessité d'humilité des concepteurs se retrouve également chez les professionnels de santé. Même si les enjeux de pouvoir sont hiérarchiquement très solides et importants dans les environnements médicaux pour déployer leur expertise, l'humilité doit être maintenue et travaillée concernant la reconnaissance du savoir empirique des patients.

Grâce aux formations diplômantes de patient expert reconnaissant cet apprentissage, cette relation de sachant / sujet tend à se dessouder, intégrant par ainsi de tierces personnes, notamment l'aidant-sachant et le designer dans les projets de refonte de service ou d'accompagnement. Les efforts de communication sont à maintenir sur le terrain ; les domaines de la médecine et du design étant encore bien trop lourdement séparés, chronicisant un clivage stérile. En effet, le numérique en santé a l'objectif d'apporter une aide concrète, de contribuer à l'expertise commune des soignants et des soignés, ainsi que d'amener le patient à recouvrer son autonomie et sa liberté d'agir quotidienne[2].

2.2.3. La communication

Dans l'écosystème hospitalier se mélangent des langages techniques selon les spécialités médicales. Pourtant ils s'accordent tous sur un langage commun leur permettant de fonctionner dans ce système sociotechnique que représente l'hôpital ou le système de santé global. Ainsi formuler les pratiques de façon à ce qu'elles soient compréhensibles par un collègue exerçant dans un autre service est plutôt commun. Pour collaborer avec un designer, ce n'est

---

1 Côté, V., Bélanger, L., & Gagnon, C. (2017). Le design au service de l'expérience patient, *Sciences du Design*, 6, pp. 54-64.

2 Ibid.

cependant pas aussi facile puisque ce dernier, avec très peu de connaissances médicales, ne peut pas se contenter d'un consensus et devra lui-même apprendre la majeure partie des termes techniques employés.

La cocréation peut ainsi se faire avec un langage commun de base utilisé durant la conception, et après, lors de la mise en œuvre. Cela permet à toutes les parties prenantes d'évoluer dans une amélioration continue de la solution. Rappelons que la conception des solutions en santé doit principalement aider au changement d'état de santé du malade, pour aller vers une forme de rémission. Différentes méthodes de design sont nécessaires pour servir et satisfaire les exigences du projet. Il s'agira de prendre en compte les différents types de soins proposés, aux différents profils de patient, selon les différentes philosophies de métier, issues d'écoles différentes et rencontrant des difficultés singulières à chaque service. Un langage adapté aux parties prenantes est donc à privilégier tout en limitant le vocabulaire lié spécifiquement au design. Le malade étant source de valeur de la solution, il est fortement recommandé de s'adapter à son vocabulaire durant la phase de conception.

Un tableau ci-dessous, des langages sociotechniques en milieu de soin est proposé par Rheinfrank et Evenson[1].

Demandeur de soin : patient hospitalisé	Permettre la réalisation de la proposition de valeur de la santé	Sensibilisation du public et des médias, communications éducation sur site, contenu en ligne, histoires vidéo
Interface de communication patient	Permettre la prise de conscience des informations sur la santé	Contenu source en ligne , Conception de médias communautaires
Interface de gestion patient	Permettre une relation de soins durable avec l'organisation	Correspondances directes, Jetons de relation de substitution (par exemple, kits de soins à domicile gratuits)
Interface patient-clinique	Relation directe avec les services de soins	Expérience des services de santé, Planification des soins, Salle d'examen et procédures, Points de contact : équipement, dispositifs, outils, manière, processus
Équipe de soins cliniques	Développer des capacités et des ressources cliniques stratégiques et procédurales pour les services de soins.	Socialisation et apprentissage en équipe, Formation continue, Développement des rôles, Sélection du personnel, Planification des soins
Interface de gestion clinique	Permettre la conception de services de soins résilients	Planification des soins, Coordination des pratiques, Comptabilité transparente
Interface d'information clinique	Permettre une gestion efficace des données, des informations et des connaissances cliniques	Accès et facilité d'utilisation, fonction et adéquation au service Adaptation stratégique à la pratique, Cliniciens et patients
Interface du cycle de vie du patient	Permettre des habitudes de santé et des activités de soins tout au long de la vie	Suivi attentif, relation continue
Interface du cercle de soins du patient	Permettre un cycle de vie complet des soins après les services cliniques	Éducation des patients
Interface patient-payeur	Permettre une facturation et une couverture sans faille	Conception de la communication

1 Jones, P. (2013). *Design for Care: Innovation for Healthcare Experience. Brooklyn,* New York: Rosenfeld Media, op. cit. p. 143, (traduction personnelle).

Même si la solution est destinée au patient, elle peut potentiellement être utilisée aussi par le soignant. Ainsi, un langage sociotechnique est préférable pour fluidifier le transfert et l'acquisition des connaissances auprès des professionnels hospitaliers par exemple. Il en va de la qualité des expériences vécues pour les patients. Le langage est en mesure d'améliorer la coordination des professionnels de santé, de réduire les erreurs médicales et les coûts de réalisation des projets. Former de nouveaux écosystèmes d'échanges propres à la solution et les intégrer à l'environnement d'évolution des parties prenantes pourrait être intéressant. L'essentiel sera d'aligner les coconcepteurs par le biais de la coordination dans le projet. Le flux d'utilisation et d'application des outils constitue un premier repère pour aider à reformuler les fonctionnalités de la solution.

Qu'il s'agisse d'un livre sur l'automédication, d'un site web, d'une relation avec un professionnel de santé, de mails, ou d'une campagne de communication, le support de la solution sera bien entendu défini selon les usages observés. Le praticien serait lui en charge des contraintes de la solution envisagée et permettra d'aider à définir, les *points de contact* connexes pour le patient (cf. II-4.3.4. L'experience map). Il aura une vision plutôt holistique des communications, des traitements et de l'accueil dont bénéficie le patient.

2.3. Son innovation

« Les dispositifs techniques sont - ont toujours été - des « machines philosophiques »[1], c'est-à-dire des conditions de possibilité du réel, ou mieux, des générateurs de réalité. »

S. Vial,
2013[2]

Le design d'expérience patient est donc plus qu'une interface informatique, habillant des logiciels numériques. Vous l'aurez compris, le design en santé se définit par la conception d'expériences sensorielles et interactionnelles, entre humains, entre machines, et entre humains et machines. Cette dernière n'est effectivement pas toujours dans l'interaction, même si elle est présente. Elle peut être rendue invisible.

Elle peut d'ailleurs fédérer les relations humaines sans « faire écran ». Le projet *Social Textile* (Fluid interface group & Tangible media group) du *Massachusetts institute of technology (MIT)* de 2015 en est un parfait exemple. Dans cette installation, la matière (le tissu du t-shirt) est « communicante »[3] ; elle devient un « vecteur mobile d'informations sensibles au contexte d'usage (Browaeys) » M.J. Catoir-Brisson parle alors « d'informatique ubiquitaire ».

2.3.1. Une équipe pluridisciplinaire

Une équipe pluridisciplinaire permet de fédérer différentes expertises autour d'un même objectif. Dans ces cas-là, l'aspect

---

1 Expression empreinte à Jean-Claude Beaune, *L'automate et ses mobiles*, Paris, Flammarion, 1980, p.10, dans Vial S. (2013), *L'être et l'écran, comment le numérique change la perception,* Puf, op.cit. p.19

2 Vial, S. (2013). *L'être et l'écran, comment le numérique change la perception,* op. cit. p.19

3 Catoir-Brisson, M. (2020). *Présentation séminaire DEI.* Université de Nîmes : Laboratoire PROJEKT.

« chef d'orchestre » du métier de chef de projet prend tout son sens, car il doit favoriser une compréhension mutuelle malgré les différences de cultures professionnelles.

Ainsi, le management de projet à vocation *innovante*[1] doit convenir d'un consensus langagier entre chaque partie prenante afin de faciliter la collaboration interdisciplinaire. Il en va de la qualité des échanges et donc de la compréhension, bonifiant la coopération engagée.

La gestion d'un projet avec une équipe pluridisciplinaire nécessite de faire appel à des métiers divers. Et c'est bien cet antagonisme disciplinaire qui est fondamental pour enrichir les générations d'idées et peaufiner le *prototype*[2]. Cette équipe de coconception peut être elle-même composée de plusieurs équipes au sein de l'établissement, ou de plusieurs organisations réparties dans des établissements différents. La personne immuable dans cette organisation reste le chef de projet. Coordinateur et fédérateur des acteurs de l'innovation, il est le garant de la bonne communication entre les autres membres de l'équipe. Son rôle est central tout en s'autodécentralisant ; j'entends par là qu'il se met de côté pour mieux voir, et permettre à ses collaborateurs de mieux se voir, se comprendre, et travailler, entre eux.

Cette transdisciplinarité regroupée au sein d'une équipe met à profit beaucoup de connaissances et nécessite d'organiser les compétences de chacun en stratifiant leurs apports potentiels, provoqués ou remarqués au fil du temps.

Il faudra potentiellement mettre de côté des découvertes et des idées intéressantes pour les développer, peut-être plus tard, lors de projets ultérieurs. Il s'agira ainsi de gérer un portefeuille disciplinaire d'études avec un stockage adapté. L'objectif principal devra lui être divisé en groupes de tâches, selon les sous-objectifs[3] définis collégialement en début de projet. Cette gestion de portefeuille de compétences, d'idées, et de découvertes permettra au

---

1 Ce terme me semble galvaudé et mal creux concernant la spécificité de la santé. Apparaissant comme une source d'amélioration, certains changements apportés à un parcours patient peuvent changer des vies sans avoir les caractéristiques d'une innovation.

2 Prétotype ou prototype, MEP, MVP, MLP version alpha. Ce sont des versions du produit finals, plus ou moins avancées, permettant de tester et d'améliorer la solution.

3 Nous verrons cette notion dans le prochain chapitre.

designer de ne pas avoir une charge mentale trop importante et d'avancer efficacement sur le projet.

Par ailleurs, il me semble intéressant de préciser que dans le cas d'un chef de projet attaché permanent à un établissement de santé, le poste de responsable recherche et développement (R&D) semble peu adapté. En effet, un projet d'innovation sert un but précis avec un objectif de développement défini. Une recherche et développement (R&D) ne commence le développement que lorsque la recherche est fondamentalement terminée. Le terme approprié serait donc « Recherche, Innovation et Développement » (RID) auquel il faudra reconnaître une discipline à part entière et y allouer un espace de travail spécifique.

L'exercice consiste à combiner les deux sphères de la recherche et du développement dans un but précis, l'innovation pilotant ces deux pôles. L'idée est de finaliser, dans un temps donné, un concept autour de valeurs et de connaissances admises au sein de l'équipe. Le développement permettra quant à lui d'alimenter la bibliothèque de nouvelles questions et idées pour le projet suivant.

Il conviendra de vérifier également auprès de chaque acteur de l'innovation si la trajectoire engagée dans le projet sert directement le but fixé. Et si ce n'est pas le cas, une remise en question de l'objectif n'est possible que si les découvertes faites grâce aux échanges au sein de l'équipe permettent de redimensionner l'aboutissement souhaité. Dans un projet d'innovation, il est relativement compliqué de définir précisément l'objectif même si le périmètre et les enjeux forment déjà un début de vision. L'objectif

se définit généralement mieux dans les étapes intermédiaires, lors de la phase d'exploration / questionnements, avant celle de la définition claire de la problématique.

> « Cette inscription du design dans les politiques publiques participe à reconfigurer l'action publique par l'inclusion de la diversité des acteurs sociaux dans un objectif de société innovante. La capacité à faire dialoguer ces acteurs (...) différents (...) contribue au processus d'innovation sociale. »
>
> M. J. Catoir-Brisson & T. Watkin, 2021[1]

2.3.2. Conduire l'innovation

L'équipe est donc multiple, mais ne portera que sur un seul objectif, le produit ou le service final avec un budget et un délai identifié dès le départ. Naturellement, dans le cadre de l'innovation, il est difficile de définir un début et une fin au tout début du projet. Les professionnels du secteur de santé sont encore nombreux à utiliser des rétroplannings avec plan de charge. Or, dans le cadre d'innovation, la méthode Agile est davantage indiquée, car plus souple. Nous la verrons dans le tome 2. Si l'objectif est d'innover, alors les limites ne peuvent par définition pas être financières ou temporelles. Souvent, il est tout au plus possible d'obtenir quelques petites rallonges de budget en le justifiant auprès du commanditaire.

La difficulté la plus importante dans un projet d'innovation en santé réside, me semble-t-il, dans le fait de travailler dans un domaine nouveau. Il va de soi que créer un nouveau concept induit de sortir des connaissances acquises précédemment, voire de les remettre à plat pour les remettre en question, pour apporter une

[1] Catoir-Brisson, M. J., & Watkin, T. (2021) Quand le design social renouvelle les méthodes de recherche en sciences humaines et sociales. Retour réflexif sur deux recherches-projets en santé et habitat. *Agbessi, Eric. Art et innovation sociale. Définitions citoyennes et territoriales*, L'Harmattan, op. cit. p.149.

touche extérieure, nouvelle, venant d'une autre discipline ou d'une tierce personne concernée par l'aboutissement. De fait, le projet demandera bien plus de temps à la mise en œuvre, sera plus long et plus coûteux. Les commanditaires conscients de cette dimension, conjuguant technique et sérendipité, pourraient vouloir minimiser l'impact souhaité de l'objectif et minimiser le temps, donc le budget alloué. Il faudra bien confirmer avec lui les contours du projet dès le départ pour savoir exactement où vous allez, comment vous cheminerez et acheminerez le projet, et le communiquer clairement. Mener un projet d'innovation revient à mener un projet différent à chaque fois, même s'il s'agit d'une innovation. Aucune innovation ne peut se ressembler réellement puisque le travail reste à renouveler, en partant de zéro.

Scinder le projet en sous-objectifs, permet de piloter la recherche par étapes, avec des découvertes incrémentales. Cela aidera à mieux maîtriser les contraintes temps et budget, et à valoriser les avancées de l'équipe. Le processus d'exploration caractérisant ce type de projet est foncièrement une succession de découvertes intrinsèquement liées à l'acte de recherche. Se restreindre reviendrait à limiter les possibilités d'exploration. Les bifurcations et ramifications seront à juger au fil du temps, au cas par cas. Puis, une fois la décision prise de conserver telle ou telle direction, il faudra définir cette décision comme point de sauvegarde dans l'avancée du projet, dessinant un peu plus la solution finale.

« Une innovation, c'est-à-dire une nouvelle combinaison de facteurs de production, est « disruptrice » dès lors qu'elle rend accessible, simple d'usage et peu coûteux un service ou un produit dont était autrefois exclue la majorité des consommateurs. »

C. Christensen, J. Grossman & M. Jason Hwang, 2009 [1]

[1] Christensen, C., Grossman, J., & Jason Hwang, M. (2009). *The Innovator's Prescription: A Disruptive Solution for Health Care. Dans La révolution de la e-santé, objets connectés, applis, big data, médecine prédictive*, Normand A. (2017), Eyrolles.

Le chef de projet de l'équipe d'innovation devra tout mettre en œuvre techniquement pour faciliter la recherche. Il créera les conditions favorables et nécessaires à l'épanouissement intellectuel de son équipe. Les processus d'exploration permettront de définir si la proposition peut être adoptée pour un nouveau cheminement ou si elle convient pour être définie comme innovante.

Si le designer peut se spécialiser dans un domaine, il devra se familiariser également avec l'univers des autres spécialistes de l'équipe. Cela lui permettra entre autres d'avoir une vision globale de l'organisation à adopter au regard de l'objectif du projet. Une coordination efficace entre les membres permettra de mieux gérer les différents aspects de la recherche et de porter le travail à son terme[1]. Ainsi le rôle du designer est également de stimuler l'innovation sociale et publique[2] grâce à ses capacités organisationnelles.

Enfin, une définition du management d'innovation est donnée par l'Association Française de Normalisation (AFNOR) avec la norme FD X50-271 de l'AFNOR (décembre 2013). Il est décrit comme « un processus qui définit pour une organisation (ou un ensemble d'organisations), les actions, les choix et les structures dans le cadre

[1] Deni, M. (2014). Le design de services : projeter le bien-être. *Communication et organisation*, 46, pp. 129-142.

[2] Junginger, S. (2012). *Matters of design in Policy making and in Policy Implementation.* Annual Review of Policy Design, pp. 1-11.

de son management général, pour favoriser l'émergence, décider du lancement et mener à bien ses projets d'innovation. Les actions et les décisions de management de l'innovation se déploient à deux niveaux de responsabilité de l'organisation : le management stratégique de l'innovation (incluant l'évaluation et la mise à jour des choix opérés) et le management opérationnel des projets innovants ».

2.3.3. Le processus d'innovation

Un design en santé inclura l'expérience patient dans un continuum logique de contact avec les différents services visités, afin d'améliorer la vision et l'expérimentation du cycle de soin. Une transformation organisationnelle du système et des impacts prévisionnels est donc à envisager, ne serait-ce que pour intégrer dans son roulement quotidien la solution conçue.

L'exemple des modèles d'entreprise de service peut être pris. Il est utile de retenir qu'une organisation isolée peut améliorer la prise en charge délivrée dans son établissement ; mais un cabinet de libéraux peut aussi être associé au système pour suivre le parcours de santé du patient : prise en charge primaire, ambulatoire, hospitalière, etc.

Il est intéressant de comprendre qu'une innovation ne se situe pas toujours dans la production d'une nouvelle solution, ou d'un nouveau concept. Améliorer un concept existant en intégrant une nouveauté est une manière beaucoup plus rapide, efficace et sécurisée de créer de l'innovation.

Cette dernière étant clairement définie comme telle seulement si les usages le prouvent en l'adoptant majoritairement ; d'où l'intérêt de segmenter votre projet en *sous-parties*.

Ces dernières, menées simultanément, peuvent être convergentes et adaptables. Il sera peut-être nécessaire également dans l'avancée du projet de dédier plus de ressources à une des sous-parties du projet si le besoin en est manifesté. Le processus d'innovation induit la notion de sérendipité.

Ces moments où l'on découvre quelque chose par hasard pouvant potentiellement révolutionner une pratique. Cependant, à part si vous avez beaucoup de chance, ce genre de méthode est difficilement envisageable lorsqu'on a une contrainte de temps. Heureusement, de nombreux processus existent pour provoquer les innovations. Elles sont linéaires, bouclées, ou avec des ramifications. Elles permettent de faciliter l'émergence d'idées et de les peaufiner efficacement.

Il s'agira ni plus ni moins d'itérations exploratoires et génératrices d'idées. Une fois l'innovation conceptualisée à un point *satisfaisant*[1], la mise en œuvre du concept peut être lancée ainsi que son suivi. J'insiste sur la longueur du suivi dans le temps, car en santé l'expérience à analyser est souvent cumulative.

Voici des principes qui pourront vous aider dans le processus d'innovation :

1. Clarifiez bien l'idée de conception initiale, à l'origine de la demande du projet. Les idées devront être sélectionnées sur leur pertinence. Si cela vous semble difficile, vous pouvez faire un atelier de génération d'idées, pour en sélectionner quelques-unes qui se rapprochent le plus de l'objectif : à quel besoin doit répondre la solution ?
2. Étudiez la potentialité de déploiement du concept. Les particularités des usagers concernés et l'implémentation de l'innovation permettront d'y répondre partiellement.
3. Montez votre équipe si vous avez le choix du recrutement. La faisabilité de l'innovation dépend des profils de compétences que vous avez à vos côtés. Vous devrez donc créer l'équipe adéquate, répondant aux besoins en conception technique, en communication, en méthodologie, en connaissances académiques et empiriques.
4. Analysez pendant toute la durée des phases de conception les idées ou ramifications nécessaires (go/no go). Il est nécessaire d'évaluer constamment leur pertinence au regard de l'objectif final.
5. Anticipez l'Industrialisation de l'innovation. Notre système demande à respecter des normes. Vous aurez donc des

[1] Le designer devra faire le deuil du « *qui mieux mieux* » pour être satisfait de délivrer un travail répondant aux consignes de base. De toute façon, pour rappel, une innovation ne se révèle comme telle qu'une fois adoptée par la grande majorité des usagers. Ainsi, le designer pourra continuer à travailler la conception sans pour autant garantir l'adoption générale. Commencer par un MVP est par ailleurs une manière de stratifier l'exploration.

autorisations à obtenir. Les anticiper évite d'avoir une rupture dans le rythme et l'engagement des membres de l'équipe. C'est très compliqué de leur faire retrouver la motivation initiale ensuite.

6. Faites des tests en environnement contrôlé, puis en environnement réel. Et finalisez le concept en consolidant les points d'accroche avec le terrain : type de supports, vérification des fréquences de communication, ancrage sur les habitudes déjà présentes, etc.
7. Planifiez une étape de présentation de la solution et de formation à la manipulation au besoin. La mise en œuvre et l'apprentissage, quel que soit le milieu, demanderont un minimum de présentation du concept. Cela facilitera l'intégration de la solution dans le quotidien et l'adoption.
8. Suivez l'évolution de la solution, sur le long terme. Négociez ou réservez un budget pour cela. Si vous n'en avez pas, mettez à disposition un espace de retour d'usages, avec un seuil de non-acceptabilité de la satisfaction utilisateur.

2.3.4. Innover dans le système de santé

« Les réponses novatrices à ces défis (en Santé) sont multiples : innovations technologiques, de produits et de services, innovations organisationnelles et managériales (Damanpour, Aravind, 2012) {…} et, finalement, innovations renouvelant les parties prenantes à ces mouvements… »

C. Grenier, B. Pauget & H. Hudebine, 2019[1]

[1] Grenier, C., Pauget, B., & Hudebine, H. (2019), *Quels renouvellements conceptuels pour soutenir l'innovation dans le champ de la santé ?* 60, pp. 5-14, op. cit. p.6

L'innovation au sein du système de santé se fonde sur la valeur commune d'œuvrer pour le bien et la santé du patient. Aucun praticien ne vous dira le contraire[1].

Les difficultés d'articulation des professionnels résident plutôt dans les différences d'applications des protocoles. Un même protocole peut être appliqué complètement différemment d'un centre à un autre, et plus rarement, d'un service à un autre. Cet aspect peut d'ailleurs paraître anodin, mais c'est source de beaucoup d'anxiété pour les patients.

Les malades chroniques changent parfois de centre de soin. Une infirmière ne s'exécutant pas exactement les mêmes gestes que celle habituelle, devra beaucoup communiquer sur sa façon de faire pour rassurer le patient. Ce dernier n'ayant qu'un seul référentiel, celui du soignant de confiance.

Ces changements de pratique peuvent engendrer des dissonances de valeurs pouvant se manifester dans certaines situations, comme dans cet exemple. Ce ne sont pas de réels conflits de valeurs, mais cela ne reflète rien de moins, quand même, que les singularités d'interprétation et d'usage des praticiens. Un point à anticiper dans votre projet avec un benchmark par exemple.

L'environnement physique et émotionnel est un des premiers déterminants dans la survenue des maladies. Le type d'environnement qu'offrent les établissements de santé sera également impliqué dans le design d'expérience. Premier espace de soutien dans un parcours patient. L'espace de soin, physique ou virtuel, a de fait toute son importance. En effet, être patient dans une salle d'attente peut très bien favoriser le calme comme développer un sentiment de stress[2]. Même si l'expérience du patient commence à être prise en compte dans sa globalité, les possibilités qu'apporte le design restent quant à elles encore peu connues.

---

[1] Doyle, C.; Lennox, L.; D., Bell (2012), *A systematic review of evidence on the links between patient experience and clinical safety and effectiveness*, BMJ Open.

[2] Balik, B., Conway, J., Zipperer, L., & Watson, J. (2011). *Achieving an Exceptional Patient and Family Experience of Inpatient Hospital Care,* IHI Innovation Series white paper, Cambridge, Massachusetts: Institute for Healthcare Improvement.

« La première impression du patient et de sa famille, comme des soignants, amorce le type d'expérience qu'ils vont vivre. Les environnements de soins de santé peuvent facilement causer un stress excessif ; ou au contraire, offrir un sentiment de calme, d'espoir et de guérison. »

Balik, Conway, Zipperer & Watson, 2011[1]

Herbert Alexander Simon (1916-2001), économiste et sociologue américain ayant reçu le prix Nobel d'économie en 1978, fut l'un des premiers à concevoir la gestion de la médecine comme une méthode de conception en elle-même. Elle modifie en effet les situations connues et problématiques pour y apporter des améliorations, voire des révolutions dans la qualité de vie.

Ainsi, en tant que designer d'expérience patient, une réflexion sur l'introduction de la solution dans les processus de pratique en santé publique doit être systématique. Selon le niveau de complexité organisationnel, le design pourra planifier le déroulé du projet. Les hôpitaux sont divisés en de nombreux services, avec un personnel formé selon ces services.

Ces services sont gérés différemment les uns des autres. Le service de soins ambulatoires sera davantage adapté au fonctionnement des services les plus fréquemment en lien comme les urgences par exemple. Les coûts et la pression des politiques publiques sur la gestion du système de soin auront également une place importante dans vos réflexions.

Chaque réforme peut bouleverser le déroulement du projet. Même si le modèle de fonctionnement d'un établissement de soin n'a pas encore été retravaillé en profondeur et avec succès, certaines petites victoires locales peuvent avoir une résonance régionale puis nationale.

---

1 Ibid., p.12, traduction personnelle.

Le changement commence avec un exemple de réussite. En santé, quand un concept fonctionne quelque part, il est admis comme réel Proof Of Concept[1] (POC), et reconnu par les professionnels de santé. Dans le secteur de la médecine, comme je l'ai écrit plus haut, le processus d'acquisition de connaissances constitue un des piliers de leur pratique.

En effet, leurs décisions de soins se fondent sur les informations qu'ils ont à leur disposition, la technologie pour y accéder et la disponibilité de celles-ci. Les professionnels de santé prennent donc connaissance tout d'abord de la situation du patient grâce aux informations qu'ils ont acquises, leur permettant ainsi de bien comprendre la problématique. De là, ils développent des stratégies de soins de façon à obtenir les résultats qu'ils souhaitent avoir. Et souvent, ils obtiennent ces résultats.

Ainsi, leur mode de fonctionnement est prouvé et confirmé comme fiable et efficace depuis des années. Si une innovation doit être envisagée, assurez-vous qu'elle soit souhaitée, et définissez les points à travailler avec les professionnels de santé. La solution, si elle n'est pas parfaitement adaptée au contexte organisationnel, échouera par inadéquation entre les habitudes de résultat et les méthodes. Si vous menez un projet d'innovation en santé, les résultats ne comporteront aucune ambiguïté possible.

Et la conception doit pouvoir s'intégrer sans révolutionner les habitudes du praticien. De fait, venons-en au fondamental de l'innovation en santé : la pratique. Qu'elle soit celle des professionnels de santé, des patients, ou des aidants, travailler sur

[1] Preuve du concept

l'amélioration de l'interaction humaine avec la technologie dans vos conceptions est une quasi constante.

Comme écrit plus haut, l'innovation se voit dans l'adoption généralisée d'un nouvel usage. Si ce n'est pas le cas, nous parlerons uniquement d'invention. La pratique médicale est rodée et forme en elle-même une culture. Si vous amenez un changement au sein de cette culture, vous aurez obligatoirement un impact systémique ou substantiel. Ce n'est pas étonnant donc que les professionnels de santé résistent aux changements que dans les autres secteurs. La mission du concepteur devra ainsi envisager des solutions améliorant et transformant les technologies d'ores et déjà adoptées grâce aux nouvelles, telles que les capteurs, les nouveaux modules électroniques, les technologies sensorielles, les nouveaux matériaux, etc. Bref, le design devra améliorer les pratiques de prise en charge et les parcours patients, grâce à de nouvelles possibilités techniques. Les capteurs cutanés non invasifs peuvent parfaitement remplacer le rituel invasif quotidien de la prise des constantes, grâce à l'utilisation d'un ou plusieurs dispositifs médicaux.

Voici d'autres principes qui me semblent intéressants à suivre.

1. Adaptez vos ateliers de coconception aux hiérarchies organisationnelles dans laquelle vous intervenez ;
2. Partagez vos outils d'idéation et d'analyse aux équipes pluridisciplinaires, toutes professions et tous statuts confondus ;
3. Faciliter le processus de conception en fédérant les membres de l'équipe entre eux, mais également l'équipe elle-même avec le service ou l'établissement ;
4. Étudiez les propositions de concept selon leur adéquation avec les autres services et systèmes utilisés ;
5. Restituez sous forme visuelle les propositions d'amélioration pour communiquer au mieux les différentes possibilités d'avancement.

2.4. L'innovation par le design

« La montée en puissance du refus de la mort {…} comme elle se révèle aussi dans les recherches chimériques des transhumantes, transparaît dans la complicité implicite entre le pouvoir médical, la puissance gouvernementale et l'opinion publique. »

S. Latouche,
2020[1]

Les technologies numériques permettent d'offrir un support thérapeutique aux patients isolés ou sans accompagnement, d'améliorer les prestations de soins épisodiques et fragmentés, et d'assurer la fluidité du suivi médical pluridisciplinaire.

Les projets d'innovation en santé concevant les usages de la télémédecine induisent une zone de flou. Le principe de précaution est souvent mis de côté au profit du « premier arrivé »[2], pouvant impacter la qualité des étapes de validation, pour ne pas ralentir dans la course au progrès technologique. En effet, nombres d'objets connectés, applications, dispositifs médicaux et thérapies numériques sont commercialisés sans montrer de réelles preuves cliniques de leur qualité médicale. L'économie rythme les innovations en santé. Et le rythme de celles-ci s'accélère plus rapidement que celui des évaluations cliniques et les études d'usages en environnement réel avec les patients.

À travers cet empan de valeur, la parole du patient dépendra du financement initial du projet. Pour que sa place se situe dans l'échange de savoirs et de connaissances dès le départ, il est nécessaire de renforcer la reconnaissance et la légitimité de son rôle au sein du projet d'amélioration de son accompagnement.

---

[1] Latouche, S. (2020). *L'abondance frugale comme art de vivre, Bonheur, gastronomie et décroissance*, Petite Bibliothèque, Rivages poche, op. cit. p. 162

[2] Dufourcq, N. (2021, avril 15). *Présentation des premiers résultats du dispositif Santé Numérique de Bpifrance*. (Directeur général de BP France) Consulté le juin 16, 2021, sur YouTube : https://www.youtube.com/watch?v=nUQ63UP6fhg - Début de son intervention à partir d'1h01

Les acteurs de l'innovation en santé se situent à tous les niveaux hiérarchiques du système de santé. La qualité de la solution dépendra de la capacité du designer à mobiliser ces parties prenantes « sur l'ensemble du processus menant à l'émergence de solutions innovantes »[1].

[1] Kietz, F., & Marcellin, O. (2019). *L'innovation par le patient : un renouvellement. Innovations,* 60, op. cit. p. 95

Le mot de Aude Nyadanu

Notre système de santé traverse, depuis plusieurs années, une crise majeure. Une crise de sens. Les soignants le disent haut et fort : s'ils quittent le secteur de la santé, s'ils s'épuisent et multiplient les burn-out, c'est parce qu'on ne leur permet plus de soigner dans de bonnes conditions. Prendre soin... Le terme englobe bien plus qu'un ensemble de gestes techniques. Il embrasse l'ensemble des actions qui vont permettre au patient de se sentir mieux : un accompagnement à tous les niveaux (émotionnel, relationnel, administratif...) réalisé par une pluralité d'acteurs gravitant autour de lui.

Comment recréer aujourd'hui les bonnes conditions du prendre soin ? C'est à mes yeux le plus grand défi de notre système de santé. Et ce défi, le design peut largement contribuer à le relever. Capable de comprendre les besoins et contraintes de chaque partie prenante, de rassembler celles-ci pour cocréer des solutions, de les mettre en œuvre et de les améliorer en continu, le designer se positionne comme médiateur, traducteur et concepteur afin de « réparer » l'environnement du soin. Médiateur, car il concilie les points de vue de multiples acteurs, aux intérêts parfois divergents, mais ayant en commun un système de valeurs et un but final : permettre au patient d'aller mieux. Traducteur, car il maîtrise à la fois le langage technique, le langage institutionnel, le langage médical et celui du patient, et facilite la communication entre toutes les parties prenantes. Enfin, concepteur, car en analysant toute l'information issue de ces échanges et en alimentant le projet par ses recherches et sa propre créativité, le designer propose des solutions concrètes aux maux du quotidien.

Aujourd'hui, ce rôle n'est pas bien compris par les acteurs de santé. Il est temps de faire connaître le métier de designer aux acteurs de santé, qui n'ont pas été habitués à prendre en compte un point de vue extérieur et non expert du secteur. Il s'agit également de démontrer l'intérêt de la démarche du design en santé pour l'installer durablement dans le domaine du soin. Ce changement s'opère progressivement et s'appuie sur la preuve. Ainsi, la multiplication de projets de petite ampleur, mais à l'impact significatif, convainc petit à petit les décideurs d'intégrer le design dans leurs organisations. La volonté, exprimée par de nombreux établissements et par les pouvoirs publics, de développer la e-santé représente également une opportunité pour le designer de démontrer la pertinence de ses méthodes. Attention cependant à ne pas tomber dans l'écueil du « tout numérique », quand les solutions *Low Tech* s'avèrent souvent moins coûteuses, plus inclusives et/ou plus respectueuses de l'environnement.

Somme toute, le design constitue un outil puissant au service de la transformation de notre système de santé. Il peut favoriser l'amélioration de la qualité de vie des patients, aidants et professionnels de santé et participer ainsi à répondre à la crise de sens que traversent les soignants. Mais avant d'encourager l'embauche de designers en santé au sein des établissements et institutions de santé, commençons peut-être par diffuser la pensée design dans le monde du soin. Car à mes yeux, il s'agit d'abord d'un état d'esprit et d'un système de valeurs, qui peut s'acquérir à l'aide d'outils très simples. Former les soignants à la pensée design : une première étape pour ancrer cette méthode dans le secteur de la santé ?

Mme Aude Nyadanu
Fondatrice & Dirigeante de Lowpital

3

ANTICIPER LE SYSTÈME DE SANTÉ

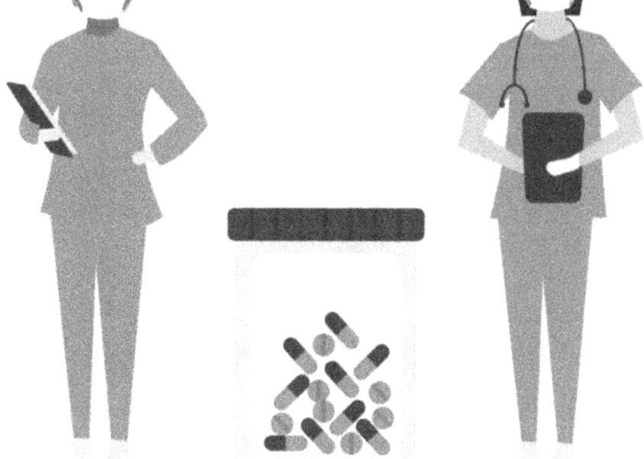

3.1. La réglementation

Les directives et les normes suivent une même logique, le dispositif doit fonctionner grâce à des données fiables, et garantir une utilisation humaine efficace. Des compromis sont à jauger entre les fonctionnalités et la criticité de ces dernières, le coût et la solution. La criticité, terme issu du domaine de la Sûreté De Fonctionnement (SDF), croise la probabilité d'un incident avec la gravité des conséquences de ce dernier :

CRITICITÉ = PROBABILITÉ X GRAVITÉ

Ainsi, vous ne maintiendrez pas une fonctionnalité critique, au même titre que vous ne maintiendrez pas une fonctionnalité trop coûteuse si elle n'a pas d'utilité par ailleurs. Et les réglementations sont à prendre en compte même pour les artefacts d'apparence anodins. Toute technologie est concernée : le téléphone portable d'apparence inoffensif nécessitera un protocole d'usage et une demande d'autorisation. Votre solution devra nécessairement suivre ces règles imposées par la législation si vous souhaitez qu'elle soit reconnue comme thérapie numérique.

Être reconnu comme qualitatif et sécurisé dans votre approche, constituera également un très bon positionnement commercial vis-à-vis du marché ; votre solution sera recommandée par les pouvoirs publics, et remboursée en totalité ou partie ; ce qui améliorera votre croissance par rapport aux entreprises du secteur qui ne font pas toutes reconnaître les objets connectés comme des dispositifs médicaux.

Ci-après le tableau de probabilité de la criticité

Niveau de probabilité				
Très probable / 4	4 MODÉRÉ	8 SUBSTANTIEL	12 INTOLÉRABLE	16 INTOLÉRABLE
Probable / 3	3 MODÉRÉ	6 MODÉRÉ	9 SUBSTANTIEL	12 INTOLÉRABLE
Improbable / 2	2 ACCEPTABLE	4 MODÉRÉ	3 MODÉRÉ	8 SUBSTANTIEL
Très improbable / 1	1 ACCEPTABLE	1 ACCEPTABLE	3 MODÉRÉ	4 MODÉRÉ
Niveau de gravité	**1 Mineur** *Exemple* Blessé léger = 0 Probabilité forte	**2 Significatif** *Exemple* blessé grave = 0 Probabilité moyenne	**3 Critique** *Exemple* blessé léger = 1 Probabilité réduite	**4 Catastrophique** *Exemple* blessé léger = 1 Probabilité moyenne

3.1.1. Les recherches impliquant une personne humaine - RIPH

La validation des CPP repose sur la loi Jardé[1] qui, depuis mai 2017, ne considère plus les recherches sciences humaines et sociales[2], comme nécessitant une validation de leur part. Voici un extrait du décret JORF n° 0109 du 10 mai 2017[3].

« II.-1° Ne sont pas des recherches impliquant la personne humaine au sens du présent titre les recherches qui, bien qu'organisées et pratiquées sur des personnes saines ou malades, n'ont pas pour finalités celles mentionnées au I, et qui visent :

« A) pour les produits cosmétiques, conformément à leur définition mentionnée à l'article L. 5131-1, à évaluer leur capacité à nettoyer, parfumer, modifier l'aspect, protéger, maintenir en bon état le corps humain ou corriger les odeurs corporelles ;

« B) à effectuer des enquêtes de satisfaction du consommateur pour des produits cosmétiques ou alimentaires ;

« C) à effectuer toute autre enquête de satisfaction auprès des patients ;

« D) à réaliser des expérimentations sciences humaines et sociales dans le domaine de la santé[4]. Ainsi, vos entretiens utilisateurs et vos questionnaires d'évaluation n'ont pas besoin d'autorisation des CPP au préalable.

Par ailleurs, il est stipulé que « 3° Ne sont pas des recherches impliquant la personne humaine au sens du présent titre les recherches ayant une finalité d'intérêt public de recherche, d'étude ou d'évaluation dans le domaine de la santé conduites exclusivement à partir de l'exploitation de traitement de données à caractère personnel mentionnées au I de l'article 54 de la loi n° 78-17 du 6 janvier 1978 modifiée relative à l'informatique, aux fichiers et aux libertés et qui relèvent de la compétence du comité d'expertise pour les recherches, les études et les évaluations prévues au 2° du II du même article. » Ce qui signifie qu'une analyse de données

---

1 Règlement associé de l'Union européenne.

2 Sigle de Sciences Humaines et Sociales.

3 ELI: https://www.legifrance.gouv.fr/eli/jo/2017/5/10

4 Extrait du Décret n° 2017-884 du 9 mai 2017 modifiant certaines dispositions réglementaires relatives aux recherches impliquant la personne humaine

dynamiques ou comportementales, même si elles améliorent les connaissances médicales, ne nécessite pas de demande d'autorisation non plus. Par ailleurs, votre projet sort du registre des RIPH, dans ces situations :

- S'il n'y a aucune collecte d'informations supplémentaires, et que vous vous appuyez sur les recherches antérieures, ou issues du soin apporté à la personne ;
- Sa conception est centrée sur l'évaluation des compétences professionnelles des soignants ou l'enseignement de celles-ci ;
- Si le projet concerne les cosmétiques[1] ;
- Si vous n'utilisez que des questionnaires originaux ou psychométriques, des enquêtes de satisfaction ;
- Si votre projet concerne strictement des expérimentations en sciences humaines et sociales dans le domaine de la santé.

Les CPP estiment qu'ils n'ont pas à donner leur avis dans ces situations, qui ne tiennent pas pour RIPH. Ainsi, dans la stratégie de recherche de votre projet, anticiper ces moments où vous vous savez libre de vous entretenir ou de tester votre solution. Et les moments

---

[1] « ...conformément à leur définition mentionnée à l'article L. 5131-1, à évaluer leur capacité à nettoyer, parfumer, modifier l'aspect, protéger, maintenir en bon état le corps humain ou corriger les odeurs corporelles ; » Décret n° 2017-884 du 9 mai 2017

où vous dépendrez de la validation des CPP pour avancer. Cela vous permettra de rester dans les temps, car ces démarches administratives prennent souvent beaucoup de temps, d'une part pour déposer la demande, mais aussi pour attendre la réponse.

Votre recherche par le design demande une validation des Comités de protection des personnes (CPP) [1] et l'autorisation de l'Agence nationale de sécurité du médicament (ANSM) si elle correspond aux critères des Recherches impliquant la personne humaine (RIPH)[2] dans certains contextes. Votre recherche correspondra donc à la Catégorie 3 (RIPH 3), si « les recherches non interventionnelles qui ne comportent, pour les participants, aucun risque ni contrainte, et dans lesquelles tous les actes sont pratiqués et les produits utilisés de manière habituelle. Ces actes ou procédures sont décrits et justifiés dans le protocole de la recherche. Lorsque ces recherches sont réalisées dans le cadre du soin, ces actes ou procédures ne doivent pas retarder, prolonger ou perturber le soin. L'absence de risque s'apprécie notamment au regard du sexe, de l'âge, de la condition physique et de la pathologie éventuelle de la personne se prêtant à la recherche, ainsi que des risques connus prévisibles des actes ou des procédures, de la fréquence, de la durée et des éventuelles combinaisons de ces actes ou procédures et des éventuels produits administrés ou utilisés »[3]. Donc la RIPH 3 s'appliquera uniquement si vous travaillez « dans le cadre d'un soin » sur une thérapie numérique, un dispositif médical ou un objet connecté qui peut potentiellement impacter la prise en charge du patient. Elle pourrait potentiellement « retarder, prolonger ou perturber le soin ». Et, étant donné que « L'absence de risque s'apprécie notamment au regard » de nombreux facteurs qu'un chef de projet et un concepteur ne peuvent pas juger. Une supervision médicale, pour évaluer ces critères de risques, sera à déclarer pour

---

1 « *Demander un CPP* » est un jargon de chef de projet. Vous entendrez aussi « avoir » ou « obtenir » un CPP. Or, c'est une validation du CPP qui sera nécessaire.

2 Saine ou malade, dans le but d'obtenir des informations biologiques ou médicales.

3 Ministère des solidarités et de la Santé. (2020). Demande d'avis à un Comité de protection des personnes (CPP) pour les Recherches impliquant la personne humaine non interventionnelles (dites de catégorie 3, RIPH 3). (Guide de référence).

demander l'autorisation de recherche. Il vous faudra pour cela nommer et déclarer un investigateur (cf. I-3.1.2. Mesures pour le RIPH 3).

Les dispositifs médicaux, ou les objets connectés pourraient également faire d'office partie des RIPH 3, mais ce n'est en réalité pas systématique. Voici la description des RIPH 1 & 2, exemptés d'une validation des CPP comme si votre projet n'impliquait pas une personne humaine.

- « Catégorie 1 (RIPH 1) = Les recherches interventionnelles qui comportent une intervention sur la personne non justifiée par sa prise en charge habituelle ». Donc, hors de son parcours de santé, et ce qui pourrait s'apparenter à des solutions de bien-être, par exemple ;
- « Catégorie 2 (RIPH 2) = Les recherches interventionnelles qui ne comportent que des risques et des contraintes minimes, dont la liste est fixée par arrêté du ministre chargé de la santé, après avis du directeur général de l'Agence nationale de sécurité du médicament et des produits de santé ;

3.1.2. Mesures pour le RIPH 3

Si vous doutez de la catégorie dans laquelle figure votre projet, demandez un avis informel des CPP très en amont de votre projet. Il est nécessaire de sécuriser l'aspect réglementaire, surtout dans ce type d'investigation. Une demande rejetée peut vous faire perdre de 3 à 6 mois. Par ailleurs, si votre catégorie correspond bien aux RIPH 3, chaque mesure importe pour consolider l'effectif de votre équipe. Il vous faudra nommer :

- Un promoteur, responsable de la recherche pénalement et civilement, et administrativement. Cela peut être le directeur de l'étude, de l'innovation ou du département RID, comme l'entreprise elle-même (établissement de santé, institut, association, living lab, université, agence indépendante, etc..). Vous-même, designer ou chef de projet, vous pouvez être nommé promoteur de l'étude.

- Un Investigateur, comportant les compétences médicales nécessaires à la recherche. Cette personne dirigera la recherche. Une entreprise (établissement, institution ou tout ce qui équivaut à une personne morale) ne pourra pas être nommée.

Votre protocole de recherche peut concerner aussi bien des personnes *saines* que des personnes malades. Par ailleurs, vous aurez l'obligation d'informer de façon éclairée, les participants des tenants et aboutissants de votre recherche, en gage de confiance et de transparence ; mais également pour leur permettre de s'opposer éventuellement à certains éléments de cette recherche. Cette information individuelle doit précéder toute participation. Cette notification peut être énoncée oralement. Mais je vous le déconseille, car il est nécessaire de garder des traces de ce que vous aurez exprimé et de ce dans quoi le participant s'engage. Préférez un document d'information. L'opposition ou la non-opposition constitueront évidemment des pièces à sauvegarder dans votre dossier et de façon sécurisée.

- Aucune assurance complémentaire à celles habituellement demandées dans le cadre des activités professionnelles n'est imposée pour conduire votre étude.

- Vous pourriez dans certains cas être soumis aux déclarations pour la vigilance des soins. Le commanditaire peut lui-même vous former à la pharmacovigilance, la matériovigilance, la réactovigilance, la déclaration des Évènements Indésirables Graves associés aux Soins (EIGS), etc. S'ils n'offrent ni la formation ni la certification, tout en demandant la

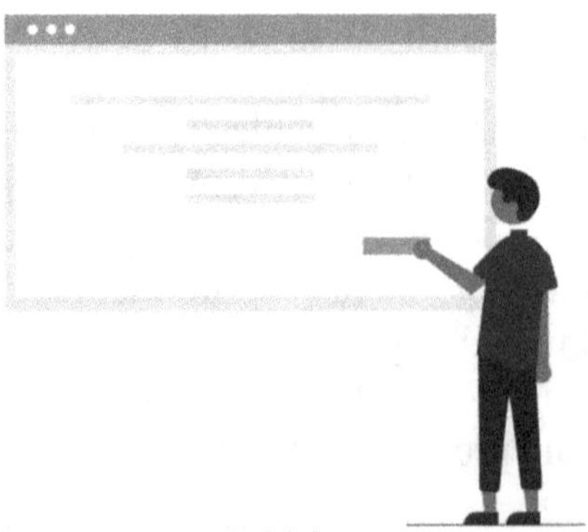

certification, prévoyez un budget alloué à cette montée en compétence, que ce soit lissé sur l'année (les certificats sont à renouveler régulièrement), ou uniquement sur le projet en question. Le site du ministère des Solidarités et de la Santé présente davantage d'informations et met même à disposition un portail de signalements[1].

3.1.3. Le RGPD

Le numérique et, a fortiori, l'usage de ses données, offre la possibilité d'amener à prendre soin de la population différemment. Une médecine moins « post-traumatique, préventive, personnalisée » serait possible selon le Conseil National de l'Ordre des Médecins en 2015. Pour ce faire, une gestion irréprochable des données de santé est nécessaire. Aucune prévention et prédiction n'est utilisable en santé sans une très bonne fiabilité. Les solutions en santé peuvent effectivement véhiculer des informations incomplètes, voire erronées, suite à un bug ou une erreur dans l'algorithme, un dysfonctionnement quelconque des produits, des logiciels, ou des capteurs ; la vulnérabilité et les failles de sécurité des logiciels peuvent aussi impacter la fiabilité des données.

« C'est au patient de décider de l'usage de ses données. »

G. Babinet,
2015[2]

Et plus encore, des solutions dites « de Santé » sans validation clinique véritable peuvent s'apparenter à des dispositifs médicaux. Fais sciemment par des concurrents internationaux dévoyés, il s'agira de tromperie pour récolter un maximum de données de santé

---

[1] Vous pouvez faire des signalements à partir de ce lien : https://signalement.social-sante.gouv.fr/psig_ihm_utilisateurs/index.html#/accueil.

[2] Cnom, C. N. (2015). *Santé Connectée, De la e-santé à la santé connectée.* CNOM - Conseil national de l'ordre des médecins. Livre blanc, op. Cit. p. 21

européennes. Officiellement, ils visent les individus sans problème de santé. Cela dispense les éditeurs de solutions mobiles et connectées, des autorisations de commercialisation des dispositifs médicaux. Ce sont pourtant ces contrôles qui permettent de contenir au maximum les risques pour la santé, à valider le résultat positif sur la qualité de vie de l'usager, justifiant la mise en place d'un remboursement par l'assurance maladie. En France, un processus d'autorisation de la CNIL a été mis en place depuis 2006 pour juger de la fiabilité des solutions proposées, lui laissant une large liberté d'interprétation[1] concernant les demandes d'exploitation. Ce processus administratif louable est cependant long et compliqué, sans alléger les entrepreneurs européens des concurrents mondiaux. Les thérapies numériques sont d'autant plus soumises à ces règles de confidentialité nationales qu'elles traitent de données extrêmement sensibles. Elles répondent donc à des normes strictes.

Nous l'avons vu, le numérique est loin d'être irréprochable en matière de protection des données. Même en Europe, les services mobiles restent plutôt vagues, voire complètement opaques, concernant l'usage des données récoltées. Certaines ne fournissent aucune information ni explication à ce sujet. Pourtant, en donner le strict et unique usage aux patients serait un excellent moyen de sécuriser leurs données personnelles. Les lois du RGPD sont issues de l'ancienne directive 95/46/CE de l'Union européenne (UE), abolie le 25 mai 2018. Les données de santé y sont parmi les plus sensibles. Il est interdit de les récolter et de les utiliser, sauf cadre strictement déterminé. Ces types d'informations liées à notre santé sont définis comme « toute information relative à la santé physique ou mentale d'une personne, ou à la prestation de services de santé à cette personne »[2].

L'hébergement de ces données est encadré en France afin de sécuriser au maximum la confidentialité, l'intégrité et la disponibilité de celles-ci. Le décret du 4 janvier 2006 fixe les conditions d'hébergement « des données de santé à caractère personnel recueillies à l'occasion d'activités de prévention, de diagnostic, de soins ou de suivi social et médico-social, pour le

---

1 Normand, A. (2017). *La révolution de la e-santé, objets connectés, applis, big data, médecine prédictive*. Eyrolles.

2 https://www.cnil.fr/fr/quest-ce-ce-quune-donnee-de-sante, consulté le 22 juin 2021 à 18h30

compte de personnes physiques ou morales à l'origine de la production ou du recueil de ces données ou pour le compte du patient lui-même »[1].

Le respect des données personnelles doit être intégré dès le départ dans le projet par le designer ou le chef de projet, répondant ainsi aux principes du *Privacy by design*[2][3] et à l'article 25 du RGPD. Cette conception vertueuse pour la santé en ligne est un premier pas pour concevoir des solutions dans un cadre éthique applicable dans la pratique[4].

Les données offrent la possibilité d'analyser les usages et les comportements. Elles permettent également d'améliorer l'expérience du patient, dans ses interactions avec la solution et le système de santé global. En effet, le système de l'assurance maladie numérise plus de 90% des prescriptions médicales, conférant une connaissance générale de l'état de santé des Français aux politiques de santé. Ces numérisations viennent compléter les données des patients ayant volontairement confié des informations en ligne. Ces deux pans de données de santé des Français sont destinés à ne faire plus qu'un. Ces données servent également les veilles sanitaires et épidémiologiques, nous avons pu assister à cette précision en temps réel, et accessible à tous, durant la période de confinement de la Covid-19. Tout ceci fut possible uniquement grâce aux données.

Certaines applications offrent la possibilité aux usagers d'envoyer ou non leurs informations au médecin référent. Naturellement, d'autres informations sont récoltées pour faire fonctionner l'application, mais elles ne sont pas communiquées.

La gestion des données de santé doit être communiquée à l'usager de façon aussi fluide et claire que possible. Le consentement éclairé

---

1 Code de la santé publique : Section 1 : Principes généraux - Article L1111-8 - Modifié par Ordonnance n°2017-27 du 12 janvier 2017 - art. 1 - https://www.legifrance.gouv.fr/codes/article_lc/LEGIARTI000033862549/ - Consulté le 22 juin 2021 à 18h30.

2 Ce concept issu de la Value Sensitive Design, est une ingénierie de système prenant en considération la protection de la vie privée des utilisateurs tout au long du processus. Signifie « protection de la vie privée dès la conception ».

3 Cavoukian, A. (2009), *Privacy by Design, The 7 Foundational Principles*, Information & Privacy Commissioner Ontario, Canada

4 Vial, S., & Catoir-Brisson, M. (2021). *Virtuous design for e-health: first sketch of an ethical framework actionable in practice.*

de l'usager doit être intégré dans la fluidité des tâches, au même titre que la fonctionnalité principale. L'engagement des patients est d'autant plus fort et leurs résultats améliorés lorsqu'ils acceptent de partager leurs données.

Cette question des informations personnelles est au centre des enjeux, autant pour les patients que pour les entrepreneurs, surtout pour servir au *self-tracking*. La transparence est nécessaire entre les deux parties prenantes, et élaborer des bonnes pratiques duplicables à d'autres solutions est un nécessaire investissement au nom du bien commun. L'intérêt éthique est clairement aligné avec les intérêts économiques et juridiques de la société porteuse du projet. Offrez donc un contenu de qualité, clair et explicite au patient. La sensation de confiance en sera renforcée puisque la solution sera alignée avec les valeurs du patient.

3.1.4. Les dispositifs médicaux

Les dispositifs médicaux répondent entre autres à la définition qu'en fait la directive 93/42/CEE. Ils peuvent être un instrument, un appareil, un équipement, un logiciel, une matière, comme tout autre article pouvant améliorer la qualité de vie du patient. Son utilisation peut s'effectuer seule ou avec l'accompagnement d'un tiers aidant. Sa finalité peut être unique ou multiple. En cas de maladie, elle peut agir en prévention, en diagnostic, en contrôle, en traitement, en atténuation ou en compensation de blessure ou de handicap. En matière de contraception, elle permet d'améliorer la maîtrise de la reproduction. Et en termes d'anatomie, elle permet d'offrir une modification, un remplacement ou une étude durant un processus physiologique. Elle n'inclut pas les médicaments, quels qu'ils soient.

Les dispositifs médicaux (DM) bénéficient d'une classification selon les quatre niveaux de risque[1]. Les autorisations correspondant à votre recherche terrain dépendent donc du niveau de criticité de votre projet.

- **I :** risques *faibles.*

- **Iia** : risques *mesurés.*

- **IIb :** risques *importants.*

- **III :** risques *les plus élevés.*

La **classe I** correspond aux lunettes de vue par exemple, aux engins de transport pour les personnes en situation de handicap, aux béquilles, aux pansements, aux bandages, et aux autres petits nécessaires de soin. Ce sont les dispositifs qui, de prime abord, sont plutôt inoffensifs pour l'utilisateur, sauf volonté particulière de nuire, et que la plupart d'entre nous utilisent.

1 http://www.pole-medical.com/dm.html, consulté le 25 juin 2021 à 13h30.

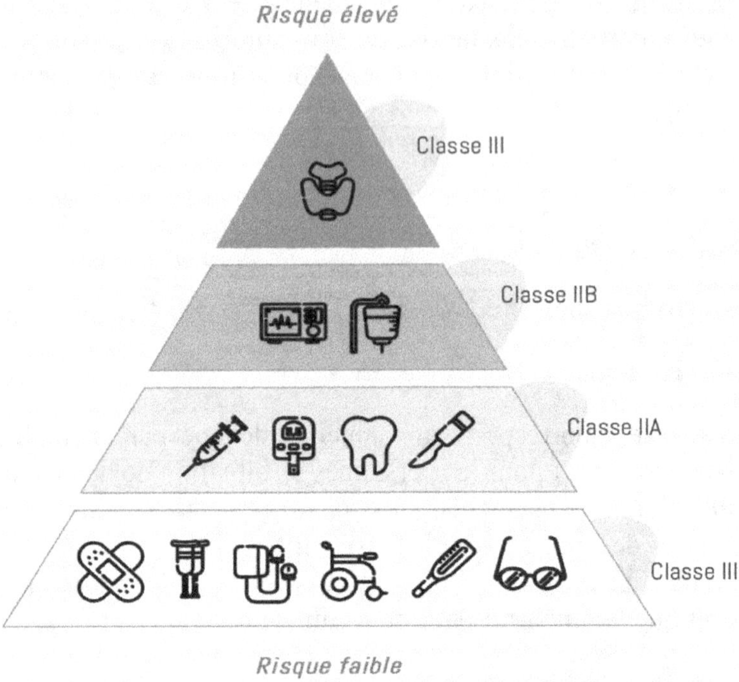

Schéma de la pyramide des quatre classes de niveau de risque.

La **classe IIa** va englober tout ce qui s'apparente par exemple aux appareils d'échographie, ou à des prothèses immuables type couronne dentaire.

La **classe IIb** comprend les préservatifs ou les produits de désinfection des lentilles.

La **classe III** englobe les implants mammaires, les endoprothèses vasculaires, ou les prothèses de hanche.

Les dispositifs médicaux peuvent être numériques et multimodaux. Ils peuvent être utilisés autant par une seule personne que par plusieurs simultanément. Il faudra donc évaluer les risques au regard de ces nouvelles dimensions technologiques.

Enfin, la norme ISO 13485:2016[1] définit les exigences de développement des dispositifs médicaux afin de répondre aux

[1] Vous trouverez la norme ISO au complet sur ce lien https://www.iso.org/obp/ui/#!iso:std:59752:fr- Consulté le 22 juin 2021 à 20h.

réglementations en vigueur. Ci-dessous est cité le résumé visible sur le site officiel des normes ISO[1].

L'ISO 13485 :2016 énonce les exigences relatives au système de management de la qualité lorsqu'un organisme doit démontrer son aptitude à fournir régulièrement des dispositifs médicaux et des services associés conformes aux exigences des clients et aux exigences réglementaires applicables. Ces organismes peuvent être impliqués dans une ou plusieurs étapes du cycle de vie incluant la conception et le développement, la production, le stockage et la distribution, l'installation ou les prestations associées d'un dispositif médical, ainsi que la conception, le développement ou la prestation d'activités associées (par exemple support technique). L'ISO 13485 :2016 peut également être utilisée par les fournisseurs ou les parties externes qui fournissent des produits, notamment des services associés au système de management de la qualité à de tels organismes.

Les exigences de L'ISO 13485 :2016 s'appliquent aux organismes, indépendamment de leur taille ou de leur nature, à l'exception des cas où cela est clairement indiqué. Lorsque les exigences s'appliquent effectivement aux dispositifs médicaux, elles s'appliquent également aux services associés fournis par l'organisme.

Les processus requis par l'ISO 13485 :2016, qui sont applicables à l'organisme, mais non mis en œuvre par celui-ci, relèvent de la responsabilité de ce dernier qui en tient compte dans son système de management de la qualité en surveillant, en tenant à jour et en maîtrisant les processus.

Le fait que des exigences réglementaires applicables autorisent l'exclusion des systèmes de contrôle de conception et de développement peut servir à justifier leur exclusion du système de management de la qualité. Ces exigences réglementaires peuvent prévoir d'autres approches qu'il faut appliquer dans le système de management de la qualité. Il incombe à l'organisme de s'assurer que ses demandes de conformité à l'ISO 13485 :2016 correspondent à toute exclusion des systèmes de contrôle de conception et de développement.

1 iso.org

Lorsqu'une exigence définie à l'Article 6, 7 ou 8 de l'ISO 13485 :2016 ne peut être appliquée en raison des activités entreprises par l'organisme ou de la nature du dispositif médical auquel s'applique le système de management de la qualité, l'organisme n'est pas tenu d'inclure cette exigence dans son système de management de la qualité. Pour les paragraphes apparaissant comme non applicables, l'organisme enregistre la justification comme cela est décrit en 4.2.2. »

Le suivi des usages post-commercialisation permettra d'évaluer le contexte de ces derniers. Ils évoluent en effet dans le temps et selon les situations. Ainsi, la gestion des risques étant ni plus ni moins une combinaison de probabilités d'un dommage et de sa sévérité, il faudra décupler votre analyse des risques selon les probabilités inhérentes aux différentes situations et usages, aux vues des évolutions observées. Les thérapies numériques suivent certains principes donc :

1. Assumer la prévention, la gestion et le traitement de troubles ou affections ;
2. Concevoir un logiciel capable d'intervention médicale ;
3. Assurer une qualité de réalisation parfaite ;
4. Intégrer les patients dès le début du projet ;
5. Respecter à la lettre le RGPD et la méthode MR-003 ;
6. Offrir une maintenance rigoureuse du produit sur le marché ;
7. Rédiger des articles pour présenter les résultats, à destination de revues spécialisées ;

8. Être validé par la HAS comme DM pris en charge par l'assurance maladie. ;
9. Appliquer la rigueur nécessaire à la validation clinique ;
10. Assurer un suivi de données des usages du dispositif médical en environnement réel.

3.1.5. Anticiper est une aptitude

Si nous avons vu précédemment que fédérer des compétences, des vocations avec des points de vue différents est nécessaire pour construire une solution de qualité, nous allons voir dans cette partie du livre que la connaissance des normes, la rigueur d'anticipation du projet et la fiabilité des données seront tout aussi importantes. Pour cocréer une thérapie numérique, un objet connecté, ou un dispositif médical, vous devrez calculer précisément l'impact de la conception sur la qualité de vie, le changement de la thérapie ou le parcours de santé du patient. Il faudra donc prendre la mesure de cet impact et demander des autorisations pour viabiliser votre conception dans le secteur de la santé. Le designer d'expérience patient maîtrise moins la jurisprudence, voire pas du tout. J'intègre cependant cette notion, car le designer doit comprendre les enjeux administratifs sous-jacents et peut influencer le rythme de ses recherches.

Ne planifiez pas un atelier avec des patients sous trois semaines, si cela demande une quelconque manipulation de leur part. Imaginons, par exemple, que le patient ait une fragilité particulière, le rendant par exemple sensible à la qualité de l'air pour ses poumons, ou bien qu'il soit extrêmement réactif à une plaie ouverte ou à un cognement, ou bien gêné dans la dextérité nécessaire pour effectuer une tâche. Comment justifieriez-vous la mise en danger de ce dernier s'il y a les fenêtres ouvertes, des coins de table non protégés, des verres en verre et non en plastique, des poignées de porte difficiles à utiliser, des étages provoquant un essoufflement dangereux, etc.

Répondre aux normes, c'est anticiper tout le contexte de recherche. Et c'est cette qualité de recherche qui va prédéfinir également la qualité de votre solution. C'est-à-dire que si vous ne faites pas attention à ces détails, cela peut à la fois supposer que vous ne ferez pas attention à d'autres détails parmi les besoins utilisateurs ; et cela suppose également que vous devrez refaire vos demandes d'autorisations, forcément rejetées si vous présentez un protocole sans application des normes.

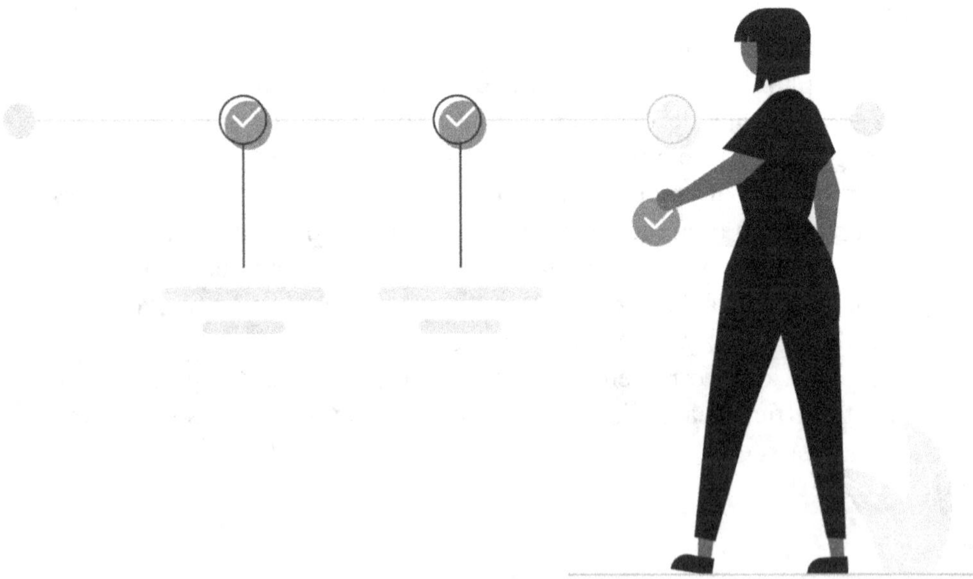

3.2. L'autorisation d'un CPP

Demander l'avis d'un Comité de Protection de la Personne est à prendre en compte dès le début du projet, tant cela peut être complexe. Selon la préparation de votre projet, certaines pièces ou informations peuvent manquer à votre dossier. Il se peut également que vous deviez envisager de changer de stratégie de recherche si vous vous rendez compte que les données de santé sont mal sécurisées en interne et lors de la récolte.

Aussi, cette partie de l'ouvrage a pour vocation de vous accompagner autant que possible dans cette démarche pour vous éviter un certain nombre de questions inutiles, altérant potentiellement le bon déroulé du démarrage du projet. Je vous invite à prévoir trois à six mois avant le démarrage de votre projet RIPH d'effectuer les différentes actions que nous allons voir. Elles prennent du temps, peuvent contenir des imprévus et résulter d'un avis potentiellement négatif ou demandant davantage d'informations ; cette dernière situation reculant encore la date de début de projet.

Par ailleurs, informez bien votre client, si vous êtes prestataire externe d'une société ayant développé une technologie, que ce soit une start-up, un groupe de recherche, un laboratoire, un médecin ou un hôpital, que le projet doit être construit, délimité et reformulé ensemble (entre le commanditaire et vous le prestataire) bien avant le démarrage. Il s'agira ainsi d'éviter les quiproquos pour construire votre protocole, d'améliorer l'écoute et la confiance de votre commanditaire, et inévitablement la qualité des résultats de votre conception.

N'ayez pas peur de poser des questions qui vous semblent bêtes, même si vous êtes mal à l'aise. Nous sommes tous bêtes face à un professionnel de santé, parfois ultra spécialisé, qui parle couramment de notions que vous n'avez jamais lues ou entendues nulle part. Il faut travailler la communication et le langage commun dès le départ, au même titre que de votre côté, et vous devrez vulgariser vos notions de design. L'anglicisme fait vite perdre pied à nos interlocuteurs et a ainsi le don de les agacer.

3.2.1. Les démarches

Les démarches ne sont donc pas de tout repos, vous l'avez compris. J'ai vu plusieurs fois le Délégué à la protection des données (DPO)[1] de mon entreprise s'arracher les cheveux parce qu'il manquait un document ou une signature pour l'enregistrement de la demande. Les étapes ne sont pas si compliquées, mais elles sont nombreuses et inhabituelles si c'est la première fois que vous les faites. De plus, il peut être parfois délicat de juger par soi-même les catégories dans lesquelles s'inscrit l'étude. Certains entrepreneurs peu scrupuleux passent outre ces déclarations, et mettent sur le marché des applications dites « de Santé ». C'est dangereux et malhonnête pour le patient. De plus, ça n'assure aucunement la protection de ses données. Faire ces démarches est une lourde charge administrative d'un point de vue du ratio temps/homme. Cependant, cela vous assurera une éthique parfaite[2] et une présentation de qualité auprès de la HAS pour faire valider votre solution comme Dispositif médical.

Votre recherche devra être enregistrée sur le site de l'ANSM[3] pour obtenir le n° ID RCB un numéro d'identification unique. Il devra être conservé de façon sécurisée, car il vous sera nécessaire pour demander l'avis d'un CPP, inscrit sur la totalité des documents envoyés.

Vous ferez ensuite une demande d'autorisation directement auprès de la Commission nationale de l'informatique et des libertés (CNIL) de France. Il vous faudra pour cela répondre aux exigences de la méthodologie de référence MR-003 (cf. I-3.2.6. La méthodologie MR-003). Si c'est le cas, la déclaration de conformité à la méthodologie de référence se fera grâce à l'onglet « *Engagement de conformité* », vous permettant à nouveau d'obtenir numéro d'enregistrement. Si ce n'est pas le cas, vous devrez faire une demande d'autorisation de recherche en santé impliquant la personne humaine auprès de la CNIL.

---

1 Data Protection Officier. Je trouve que ce poste correspond bien pour faire les démarches à l'autorisation de mener le projet. Un bagage scientifique ou médical est un atout pour comprendre la logique des déclarations mais absolument pas nécessaire.

2 Si besoin est de le rappeler, c'est une condition *sine qua non* en santé.

3 https://ictaxercb.ansm.sante.fr/Public/index.php

Une fois cette étape terminée, vous créerez votre compte de promoteur sur la plateforme Système d'Information RIPH (SI RIPH 2G)[1], pour faire votre demande d'avis à un CPP. Vous préciserez que vous gérez seul la recherche ; c'est le rôle du promoteur. Si ce n'est pas le cas, vous vous enregistrerez comme *mandataire*. En cas de doute, concertez-vous avec le promoteur logique, avec l'investigateur, ou avec votre établissement directement.

Sur cette plateforme SI RIPH 2G, vous aurez à constituer votre dossier. Pour ce faire, il vous faudra envoyer les documents demandés, .doc ou .PDF, datés avec la version du document inscrite. Vous aurez trois options de dossier à monter :

- Votre solution n'est pas un produit de santé (cf. I-3.2.2.) ;
- Votre solution est un produit de santé (cf. I-3.2.3.) ;
- Votre solution est un produit de santé et vous ne respectez pas la MR-003 (cf. I-3.2.4.).

Ce n'est que lorsque tous les documents sont transmis sur le site SI RIPH 2G que votre dossier sera pris en charge. Tiré au sort par un CPP, vous serez ensuite tenu informé par mail de son évolution. Sous dix jours, vous aurez un retour quant à la recevabilité administrative de votre dossier. Et vous recevrez, sous 45 jours, un avis favorable

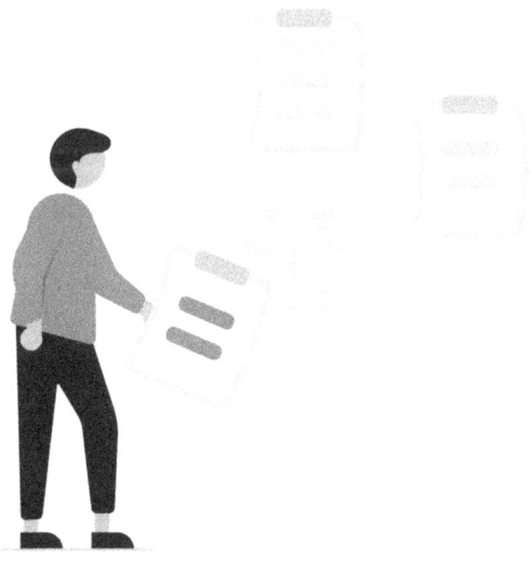

[1] Voir https://siriph.sante.gouv.fr/si-riph-2g/.

ou défavorable concernant l'avis du CPP, autorisant ou non votre recherche.

Faire votre demande d'avis d'un CPP est un indispensable pour mener votre projet dans le respect de la réglementation et une éthique de RIPH. La sécurité des participants est cruciale et doit être parfaitement mesurée.

De plus, en cas de publication de l'étude dans les revues spécialisées, votre démarche auprès des CPP vous permettra de témoigner de votre engagement éthique. Si l'avis est défavorable, je serais tentée de vous inviter à réfléchir aux conditions de construction de votre dossier, et de repérer les points qui ont failli.

Un retour défavorable peut constituer une alerte quant à votre méthode ou votre stratégie de recherche, et par là être constructeur professionnellement pour vous améliorer.

3.2.2. Pas un produit de santé

Votre solution technologique n'est pas directement un des produits de santé présentés dans cette liste (art. L.5311-1 du Code de la Santé publique)[1] : biomatériaux et dispositifs médicaux ; dispositifs médicaux de diagnostic in vitro ; logiciels pour la gestion des examens de biologie médicale utilisés lors de la validation, l'interprétation, la communication appropriée (3° de l'art. L. 6211-2) et de l'archivage des résultats ; dispositifs non médicaux pour la réalisation des examens de biologie médicale ; logiciels d'aide à la prescription et les logiciels d'aide à la dispensation.

Vous devrez déposer trois documents (art. 17 de l'ordonnance du 22 avril 2020) considérant surtout les mesures mises en place pour lutter contre l'épidémie de la Covid-19.

- Un questionnaire d'auto-évaluation[2] rempli selon votre protocole de recherche ;

---

1 https://www.legifrance.gouv.fr/codes/article_lc/LEGIARTI000033897163/, Consulté le 21 juin 2021 à 17h10 ; tous ne sont évidemment pas cités. J'ai sélectionné uniquement ceux en rapport avec les technologies numériques.

2 Un document type est souhaité pour donner un exemple véritable.

- Une attestation sur l'honneur que le projet est conforme aux dispositions législatives et réglementaires en vigueur (voir le modèle 1 ci-après) ;
- Une déclaration sur l'honneur de conformité au traitement des données selon la méthodologie MR-003 de la CNIL (voir le modèle 2 ci-après).

Modèle type 1 – Annexe 2 - attestation sur l'honneur - proposé par le ministère des Solidarités et de la Santé[1] et libre d'usages pour vos projets en santé. P.143

Modèle type 2 – Annexe 3 - attestation de conformité à la méthodologie de référence MR-003 ou récépissé de la CNIL - proposé par le ministère des Solidarités et de la Santé[2] et libre d'usages pour vos projets en santé. P. 144

---

1 Ministère Des Solidarités Et De La Santé. (2020). Demande d'avis à un Comité de Protection des Personnes (CPP) pour les Recherches Impliquant la Personne Humaine non interventionnelles (dites de catégorie 3, RIPH 3). (Guide de référence), op. cit. p. 10

2 Ibid. op.cit. p. 11

ANNEXE 2. *Modèle type – Attestation sur l'honneur*

ATTESTATION SUR L'HONNEUR **Recherches mentionnées au 3° de l'article L1121-1 du code de la santé publique et ne comportant que des questionnaires ou des entretiens – Conformité à la réglementation applicable**

Fait à LIEU, le DATE

Je soussigné(e) NOM/Prénom DU PROMOTEUR ou DENOMINATION de la personne morale, résidant/ domicilié(e) à COORDONNEES COMPLETES, atteste que la recherche « titre de la recherche », enregistrée sous le n° (n° ID RCB) et dont je suis le promoteur, est conçue et réalisée conformément aux dispositions législatives et règlementaires relatives aux recherches impliquant la personne humaine et définies aux articles L1121-1 et suivants du Code de la Santé Publique.

Nom/Prénom ou dénomination de la personne morale

Signature du promoteur

ANNEXE 3. *Modèle type – Attestation de conformité à la méthodologie de référence MR-003 ou récépissé de la CNIL*

ATTESTATION SUR L'HONNEUR **Recherches mentionnées au 3° de l'article L1121-1 du code de la santé publique et ne comportant que des questionnaires ou des entretiens – Conformité à la méthodologie de référence MR-003**

Fait à LIEU, le DATE

Je soussigné(e) NOM/Prénom DU RESPONSABLE DE TRAITEMENT, résidant/domicilié(e) à COORDONNEES COMPLETES PROMOTEUR, atteste que le traitement de données à caractère personnel permettant d'effectuer la recherche « titre de la recherche », enregistrée sous le n° (n° ID RCB) et dont je suis le/la responsable de traitement, sera mené en conformité avec le Règlement (UE) n° 2016/679 et la Délibération de la CNIL n° 2018-154 du 3 mai 2018 dite Méthodologie de référence 003.

La déclaration de conformité de RESPONSABLE DE TRAITEMENT à cette méthodologie est enregistrée auprès de la CNIL au numéro XXXXXX.

Nom/Prénom ou dénomination de la personne morale

Signature du responsable du traitement

Il est à noter que les interviews des participants, les observations, les tests et les questionnaires psychométriques ne peuvent aboutir à la modification de sa prise en charge. Ces récoltes d'informations doivent avant tout être faites dans le but de développer les connaissances médicales acquises précédemment. Par ailleurs, comme cela a été abordé en introduction de ce chapitre, la participation ne doit pas mettre en jeu la sécurité de l'usager. Pour cela, maximisez l'accessibilité de la collaboration.

3.2.3. Un produit de santé

Votre solution est directement un des produits de santé présentés dans la liste susmentionnée, mais votre recherche n'utilise que des questionnaires (entretiens distanciels ou présidentiels compris), et ne fait usage que des données collectées dans le cadre de la prise en charge habituelle du patient. Il vous faudra présenter ces documents (II art. R.1123-20 du code la santé publique) :

- Le synopsis de votre recherche ;
- Une attestation sur la conformité de la recherche aux dispositions législatives et réglementaires (voir modèle 1 ci-dessus) ;
- Une déclaration de conformité à la méthodologie MR-003 (cf. I-3.2.6. La méthodologie MR-003) pour le traitement des données (cf. I-3.2.2 Pas un produit de santé).

Ce que nous appelions le synopsis est le résumé de votre protocole de recherche, ni plus ni moins. Or, il peut tout de même être assez fourni en informations, en atteste le format de résumé de protocole demandé par l'Arrêté du 21 décembre 2018[1] (cf. I-3.2.5. Synopsis de l'étude). Cette trame constitue également une très bonne base pour concevoir votre protocole, si vous aviez l'habitude de simplement cadrer la recherche avec des explications plus sommaires.

---

[1]https://www.legifrance.gouv.fr/jorf/id/JORFTEXT000037852311, consulté le 21 juin à 18h15.

Je vous invite donc à constituer un nouveau document pour écrire votre protocole de recherche ; vous noterez les informations demandées en précisant bien tous les détails possibles ; intégrez votre grille d'observation, vos questionnaires, votre stratégie de réflexion, vos arborescences, etc. Et ce n'est qu'une fois que votre protocole sera établi que vous pourrez retirer ce qui n'est pas expressément demandé par l'arrêté concernant son résumé.

3.2.4. Un produit de santé et vous ne respectez pas la MR-003

Votre solution est directement un des produits de santé présentés dans la liste susmentionnée et fait usage d'autres méthodes pour collecter les données, autres que questionnaires, entretiens (recueil d'échantillons biologiques) et/ou ne suis pas la méthodologie MR-003. Vous avez besoin d'une autorisation de la CNIL pour mener à bien votre projet, et vous devrez fournir ces documents (I art. R.1123-20 du code de la santé publique).

Dossier administratif :

- Un courrier de demande d'avis au CPP, daté et signé ;
- Le formulaire de demande d'avis, daté et signé (document type).

Dossier sur la recherche :

- Le protocole de la RIPH daté, intégrant « les modifications successives et décrivant le ou les objectifs, la conception, la méthode, les aspects statistiques et l'organisation de la recherche ainsi que, le cas échéant, une brochure pour l'investigateur »[1], avec le numéro de version.

---

[1] Texte issu de la méthode *MR-003* mise à disposition gratuitement par la CNIL.

- Le synopsis ou le résumé de votre protocole, daté avec le numéro de version ;

- La note d'informations pour les participants de votre recherche ;

- Vos grilles d'observation et vos questionnaires ;

- Si l'étude émane d'une demande directe de l'ANSM, concernant des produits de santé, de la HAS, du ministère des Solidarités et de la Santé ou de l'Agence européenne des médicaments (EMA), vous devrez fournir une attestation.

- Le ou les investigateurs devront être listés et leur CV transmit. En cas de recherche sur plusieurs sites, le CV de l'investigateur de chaque site est à envoyer ;

- Si vous utilisez des données récoltées antérieurement au projet, vous devrez en décrire l'utilisation (exclusive ou non) ;

- L'origine et la nature des données personnelles recueillies : la justification du recours à celles-ci, le mode de circulation des données, les destinataires des données personnelles traitées, la durée de conservation des données, le cas échéant le transfert de données en dehors de l'UE ;

- Le cas échéant, la déclaration de conformité à une méthodologie homologuée de référence par la Commission nationale de l'informatique et des libertés (Engagement de conformité).

3.2.5. Synopsis de l'étude

Voici les informations nécessaires pour le résumé du protocole d'une RIPH selon l'Arrêté du 21 décembre 2018[1] fixant le format du résumé du protocole d'une recherche impliquant la personne humaine mentionnée au 3° de l'article L. 1121-1 du Code de la santé publique ne comportant que des questionnaires ou des entretiens

- Date et numéro de version du protocole, date et numéro de version de la note d'information (joindre ce document), date et numéro de la version des questionnaires et/ou de la trame des entretiens (à joindre ces documents) ;

- Conformité de cette demande d'avis avec la procédure prévue au II de l'article R.1123-20 du Code de la santé publique (une réponse négative à l'un des quatre critères ci-dessous signifie que vous ne relevez pas de cette procédure) ;

- Cette recherche comporte uniquement des données recueillies par questionnaire ou entretien : oui / non.

[1]https://www.legifrance.gouv.fr/jorf/id/JORFTEXT000037852311, consulté le 21 juin à 18h15.

- Cette recherche n'a aucune conséquence pour les personnes participantes que ce soit en matière de sécurité ou de modification de la prise en charge habituelle : oui / non.
  - Cette recherche est dénuée de risque et les inconvénients pour les personnes participant à la recherche sont négligeables : oui / non.
  - Le recueil et le traitement des données mis en œuvre dans cette recherche sont conformes à la méthodologie de référence MR003 homologuée par la CNIL : oui / non.

TITRE DE LA RECHERCHE, TITRE ABRÉGÉ DE LA RECHERCHE, NUMÉRO D'ENREGISTREMENT (ID-RCB)[1] ;

I. Informations administratives

Promoteur : nom, prénom (promoteur-personne physique) ou forme juridique, dénomination (Promoteur-personne morale), courriel, adresse postale, téléphone.

Pour les thèses et travaux universitaires, indiquer obligatoirement les coordonnées du responsable scientifique (directeur de thèse ou de mémoire) : nom, prénom et fonction, courriel, adresse postale, téléphone.

Investigateur ou investigateur coordonnateur s'il y a : nom, prénom et fonction, courriel, adresse postale du lieu principal de la recherche, téléphone, nombre de centres si recherche multicentrique.

II. Contexte et justification de la recherche

- Rationnel présentant le contexte et les hypothèses de la recherche

[1] Numéro permettant d'identifier les essais cliniques. Vous pouvez faire la demande sur le site de l'ANSM : https://ansm.sante.fr/page/essais-cliniques-obtenir-un-numero-denregistrement-idrcb-et-eudract

III. Objectifs et critères de jugement

1. Objectif principal de la recherche et critère de jugement principal (maximum 750 signes)

2. Objectif(s) secondaire(s) et critère(s) de jugements secondaires éventuels (maximum 1500 signes)

IV. Organisation de l'étude

1. Description synthétique du schéma d'étude (maximum 750 signes)

2. Méthodologie des questionnaires / entretiens

- Modalités de passation des questionnaire (s) :

  - Questionnaire administré par : courrier ; internet ; téléphone ; face-à-face ; autre (préciser) :

  - Questionnaire administré en :
    une fois ; plusieurs fois (préciser le nombre de passations).

  - *Type de questionnaires : validé / non validé*

    1. Si validé, indiquer l'origine de la validation :

    2. Si non validé, justifier : Commentaire libre (éventuellement pour préciser les réponses ci-dessus notamment lorsqu'il y a plusieurs passations de questionnaires)

  - *Entretien (s) / Modalités de réalisation :*

  1. Entretien individuel entretien collectif

  2. Entretien réalisé en : face-à-face ; vidéoconférence ; téléphone ; autre (préciser) :

  3. Entretien réalisé : une fois ; plusieurs fois (préciser le nombre de passations) :

4. Type d'entretien : directif ; semi-directif ; non directif
   Enregistrement : oui / non.
   Si enregistrement : audio ; vidéo ; respect du droit à l'image (la personne a été informée qu'elle serait enregistrée et a donné son consentement à la captation de son image/de sa voix).

Commentaire libre (éventuellement pour préciser les réponses ci-dessus notamment lorsqu'il y a plusieurs entretiens) :

3. <u>Trame de l'analyse statistique et/ou références du biostatisticien responsable</u>

V. Informations relatives à la mise en œuvre de la recherche

- Type de lieu où doit se dérouler la recherche (exemple : service hospitalier, cabinet médical, école…)

- Durée prévisionnelle de la recherche

- Durée prévisionnelle de participation par personne

- La recherche implique-t-elle en plus un recueil de données rétrospectives : oui non

  - Personnes incluses dans la recherche
    - Nombre de personnes interrogées
    - Critères d'inclusion
    - Critères de non-inclusion
    - Critères d'exclusion secondaire
    - La recherche inclut-elle des personnes ne présentant aucune affection
    - Modalités de recrutement des personnes interrogées
    - Modalités d'information et de traçabilité de la non opposition

  - Inconvénients pour les personnes incluses dans la recherche

- Durée prévisionnelle du recueil de données par entretien ou questionnaire pour un participant
- Durée prévisionnelle totale de participation à la recherche pour un participant si le recueil de données est réalisé en plusieurs fois (durée entre l'inclusion et le dernier recueil de données)
- Temps de transport maximal estimé pour le participant, si applicable

3.2.6. La méthodologie MR-003

La MR-003 correspond à une méthodologie d'encadrement de recherche comprenant et utilisant des données de santé issues de la collaboration volontaire et éclairée des patients. Les données de santé sont liées par exemple au poids du participant, à sa taille, la thérapie qu'il suit, aux résultats d'examens, aux effets et événements indésirables pendant la recherche, à ses antécédents, et aux maladies ou événements possibles associés.

Les origines ethniques, la situation familiale, le niveau de formation limité à la mention « primaire, secondaire, ou supérieure », la catégorie socio-professionnelle (CSP) selon les classifications de l'Institut national de la statistique et des études économiques (INSEE)[1], la vie professionnelle telle que son activité actuelle, son historique, s'il est au chômage, ses trajets quotidiens et ses déplacements professionnels réguliers ou non ; son régime d'affiliation à la sécurité sociale à l'exclusion de son numéro d'identification, s'il a une mutuelle ou une assurance privée complémentaire sans la nommer ; la participation éventuelle à d'autres recherches ou études antérieures ; ses déplacements vers les centres de soin, la modalité de ces derniers, leur durée, et la distance correspondante ; s'il y a une consommation de drogue, de tabac, ou d'alcool ; les habitudes de vie et les comportements ; s'ils sont dépendants par exemple, en établissement ou avec un aidant, ou s'ils vivent seuls ; la présence ou non d'une assistance que ce soit une

1 https://www.insee.fr/fr/accueil

aide-ménagère ou familiale ; si des exercices physiques sont effectués avec leur variabilité d'intensité, de fréquence, et de durée ; s'ils font un régime et s'ils ont un comportement alimentaire particulier ; s'ils sont plutôt urbains, semi-urbains, nomades, ou sédentaires ; leur logement, si c'est en maison ou en immeuble, s'ils doivent monter des étages ou s'ils ont un ascenseur, etc. ; la vie sexuelle ; leur statut vital, le montant annuel des indemnités perçues ; et l'échelle de qualité de vie perçue. Les données génétiques des patients doivent strictement correspondre à la finalité de la recherche.

Seules les données ne pouvant pas directement identifier le patient pourront être utilisées. Les patients devront en être informés et le responsable des données, ou le DPO de votre entreprise, s'engagera dans une collecte respectueuse des données ; c'est-à-dire celles « strictement nécessaires et pertinentes » à la recherche, selon les objectifs définis. Cette méthodologie de référence est homologuée par la délibération n°2016-263 du 21 juillet 2016 pour le traitement des données personnelles lors de recherches en santé sans besoin de consentement exprès ou écrit.

Ces données serviront pour des essais cliniques randomisés par grappes[1], pour des recherches visant à évaluer les soins courants, ou pour des recherches non interventionnelles. Si une réutilisation des données est à prévoir pour servir les intérêts d'un nouveau projet, ce dernier devra bénéficier d'une nouvelle démarche auprès de la CNIL et d'une note d'information auprès des participants ayant donné leurs informations. Par ailleurs, le délégué à la protection des données s'engagera de nouveau à n'extraire et n'utiliser que les données absolument nécessaires et pertinentes pour le projet.

La méthodologie MR-003 limite et identifie les types de données pouvant être traitées. Les données des patients permettant leur identification devront se limiter à un numéro d'ordre ou un code alphanumérique à l'exclusion des nom(s), prénom(s) et du numéro d'inscription au Répertoire national d'identification des personnes physiques.

Le code alphanumérique peut correspondre aux deux premières lettres du nom et à la première lettre du prénom. Exemple : Marion Dragée = MDR (ce n'est pas une blague).

---

[1] Des groupes de sujets sont répartis aléatoirement dans l'essai.

Vous pouvez également rester sur ces seules initiales : première lettre du nom et première lettre du prénom. Exemple : Marion Dragée = MD.

Un numéro correspondant à la gestion interne du projet peut éventuellement s'ajouter. Vous pouvez par ailleurs recueillir si nécessaires les informations dites de signalétique, correspondant au lieu de naissance, au sexe et à l'âge ou à la date de naissance (format mm/aaaa). Le jour de naissance est rarement nécessaire et souvent non souhaité, sauf si les objectifs du projet le demandent, comme concernant des bébés âgés de moins de deux ans.

Les images pouvant être des photographies et des vidéos ne sont autorisées que si l'identification des participants n'est pas possible. Si c'est le cas, des techniques peuvent pallier cette identification en masquant les signes distinctifs. Il s'agira alors de ne pas filmer le visage ou de le flouter ; de modifier éventuellement la voix, de faire retirer les bijoux et les objets personnels.

Votre projet intégrera très probablement les données de professionnels de santé participant également et en les interrogeant et en conservant les informations. Concernant leur identité, le traitement est un peu différent, car ils répondent d'une expertise médicale et d'une éthique disciplinaire. Vous pourrez donc récolter leur nom, prénom(s), sexe, adresse, adresse électronique, téléphone ; connaître leur formation et leurs diplôme(s) ; interroger leur vie professionnelle concernant leur cursus, le mode et le type d'exercice, ainsi que les informations de base pour évaluer s'ils en ont les connaissances requises pour réaliser la recherche (ce point devra être

supervisé évidemment par un spécialiste du domaine médical concerné); le numéro d'identification dans le Répertoire des professionnels de santé s'ils en ont un ; les indemnités et les rémunérations perçues ; s'ils ont participé à des études antérieures ; et la durée de conservation des données. Jusqu'à la toute dernière activité de votre projet, que ce soit la commercialisation de votre solution en santé, la publication des résultats de votre étude ou son rapport final à transmettre au CPP, les données des patients pourront être conservées dans vos fichiers. Vous pourrez cependant conserver plus longtemps celles des professionnels de santé ; c'est-à-dire cinq ans après avoir achevé l'étude à laquelle ils étaient rattachés. Ces données seront ensuite archivées, soit sur papier soit de façon informatique, pour une durée conforme au Règlement général sur la protection des données (RGPD).

Seul le délégué à la protection des données, le responsable du traitement des données au sein de votre entreprise, est en mesure de donner l'accès aux informations récoltées. Le professionnel de santé ou le designer pilotant l'étude peuvent conserver le lien entre l'identité codée et les noms et prénoms des participants. Naturellement, tous les individus accédant à ces données sont soumis à la confidentialité la plus opaque. Ces personnes autorisées sont, nous l'avons vu, le délégué à la protection des données, mais également les membres de son équipe, incluant par là même les sous-traitants.

Une note d'information sur le projet sera véhiculée au sein de l'établissement concerné. Si cet établissement fait des recherches régulières, il s'agira de simplement en faire un résumé, de quoi avertir les collaborateurs. Cela peut être aussi bien un affichage dans les parties communes, comme une mention par mail. Une communication individuelle pour chaque patient sera par contre incluse dans les communications. Elle doit être réalisée pour chaque projet auquel le patient est invité à participer. Cette note d'information sera portée sur les informations prévues par l'article L.1122-1 du Code de la santé publique : c'est-à-dire sur l'utilisation des données dans la recherche, l'objectif de leur usage, les organismes, chercheurs, prestataires, sous-traitants, financeur, destinataires de ces données, leur droit d'accès et de modification de leurs informations, leur droit de retirer leur consentement à tout moment du projet et par n'importe quel moyen, le nom du service ou de la personne auprès duquel ils peuvent s'adresser, et l'aspect facultatif de leur intervention au sein de l'étude. Concernant les mineurs, il faudra s'adresser à leurs parents ou au tuteur légal. Si le patient est protégé, il faudra alors s'adresser à la tutelle, ou la curatelle faisant office de représentant légal. Les professionnels de santé seront informés par une mention spécifique aux documents qui leur sont envoyés. Cette notification peut aussi prendre la forme de conventions signées par les deux parties. Cette information reprend les mentions prévues à l'article 32-I de la loi Informatique et libertés, notamment les modalités d'exercice des droits d'accès, de rectification et d'opposition. Les professionnels de santé ont tout autant le droit de supprimer ou modifier leurs informations à n'importe quel moment du projet.

Le délégué à la protection des données se verra définir, appliquer et contrôler la sécurité et la confidentialité du traitement des données sous sa responsabilité. Cette politique de gestion interne sera définie selon les risques liés à la recherche, concernant notamment les libertés et la vie privée des participants. Enfin, vous daterez la récolte de données, en inscrivant la date de recueil et celle d'enregistrement dans le dossier.

3.2.7. L'avis du CPP

Le comité de protection des personnes peut revenir vers vous avec un avis favorable, défavorable, ou avec une demande d'informations complémentaires, ou de rectification d'un élément au sein de votre

dossier. Il pourra s'agir d'être plus claire ou plus détaillé dans votre explication du protocole. Certains détails peuvent vous sembler anodins ou évidents en travaillant régulièrement des stratégies de recherche avec les usagers, mais il est nécessaire tout de même de les noter. Un simple détail de logistique peut être risqué ou trop contraignant. La catégorie de votre RIPH peut également être finalement à modifier. À ce moment-là, il vous suffira de revenir sur la plateforme SI RIPH 2G et d'effectuer les modifications requises. Votre dossier sera ainsi soumis à nouveau à un CPP de façon à ce qu'un statut puisse lui être attribué. Il n'est pas exclu qu'une autre demande de rectification soit demandée. Cela justifie l'importance d'anticiper votre projet de design en santé plusieurs mois à l'avance.

- **Si l'avis du CPP est défavorable,** votre projet ne pourra pas commencer. Un réexamen de votre dossier est possible si vous en faites la demande sur le site SI RIPH 2G, onglet *Demander un second avis*. Vous avez un mois, à compter de la réception du premier avis pour demander la révision de votre dossier par un autre comité.

- **Si l'avis du CPP est favorable,** votre projet pourra démarrer sous deux ans. Si votre projet a démarré durant ces deux années, vous n'avez donc pas besoin de réitérer votre demande d'avis. Si votre projet a pris du retard et qu'il n'a toujours pas démarré au bout de deux ans, vous devrez recomposer un dossier et le soumettre à nouveau sur la plateforme. Vous pouvez également demander à ce que ce délai soit étendu, en justifiant la demande de prorogation d'avis. Cet avis favorable ne vous dispense pas d'une certaine tenue de route concernant les communications de la gestion de votre projet. Le SI RIPH 2G vous permettra de communiquer un certain nombre d'éléments, dès l'inclusion du premier participant dans la recherche[1].

---

[1] Ministère Des Solidarités Et De La Santé. (2020). *Demande d'avis à un Comité de Protection des Personnes (CPP) pour les Recherches Impliquant la Personne Humaine non interventionnelles* (dites de catégorie 3, RIPH 3). (Guide de référence), op. cit. p. 8

En cas de modifications du protocole, vous avez à disposition sur la plateforme un guide pour communiquer ces changements. Ce n'est à nouveau qu'avec un avis favorable du CPP que vous pourrez appliquer ce nouveau protocole. Si les modifications sont minimes et n'interfèrent pas dans la stratégie même de votre recherche, vous devrez informer le CPP en déposant la notification (sous forme de courrier) dans l'onglet *autres* de votre dossier. Mais vous pourrez continuer votre recherche librement.

- **Votre projet est terminé ! Félicitations !**

Il vous sera nécessaire d'entrer la date de fin de votre recherche sur la plateforme et un rapport final de votre étude devra être déposé dans l'année. Vous devrez également le communiquer sous forme de résumé au comité de protection des personnes qui a statué sur votre projet et à l'ANSM[1].

[1] Sur cette adresse mail : *aec@ansm.sante.fr*.

3.3. Les institutions et les codes juridiques

Les normes, réglementations et lois encadrent strictement les projets en santé, nous venons de le voir. Cet aspect administratif de votre projet peut être complexe à prendre en main. Il me semble encore plus difficile de comprendre le fonctionnement des diverses institutions de santé entre elles. Avec des sous-sous-sous-direction de sous-sous-sous-catégories d'acteurs privés et publics travaillant de pairs sans distinction de droits ou d'offre de soins, il est assez compliqué de s'y retrouver, et surtout d'y situer votre projet en cas d'Appel à projets (AAP), d'Appel d'offres (AO) ou de Recommandation (Reco). La qualité des partenaires et des acteurs du projet peut faire basculer la balance du choix du commanditaire. C'est pourquoi j'ai voulu aborder la définition des établissements de santé et l'organisation du système inhérente, dans cette partie.

Au-delà des deux branches de fonctionnement que sont les soins de santé et l'assurance maladie, le système de santé des Français est représenté par de nombreuses institutions dont leurs missions, définies par le Code de la santé publique (CSP) français et par le Code de l'action sociale et des familles (CASF), entre autres, s'articulent les unes avec les autres. Leur périmètre d'actions délimité, elles sont libres et contraintes dans les soins apportés.

Cet univers médical, vous le savez, répond à de lourdes responsabilités tant au niveau des vies humaines qu'au niveau administratif. Ainsi, dans cet ouvrage, les articles les plus pertinents[1] de ces codes juridiques y sont cités, sans être tronqués, de façon à fournir une information complète et non arbitrairement présentée. Cet ouvrage étant destiné, je le rappelle, à vous aider dans votre projet si vous êtes designer ou chef de projet en innovation de santé, dans votre compréhension des missions du designer si vous êtes un professionnel de santé.

---

[1] Il est à noter qu'il me serait très difficile de rendre compte de façon exhaustive des articles des différents codes juridiques, sans en dédier un chapitre entier et sans les tronquer de façon arbitraire. Aussi, il n'est pas exclu que ce travail minutieux soit fait pour la seconde édition de cet ouvrage. Si vous pensez que cela vous sera nécessaire et préférable, je peux m'y engager sous forme d'annexe. Faîtes-le moi savoir.

3.3.1. Le système de santé

En France, le système de santé est composé de deux articulations majeures. D'un côté, le terrain, avec tout ce qui concerne les soins de santé avec des professionnels de la santé, en cabinet de libéraux ou en établissements hospitaliers. Et de l'autre côté, l'aspect plus administratif, mais non moins actif, à savoir l'assurance maladie, comprenant la sécurité sociale, mais aussi toutes les autres mutuelles complémentaires. Les soins de santé en France sont une référence dans le monde, et la qualité des professionnels de santé est remarquée, malgré une réglementation assez écrasante avec plus d'une quarantaine de familles de règlements reposant sur des procédures coûteuses, parfois inapplicables, dont l'utilité n'est pas toujours prouvée. C'est une injonction quotidienne de l'État à suivre des règles bureaucratiques dans un univers jalonné par l'imprévu. L'assurance maladie contrôle les dépenses de santé, l'accès aux soins, les statuts des médecins libéraux, et la formation continue des professionnels de santé par la Caisse nationale d'assurance maladie des travailleurs salariés (CNAMTS).

3.3.1.1. Organisation mondiale de la santé (OMS)

L'agence pour la santé publique de l'Organisation des Nations unies (ONU) date de 1948, est sous l'autorité du Conseil économique et social des Nations unies. L'OMS doit répondre à l'objectif de faire bénéficier à toutes les populations de l'Europe du niveau de santé le plus qualitatif qu'il soit ; c'est-à-dire d'un bien-être global, sans même parler encore de maladie.

3.3.1.2. Filières de santé

Elles sont dépendantes d'un établissement de santé avec un coordonnateur médical responsable de leur gestion. La Filière de santé maladies rares (FSMR) coordonne les Centres de référence des maladies rares (CRMR), mais aussi les Centres de compétence et de ressources, et tout un écosystème de professionnels de santé spécialisés, de laboratoires, d'établissements médico-sociaux, d'universités, d'associations et de partenaires publics ou privés pouvant soutenir concrètement l'action collective. Les filières sont aussi des endroits de coconception de solutions pour répondre aux défis des maladies rares, dans une cohérence d'actions générale entre acteurs.

3.3.1.3. Mouvements des malades

Les mouvements des malades sont des regroupements d'individus concernés par une maladie rare, avec une volonté d'activisme thérapeutique. Leur rassemblement construit et consolide le pont entre les professionnels de santé et les patients, à travers un partage de connaissances, et la défense des droits des patients atteints d'une maladie rare. Ils soutiennent les patients au quotidien, aident aux recherches, coconçoivent des protocoles thérapeutiques, et proposent des formations. Ils mettent en avant la volonté de construire une démocratie sanitaire basée sur la communication fluide et transparente des informations médicales. Cette volonté démocratique travaille, entre autres, à la reconnaissance de ces minorités de malades et à leur représentation auprès des organismes agissants.

3.3.1.4. CICC

La Commission interministérielle de coordination des contrôles (CICC) rassemble les inspections générales des finances, de l'administration, de l'agriculture, et des affaires sociales. L'objectif est, en partie, d'assurer et vérifier les audits dans les différentes régions, de certifier les établissements.

3.3.1.5. HAS

La Haute autorité de santé (HAS) est une autorité publique indépendante (API) à vocation scientifique. Elle assure trois missions majeures : 1 - évaluer, 2 - recommander et 3- certifier médicalement et économiquement les produits, les actes, prestations et technologies en santé, pour autoriser leur remboursement. Elle publie des recommandations de bonne pratique en santé publique, des études et des guides. Elle est également en mesure de certifier les sites web de santé et les solutions de prescription.

3.3.1.6. CNAM

La Caisse nationale de l'assurance maladie (CNAM) assure la gestion administrative des maladies, risques, maternités, invalidités, et décès. Elle fait cas également des accidents du travail et de maladies professionnelles (AT-MP) et coordonne une centaine de Caisses primaires d'assurance maladie (CPAM).

3.3.1.7. CNOM

Le Conseil national de l'ordre des médecins (CNOM) représente les professionnels de défense et de régulation de la profession médicale. Le conseil est le premier interlocuteur des pouvoirs publics. Il a la responsabilité du tableau de l'Ordre, autorisant l'installation de médecins, et contrôlant, entre autres, leur mention sur les plaques, les annuaires et les ordonnances. Le conseil collecte et transmet également les dossiers d'entraide entre médecins. Les médecins s'adressent à lui en général lorsqu'ils ont des interrogations sur la qualité de leur exercice, ou la rédaction des certificats.

3.3.1.8. Centres de recherche

Les laboratoires de recherche offrent un cadre professionnel aux chercheurs. Attachés à une université, à un musée, ou à un organisme scientifique, ils sont accrédités par la commission de recherche de

l'établissement concerné avec un identifiant les répertoriant aux ministères et organismes de tutelles. En voici une petite sélection :

- ADIT : Agence pour la diffusion de l'information technologique ;
- CNRS : Centre national de la recherche scientifique ;
- GENOPOLE : Recherche en génomique, génétique et biotechnologique ;
- INCA : Institut national du Cancer ;
- INED : Institut national d'études démographiques ;
- INERIS : Institut national de l'environnement industriel et des risques ;
- INRIA : Institut national de recherche en informatique et en automatique ;
- INSERM : Institut national de la santé et de la recherche médicale ;
- Institut CURIE ;
- Institut PASTEUR ;
- OST : Observatoire des sciences et techniques.

3.3.1.9. Living lab

Le living lab est un type d'établissement, mais aussi une méthodologie intégrant les acteurs d'un processus à modifier dans la recherche pour améliorer et préciser l'innovation. Ces *laboratoires vivants* sont plus de 300 dans le monde. Ils sont en mesure d'apporter des solutions sur mesure pour répondre aux besoins des usagers. La méthodologie regroupe différents acteurs publics et privés, associatifs, et individuels, pour tester en environnement réel les usages ou solutions prototypées. Les utilisateurs y sont intégrés dès le début des projets.

3.3.1.10. CIC-IT

Enfin, des Centres investigation clinique d'innovation technologique (CIC-IT) sont présents dans certains Centres hospitaliers universitaires (CHU). Ils sont en interaction directe avec le secteur de la clinique, et à l'instar des Living Labs, peuvent conseiller les entreprises privées dans leur projet d'innovation. Ils disposent de moyens techniques, d'équipes cliniques et connaissent parfaitement la réglementation pour concevoir les DM. Ils peuvent également faire office d'incubateurs en lien avec les technopôles…

3.3.2. L'organisation politique et les autorités

3.3.2.1. Le ministère des Solidarités et de la Santé

Le ministère des Solidarités et de la Santé s'occupe des affaires sociales, de la solidarité et de la cohésion sociale, de la santé publique et de la protection sociale. Il fait autorité sur la Direction générale de la santé (DGS), la Direction générale de l'offre de soins (DGOS), la Direction générale de la cohésion sociale, la Direction de la sécurité sociale (DSS), la Direction de la recherche, des études, de l'évaluation et des statistiques (DREES).

3.3.2.2. La Direction générale de la santé

La Direction générale de la santé (DGS) gère la politique de santé publique à travers les objectifs de préservation et d'amélioration de l'état de santé de la population française, la protection des menaces sanitaires, la garantie de l'accès aux soins de façon égalitaire, qualitative, et sécuritaire, et enfin de coordination des partenaires de santé.

3.3.2.3. La Direction générale de l'offre de soin

La Direction générale de l'offre de soins (DGOS) fait le lien entre le ministère des Solidarités et de la Santé et les Établissements de soins. La DGOS assure la qualité des soins, leur continuité et leur proximité, organise l'offre de soins en collaboration avec la direction générale de la Santé, la direction générale de l'Action sociale et la direction de la Sécurité sociale, organise, conjointement avec la direction générale de l'Enseignement supérieur et de l'Insertion professionnelle du ministère de l'Éducation nationale, de l'Enseignement supérieur et de la Recherche, la formation des professionnels de la santé et leur activité.

3.3.2.4. La Direction générale de la cohésion sociale

La Direction générale de la cohésion sociale (DGCS) conçoit, pilote et évalue les politiques de solidarité, de vie sociale et d'égalité améliorant la cohésion sociale. La DGCS construit des stratégies prospectives, et initie des observations sociales. Elle soutient également les projets innovants utiles à ses missions.

3.3.2.5. La Direction de la sécurité sociale

La Direction de la sécurité sociale (DSS) comprend sept sous-directions, celle du financement du système de soins, de l'accès aux soins, des prestations familiales et des accidents du travail, des retraites et des institutions de la protection sociale complémentaire, de la gestion et des systèmes d'information, du financement de la Sécurité sociale, des études et des prévisions financières, et assure la Mission nationale de contrôle (MNC) des entités de la sécurité sociale. Elle réalise les politiques de la sécurité sociale, gère la cohérence de ses prestations selon les besoins des citoyens, en conservant l'équilibre de ses ressources financières.

3.3.2.6. Les Agences régionales de santé (ARS)

Les Agences régionales de santé (ARS) gèrent la politique de santé de leur région et améliorent l'offre de soins tout en veillant à l'équilibre financier des établissements de soins. L'objectif est de développer les coopérations transversales et les parcours de santé préventifs et les accompagnements médico-sociaux.

3.3.2.7. La Sécurité Sociale

La sécurité sociale rassemble les dispositifs et institutions protégeant les citoyens des conséquences des événements de la vie.

Elle accompagne les individus subissant des événements coûteux. Les incidents sont catégorisés en typologie de risque : maladie, maternité/paternité, invalidité, décès, accident du travail, chômage, maladie professionnelle, vieillesse, et famille. La sécurité sociale soutient également divers organismes privés avec une mission de service public.

3.3.2.8. Les Agences françaises de sécurité sanitaire (AFSS)

Les Agences françaises de sécurité sanitaire (AFSS) ont pour mission d'évaluer les risques sanitaires grâce à la contribution de différentes agences : l'Agence de la biomédecine (ABM), l'Agence nationale de sécurité du médicament et des produits de santé (ANSM), l'Agence nationale de sécurité sanitaire de l'alimentation, de l'environnement et du travail (Anses), l'Établissement français du sang (EFS), le Haut conseil de la santé publique (HCSP), la haute autorité de santé (HAS), l'Institut national du cancer (INCa),

l'Agence nationale de santé publique, et l'institut de radioprotection et de sûreté nucléaire (IRSN)

3.3.3 Les hôpitaux

Les hôpitaux ont vocation à offrir des soins aux patients étant malades ou ayant des traumatismes complexes nécessitant une prise en charge spécifique. Ces établissements constituent un service public, mais peuvent également assurer des missions complémentaires, comme la prévention, la formation professionnelle et la recherche. Le système hospitalier regroupe trois types d'établissements publics et privés : les établissements publics, les établissements privés à but lucratif employant des professionnels libéraux souvent désignés sous le terme de « clinique », et les hôpitaux privés à but non lucratif, constitués sous la loi des associations de 1901. Le Code de la santé publique définit les missions des établissements de santé à l'article L6112-1 [1] « Le service public hospitalier exerce l'ensemble des missions dévolues aux établissements de santé par le chapitre Ier du présent titre ainsi que l'aide médicale urgente, dans le respect des principes d'égalité d'accès et de prise en charge, de continuité, d'adaptation et de neutralité et conformément aux obligations définies à l'article L. 6112-2. »

Les centres de soin sont regroupés sous différentes catégories de constitution d'établissement public :

- Les Centres hospitaliers régionaux (CHR) sont généralement spécialisés dans une discipline médicale particulière. Souvent également un Centre hospitalier universitaire (CHU), ces établissements ont une convention avec une Unité de formation et de recherche (UFR) de médecine, pour enseigner plusieurs disciplines en son sein.

- Les Centres hospitaliers nationaux (CHN) sont deux en France : le Centre national d'ophtalmologie des Quinze-

[1] Modifié par LOI n°2016-41 du 26 janvier 2016 - art. 99 - Modifié par LOI n° 2009-879 du 21 juillet 2009 - art. 1 (VT)

Vingts et l'Établissement pénitentiaire national de santé de Fresnes.

- Les Centres hospitaliers (CH) sont, eux, souvent rattachés à une commune et assurent des soins aigus de Médecine, chirurgie et obstétrique (MCO), ainsi que des hospitalisations de courtes et de longues durées. Nous pouvons compter parmi eux les établissements spécialisés en soins psychiatriques.

  Les Centres hospitaliers spécialisés (CHS), nommés auparavant Hôpitaux psychiatriques (HP), sont des établissements publics avec une offre de soins pour les maladies ou déficiences non somatiques.

- Les Hôpitaux de proximité[1], sont souvent rattachés à une collectivité territoriale et bénéficient d'une médicalisation relativement faible. Les prises en charge sont des soins de courtes durées pour les soins de suite ou les réadaptations, et de longues durées avec l'hébergement de personnes dépendantes.

- Les Hôpitaux d'instruction des armées (HIA) répondent du ministère de la Défense et du Service de Santé des Armées (SSA), et accueillent prioritairement les militaires blessés en service. Les citoyens sont également admis quand les places le permettent.

Le Code de la santé publique détaille également ce en quoi s'engagent ces établissements de santé, à l'article L6112-2[2], et les professionnels qui y travaillent :

« I. Les établissements de santé assurant le service public hospitalier et les professionnels de santé qui exercent en leur sein garantissent à toute personne qui recourt à leurs services :

---

1 Anciennement Hôpitaux Locaux (HL)

2 Modifié par Ordonnance n°2018-20 du 17 janvier 2018 - art. 21

1° Un accueil adapté, notamment lorsque la personne est en situation de handicap ou de précarité sociale, et un délai de prise en charge en rapport avec son état de santé ;

2° La permanence de l'accueil et de la prise en charge, notamment dans le cadre de la permanence des soins organisée par l'agence régionale de santé compétente dans les conditions prévues au présent code, ou, à défaut, la prise en charge par un autre établissement de santé ou par une autre structure en mesure de dispenser les soins nécessaires ;

3° L'égal accès à des activités de prévention et des soins de qualité ;

4° L'absence de facturation de dépassements des tarifs fixés par l'autorité administrative et des tarifs des honoraires prévus au 1° du I de l'article L. 162-14-1 du code de la sécurité sociale.

Le patient bénéficie de ces garanties y compris lorsqu'il est transféré temporairement dans un autre établissement de santé ou dans une autre structure pour des actes médicaux.

II. Les établissements de santé assurant le service public hospitalier sont, en outre, tenus aux obligations suivantes :

1° Ils garantissent la participation des représentants des usagers du système de santé. Pour les établissements de santé privés, cette participation est réalisée par l'intermédiaire de représentants avec voix consultative dans les conditions définies à l'article L. 6161-1-1. En l'absence de conseil d'administration, de conseil de surveillance ou d'organe en tenant lieu, le chef d'établissement est tenu de consulter les représentants des usagers siégeant au sein de la commission des usagers, prévue à l'article L. 1112-3, sur la stratégie et la gestion de l'établissement, dans des conditions fixées par voie réglementaire ;

2° Ils transmettent annuellement à l'agence régionale de santé compétente leur compte d'exploitation.

III. Les établissements de santé mettent également en œuvre les actions suivantes :

1° Ils peuvent être désignés par le directeur général de l'agence régionale de santé pour participer aux communautés professionnelles territoriales de santé mentionnées à l'article L. 1434-12 ;

2° Ils peuvent être désignés par le directeur général de l'agence régionale de santé en cas de carence de l'offre de services de santé, constatée dans les conditions fixées au III de l'article L. 1434-10 ou, dans le cadre du projet régional de santé mentionné à l'article L. 1434-1, pour développer des actions permettant de répondre aux besoins de santé de la population ;

3° Ils développent, à la demande de l'agence régionale de santé et, pour les établissements de santé privés, après avis des commissions et conférences médicales d'établissement, des actions de coopération avec d'autres établissements de santé, établissements médico-sociaux et établissements sociaux ainsi qu'avec les professionnels de santé libéraux, les centres de santé et les maisons de santé ;

4° Ils informent l'Agence régionale de santé (ARS) de tout projet de cessation ou de modification de leurs activités de soins susceptible de restreindre l'offre de services de santé et recherchent avec l'agence les évolutions et les coopérations possibles avec d'autres acteurs de santé pour répondre aux besoins de santé de la population couverts par ces activités ;

5° Ils développent des actions en matière de santé visant à améliorer l'accès et la continuité des soins, ainsi que des actions liées à des risques spécifiques, dans les territoires isolés des collectivités mentionnées à l'article 73 de la Constitution, à Saint-Barthélemy, à Saint-Martin et à Saint-Pierre-et-Miquelon.

IV. Les dispositions du I, du 1° du II et du III s'appliquent aux hôpitaux des armées, dans le respect de leur mission prioritaire de soutien sanitaire des forces armées, dans les conditions suivantes :

1° Les représentants des usagers du système de santé sont consultés sur les décisions relatives à la stratégie et à la gestion de l'établissement, dans le cadre d'une commission des usagers dont les missions et la composition sont fixées par décret en Conseil d'État ;

2° Les actions mentionnées aux 1°, 2°, 3° et 5° du III ne peuvent être mises en œuvre qu'après accord du ministre de la Défense. »[1]

3.3.4. Les ESSMS

Pour donner une rapide définition de ces deux notions : le social a pour objectif d'améliorer la qualité de vie d'une société, tandis que le médico-social est relatif à la médecine sociale ; c'est-à-dire au soin apporté à la compréhension et à la prise en charge du contexte social et des conditions sanitaires de la personne.

Un établissement ou Service social ou médico-social (ESSMS) accueille et accompagne les personnes en situation de handicap, de dépendance ou d'exclusion sociale. Selon les types d'individus pris en charge et les financements des prestations assurées, les ESSMS répondent soit du directeur général de l'ARS, soit du Président du Conseil Départemental, soit du Préfet de région. Si actions

---

[1]https://www.legifrance.gouv.fr/codes/section_lc/LEGITEXT000006072665/LEGISCTA000006155106/#LEGISCTA000006155106- Consulté le 24 juin 2021 à 15h50.

conjointement menées il y a, alors les ESSMS peuvent répondre de l'autorité de plusieurs d'entre eux.

Ces établissements, répertoriés dans le Fichier National des Établissements Sanitaires et Sociaux (FINESS), sont définis par les conditions réglementaires de la jurisprudence et par le I. de l'article L. 312-11 du Code de l'Action Sociale et des Familles (CASF) sous-mentionné :

« I. Sont des établissements et services sociaux et médico-sociaux, au sens du présent code, les établissements et les services, dotés ou non d'une personnalité morale propre, énumérés ci-après :

1. Les établissements ou services prenant en charge habituellement, y compris au titre de la prévention, des mineurs et des majeurs de moins de vingt et un ans relevant des articles L. 221-1, L. 222-3 et L. 222-5 ;

2. Les établissements ou services d'enseignement qui assurent, à titre principal, une éducation adaptée et un accompagnement social ou médico-social aux mineurs ou jeunes adultes handicapés ou présentant des difficultés d'adaptation ;

3. Les centres d'action médico-sociale précoce mentionnés à l'article L. 2132-4 du Code de la santé publique ;

4. Les établissements ou services mettant en œuvre les mesures éducatives ordonnées par l'autorité judiciaire en application de l'ordonnance n° 45-174 du 2 février 1945 relative à l'enfance délinquante ou des articles 375 à 375-8 du Code civil ou concernant des majeurs de moins de vingt et un ans ou les mesures d'investigation préalables aux mesures d'assistance éducative prévues au Code de procédure civile et par l'ordonnance n° 45-174 du 2 février 1945 relative à l'enfance délinquante ;

5. Les établissements ou services :
   a. D'aide par le travail, à l'exception des structures conventionnées pour les activités visées à l'article L. 322-4-16 du Code du travail et des

entreprises adaptées définies aux articles L. 323-30 et suivants du même code ;

b. De réadaptation, de préorientation et de rééducation professionnelle, mentionnés à l'article L. 323-15 du Code du travail ;

6. Les établissements et les services qui accueillent des personnes âgées ou qui leur apportent à domicile une assistance dans les actes quotidiens de la vie, des prestations de soins ou une aide à l'insertion sociale ;

7. Les établissements et les services, y compris les foyers d'accueil médicalisé, qui accueillent des personnes handicapées, quel que soit leur degré de handicap ou leur âge, ou des personnes atteintes de pathologies chroniques, qui leur apportent à domicile une assistance dans les actes quotidiens de la vie, des prestations de soins ou une aide à l'insertion sociale ou bien qui leur assurent un accompagnement médico-social en milieu ouvert ;

8. Les établissements ou services comportant ou non un hébergement, assurant l'accueil, notamment dans les situations d'urgence, le soutien ou l'accompagnement social, l'adaptation à la vie active ou l'insertion sociale et professionnelle des personnes ou des familles en difficulté ou en situation de détresse ;

9. Les établissements ou les services qui assurent l'accueil et l'accompagnement de personnes confrontées à des difficultés spécifiques en vue de favoriser l'adaptation à la vie active et l'aide à l'insertion sociale et professionnelle ou d'assurer des prestations de soins et de suivi médical, dont les centres de soins, d'accompagnement et de prévention en addictologie, les Centres d'accueil et d'accompagnement à la réduction des risques pour usagers de drogue, les structures dénommées « lits halte soins santé », les structures

dénommées « lits d'accueil médicalisés » et les appartements de coordination thérapeutique ;

10. Les foyers de jeunes travailleurs qui relèvent des dispositions des articles L. 353-2 et L. 831-1 du Code de la construction et de l'habitation ;

11. Les établissements ou services, dénommés selon les cas Centres de ressources, Centres d'information et de coordination ou Centres prestataires de services de proximité, mettant en œuvre des actions de dépistage, d'aide, de soutien, de formation ou d'information, de conseil, d'expertise ou de coordination au bénéfice d'usagers, ou d'autres établissements et services ;

12. Les établissements ou services à caractère expérimental ;

13. Les centres d'accueil pour demandeurs d'asile mentionnés à l'article L. 348-1 ;

14. Les services mettant en œuvre les mesures de protection des majeurs ordonnées par l'autorité judiciaire au titre du mandat spécial auquel il peut être recouru dans le cadre de la sauvegarde de justice ou au titre de la curatelle, de la tutelle ou de la mesure d'accompagnement judiciaire ;

15. Les services mettant en œuvre les mesures judiciaires d'aide à la gestion du budget familial ;

16. Les services qui assurent des activités d'aide personnelle à domicile ou d'aide à la mobilité dans l'environnement de proximité au bénéfice de familles fragiles et dont la liste est fixée par décret.

Les établissements et services sociaux et médico-sociaux délivrent des prestations à domicile, en milieu de vie ordinaire, en accueil familial ou dans une structure de prise en charge. Ils assurent l'accueil à titre permanent, temporaire ou selon un mode séquentiel, à temps complet ou partiel, avec ou sans hébergement, en internat, semi-internat ou externat.

II. Les conditions techniques minimales d'organisation et de fonctionnement des établissements et services relevant des catégories mentionnées au présent article, à l'exception du 12° du I, sont définies par décret après avis de la section sociale du Comité national de l'organisation sanitaire et sociale.

Les établissements mentionnés aux 1, 2, 6 et 7 du I s'organisent en unités de vie favorisant le confort et la qualité de séjour des personnes accueillies, dans des conditions et des délais fixés par décret.

Les établissements et services mentionnés au 1° du même I s'organisent de manière à garantir la sécurité de chacun des mineurs ou des majeurs de moins de vingt et un ans qui y sont accueillis.

Les prestations délivrées par les établissements et services mentionnés aux 1° à 15° du I sont réalisées par des équipes pluridisciplinaires qualifiées. Ces établissements et services sont dirigés par des professionnels dont le niveau de qualification est fixé par décret et après consultation de la branche professionnelle ou, à défaut, des fédérations ou organismes représentatifs des organismes gestionnaires d'établissements et services sociaux et médico-sociaux concernés.

Les associations qui organisent l'intervention des bénévoles dans les établissements sociaux et médico-sociaux publics ou privés doivent conclure avec ces établissements une convention qui détermine les modalités de cette intervention.

III. Les lieux de vie et d'accueil qui ne constituent pas des établissements et services sociaux ou médico-sociaux au sens du I doivent faire application des articles L. 311-4 à L. 311-8. Ils sont également soumis à l'autorisation mentionnée à l'article L. 313-1 et aux dispositions des articles L. 313-13 à L. 313-25, dès lors qu'ils ne relèvent ni des dispositions prévues au titre II du livre IV relatives aux assistants maternels, ni de celles relatives aux particuliers accueillant des personnes âgées ou handicapées prévues au titre IV dudit livre. Un décret fixe le nombre minimal et maximal des personnes que ces structures peuvent accueillir et leurs règles de financement et de tarification.

IV Les équipes de prévention spécialisée relevant du 1° du I ne sont pas soumises aux dispositions des articles L. 311-4 à L. 311-7. Ces dispositions ne s'appliquent pas non plus aux mesures d'investigation préalables aux mesures d'assistance éducative prévues au Code de procédure civile et par l'ordonnance n° 45-174 du 2 février 1945 relative à l'enfance délinquante.

V. Participent de la formation professionnelle les actions de préformation, de formation et de préparation à la vie professionnelle menées dans les établissements et services sociaux et médico-sociaux mentionnés aux 2°, a du 5° et 12° du I du présent article accueillant de jeunes handicapés ou présentant des difficultés d'adaptation et au 4° du même I, ainsi que dans les établissements et services conventionnés ou habilités par la protection judiciaire de la jeunesse.

VI. Les établissements relevant des 6° ou 7° du I peuvent proposer, concomitamment à l'hébergement temporaire de personnes âgées, de personnes handicapées ou de personnes atteintes de maladies chroniques invalidantes, un séjour de vacances pour les proches aidants de ces personnes.

Le 1° de l'article L. 313-4 n'est pas applicable aux séjours mentionnés au premier alinéa du présent VI.

VII. La coopération entre les établissements et services mentionnés aux 2°, 3°, 11° et 12° du I du présent article et les établissements mentionnés à l'article L. 351-1 du Code de l'éducation est organisée par convention afin d'assurer la continuité du parcours de scolarisation des élèves en situation de handicap qu'ils accompagnent et de déterminer les conditions permettant l'intervention dans les établissements mentionnés au même article L. 351-1.

Les modalités selon lesquelles les établissements et services mentionnés aux 2°, 3°, 11° et 12° du I du présent article apportent leur expertise et leur appui à l'accompagnement par l'équipe éducative des élèves en situation de handicap scolarisés dans les établissements mentionnés à l'article L. 351-1 du Code de l'éducation sont également déterminées par convention.

Les modalités d'application du présent VII sont déterminées par décret. »[1]

Ces établissements menant l'action sociale sont soumis au CASF. La gestion d'un Établissement ou service social ou médico-social (ESSMS) relève des articles L. 313-1 du CASF[2] :

« Sauf pour les établissements et services mentionnés au 4° du I de l'article L. 312-1, l'autorisation est accordée pour une durée de quinze ans. Le renouvellement, total ou partiel, est exclusivement subordonné aux résultats de l'évaluation mentionnée au premier alinéa de l'article L. 312-8.

Toute autorisation est, totalement ou partiellement, réputée caduque si tout ou partie de l'activité de l'établissement ou du service n'est pas ouverte au public dans un délai et selon des conditions fixées par décret. Ce décret fixe également les conditions selon lesquelles l'autorité compétente mentionnée à l'article L. 313-3 peut prolonger ce délai.

---

1 https://www.legifrance.gouv.fr/codes/article_lc/LEGIARTI000038833680/- Consulté le 24 juin à 16h

2 Modifié par LOI n°2019-774 du 24 juillet 2019 - art. 75 (V)

L'autorisation ne peut être cédée qu'avec l'accord de l'autorité compétente pour la délivrer, qui s'assure que le cessionnaire pressenti remplit les conditions pour gérer l'établissement, le service ou le lieu de vie et d'accueil dans le respect de l'autorisation préexistante, le cas échéant au regard des conditions dans lesquelles il gère déjà, conformément aux dispositions du présent code, d'autres établissements, services ou lieux de vie et d'accueil. La décision autorisant la cession est prise et publiée dans les mêmes conditions qu'une autorisation délivrée en application de l'article L. 313-2. Toutefois, le délai prévu au deuxième alinéa de cet article est alors réduit à trois mois.

Tout changement important dans l'activité, l'installation, l'organisation, la direction ou le fonctionnement d'un établissement ou d'un service soumis à autorisation doit être porté à la connaissance de l'autorité compétente.

Les dispositions du présent article sont applicables aux couples ou aux personnes qui accueillent habituellement de manière temporaire ou permanente, à temps complet ou partiel, à leur domicile, à titre onéreux, plus de trois personnes âgées ou handicapées adultes.

Conformément à l'article 75 II de la loi n° 2019-774 du 24 juillet 2019, ces dispositions entrent en vigueur le 1er janvier 2021. À compter du 1er janvier 2020, la Haute Autorité de santé peut habiliter les organismes chargés de l'évaluation, sur la base d'un cahier des charges qu'elle a défini.

Les organismes habilités avant le 1er janvier 2020 renouvellent leur habilitation auprès de la Haute Autorité de santé avant le 1er janvier 2021 sur la base du cahier des charges défini par elle. »[1]

Ces ESSMS sont chargés d'évaluer et de prévenir les risques sociaux et médico-sociaux. Ils sont inscrits dans une démarche d'information des citoyens, d'investigation, de conseils, d'orientation, de formation, de médiation et de réparation.

Par ailleurs, ils offrent également une protection administrative ou judiciaire de l'enfance, de la famille, de la jeunesse, des personnes en situation de handicap, des personnes âgées, en difficulté ou dépendantes. Ils mènent des actions éducatives, médico-éducatives, médicales, thérapeutiques, pédagogiques à travers des formations

[1]https://www.legifrance.gouv.fr/codes/article_lc/LEGIARTI000038888185/- Consulté le 24 juin 2021 - à 15h40

répondant aux besoins des individus. Ils accompagnent également l'intégration scolaire, l'adaptation, la réadaptation, l'insertion, la réinsertion sociale et professionnelle, et apportent notamment une aide à la vie professionnelle au travers d'informations et de conseils techniques. Une assistance spécifique est également octroyée en soutien pour les soins et les accompagnements. Les ESSMS contribuent par ailleurs au développement social et culturel des personnes concernées.

3.3.5. Les différents ESSMS

Les Établissement ou Service Social ou Médico-Social (ESSMS) sont regroupés sous différentes catégories de missions délimitées et détaillées au sein du CASF, dont les extraits sont cités ci-dessous.

3.3.5.1. L'aide sociale à l'enfance (ASE)

L'aide sociale à l'enfance (ASE) est définie par l'article L.221-1 du CASF. Le service comprend notamment la Maison d'Enfants à Caractère Social (MECS), le Club de Prévention Spécialisée, le service d'Action Éducative en Milieu Ouvert (AEMO), et le service d'Action Éducative à Domicile (AED), dont les missions sont précisées par l'alinéa I -1° de l'article L312-1 du CASF[1] : « Les établissements ou services prenant en charge habituellement, y compris au titre de la prévention, des mineurs et des majeurs de moins de vingt et un ans relevant des articles L. 221-1, L. 222-3 et L. 222-5 ; ».

[1] L'Article L312-1 du Code de l'action sociale et des familles a été modifié par LOI n°2019-791 du 26 juillet 2019 - art. 30 et par Ordonnance n°2019-770 du 17 juillet 2019 - art. 3.

3.3.5.2. Enfance handicapée et inadaptée.

Cette catégorie d'établissement comprend le Centre médico-psycho-pédagogique (CMPP), l'Institut d'éducation motrice (IEM), l'Institut médico-éducatif (IME), l'Institut médico-pédagogique (IMP), l'Institut médico-professionnel (IMPRO), l'Institut thérapeutique, éducatif et pédagogique (ITEP), et le Service d'éducation spéciale et de soins à domicile (SESSAD), dont les missions sont précisées par l'alinéa I -2° de l'article L312-1 du CASF[1] : « Les établissements ou services d'enseignement qui assurent, à titre principal, une éducation adaptée et un accompagnement social ou médico-social aux mineurs ou jeunes adultes handicapés ou présentant des difficultés d'adaptation ; ».

3.3.5.3. Enfance handicapée (0–6 ans)

Cette catégorie d'ESSMS est représentée notamment par les Centres d'action médico-sociale précoce (CAMSP), dont les missions sont précisées par l'alinéa I -3° de l'article L312-1 du CASF[2] : « Les centres d'action médico-sociale précoce mentionnés à l'article L. 2132-4 du Code de la santé publique ; » ; voici l'article L. 2132-4 du CASF également pour y voir plus clair : « Les personnes titulaires de l'exercice de l'autorité parentale ou celles à qui un enfant a été confié sont informées, dans le respect des règles déontologiques, lorsqu'un handicap a été suspecté, décelé ou signalé chez ce dernier, notamment au cours des examens médicaux prévus à l'article L. 2132-2, de la nature du handicap et de la possibilité pour l'enfant d'être accueilli dans des centres spécialisés, notamment, dans des centres d'action médico-sociale précoce, en vue de prévenir ou de réduire l'aggravation de ce handicap. Dans les centres d'action médico-sociale précoce, la prise en charge s'effectue sous forme de cure ambulatoire comportant l'intervention d'une équipe pluridisciplinaire. Elle comporte une action de conseil et de soutien de la famille ou des personnes auxquelles l'enfant a été confié. Elle est assurée, s'il y a lieu, en liaison avec les institutions d'éducation préscolaires et les établissements et services mentionnés à l'article

1 Ibid. Article L312-2.
2 Ibid. Article L312-3.

L. 2324-1. Le financement de ces centres est assuré dans les conditions définies à l'article L. 2112-8. »

3.3.5.4. Protection judiciaire de la jeunesse (PJJ)

Ils représentent les Centres et les foyers d'action éducative (CAE et FAE), ainsi que les Services éducatifs auprès du tribunal (SEAT), dont les missions sont précisées par l'alinéa I -4° de l'article L312-1 du CASF[1] : « Les établissements ou services mettant en œuvre les mesures éducatives ordonnées par l'autorité judiciaire en application de l'ordonnance n° 45-174 du 2 février 1945 relative à l'enfance délinquante ou des articles 375 à 375-8 du Code civil ou concernant des majeurs de moins de vingt et un ans ou les mesures d'investigation préalables aux mesures d'assistance éducative prévues au Code de procédure civile et par l'ordonnance n° 45-174 du 2 février 1945 relative à l'enfance délinquante ; ».

3.3.5.5. Handicap mental ou physique, adulte

Les Établissements et services d'aide par le travail (ESAT), les Centres de rééducation professionnelle, et les centres d'orientation professionnelle entrent dans cette catégorie d'ESSMS, dont les missions sont précisées par l'alinéa I -5° de l'article L312-1 du CASF[2] : « Les établissements ou services : a) D'aide par le travail, à l'exception des structures conventionnées pour les activités visées à l'article L. 322-4-16 du Code du travail et des entreprises adaptées définies aux articles L. 323-30 et suivants du même code ; b) De réadaptation, de préorientation et de rééducation professionnelle mentionnés à l'article L. 323-15 du Code du travail ; ».

Personnes âgées

Les personnes âgées sont prises en charge dans des Établissements d'hébergement pour personnes âgées dépendantes (EHPAD), des logements autonomes pour personnes non dépendantes, appelés Établissements d'hébergement pour personnes âgées (EHPA), des Services de soins infirmiers à domicile (SSIAD),

---

1 Ibid. Article L312-4.

2 Ibid. Article L312-5.

et des Services d'aide à domicile (SAAD), dont les missions sont précisées par l'alinéa I -6° de l'article L312-1 du CASF[1] : « Les établissements et les services qui accueillent des personnes âgées ou qui leur apportent à domicile une assistance dans les actes quotidiens de la vie, des prestations de soins ou une aide à l'insertion sociale ; ».

3.3.5.6. Handicap mental, polyhandicap, adultes

Ces ESSMS sont représentés par les Maisons d'accueil spécialisées (MAS), et les Foyers d'accueil médicalisés (FAM), dont les missions sont précisées par l'alinéa I -7° de l'article L312-1 du CASF[2] : « Les établissements et les services, y compris les foyers d'accueil médicalisé, qui accueillent des personnes handicapées, quel que soit leur degré de handicap ou leur âge, ou des personnes atteintes de pathologies chroniques, qui leur apportent à domicile une assistance dans les actes quotidiens de la vie, des prestations de soins ou une aide à l'insertion sociale ou bien qui leur assurent un accompagnement médico-social en milieu ouvert ; ».

---

[1] Ibid. Article L312-6.
[2] Ibid. Article L312-7.

3.3.5.7. Sans domicile fixe (SDF)

Les ESSMS pour les SDF sont représentés par les Centres d'hébergement et de réinsertion sociale (CHRS) offrant notamment une aide par la reprise d'activité, même précaire avec des accueils de jour de boutiques solidaires par exemple, dont les missions sont précisées par l'alinéa I -8° de l'article L312-1 du CASF[1] : « Les établissements ou services comportant ou non un hébergement, assurant l'accueil, notamment dans les situations d'urgence, le soutien ou l'accompagnement social, l'adaptation à la vie active ou l'insertion sociale et professionnelle des personnes ou des familles en difficulté ou en situation de détresse ; ». Une veille sociale est également assurée par le Samu social, les équipes mobiles, une téléphonie sociale (le 115), et les services d'accueil et d'orientation.

Traitement des addictions

Les personnes souffrant d'addiction peuvent être prises en charge par les Centres d'accueil et de soins pour toxicomanes (CAST), les Centres d'accueil et d'accompagnement à la réduction de risques pour usagers de drogues (CAARUD), les Centres d'accueil pour alcooliques, les centres de soins, d'accompagnement et de prévention en addictologie (CSAPA), et les Appartements de coordination thérapeutique (ACT), dont les missions sont précisées

[1] Ibid. Article L312-8.

par l'alinéa I -9° de l'article L312-1 du CASF[1] : « Les établissements ou services qui assurent l'accueil et l'accompagnement de personnes confrontées à des difficultés spécifiques en vue de favoriser l'adaptation à la vie active et l'aide à l'insertion sociale et professionnelle ou d'assurer des prestations de soins et de suivi médical, dont les centres de soins, d'accompagnement et de prévention en addictologie, les centres d'accueil et d'accompagnement à la réduction des risques pour usagers de drogue, les structures dénommées " lits halte soins santé ", les structures dénommées " lits d'accueil médicalisés " et les appartements de coordination thérapeutique ; ».

3.3.5.8. Autres hébergements

Nous pouvons compter également les Foyers de jeunes travailleurs (FJT) parmi les ESSMS, dont les missions sont précisées par l'alinéa I -10° de l'article L312-1 du CASF [2] : « Les foyers de jeunes travailleurs qui relèvent des dispositions des articles L. 353-2 et L. 831-1 du Code de la construction et de l'habitation ; ».

3.3.5.9. Centres de ressources

Les Centres de ressources peuvent quant à eux intervenir dans différents champs médico-sociaux, à savoir entre autres le handicap rare, l'autisme, les traumatismes crâniens, et la maladie d'Alzheimer. Ils peuvent également être représentés par des centres d'information et de coordination locaux. Les missions sont précisées par l'alinéa I -11° de l'article L312-1 du CASF[3] : « Les établissements ou services, dénommés selon les cas centres de ressources, centres d'information et de coordination ou centres prestataires de services de proximité, mettant en œuvre des actions de dépistage, d'aide, de soutien, de formation ou d'information, de conseil, d'expertise ou de coordination au bénéfice d'usagers, ou d'autres établissements et services ; ».

---

1 Ibid. Article L312-9.
2 Ibid. Article L312-10.
3 Ibid. Article L312-11.

3.3.5.10. Demandeurs d'asile

Les demandeurs d'asile pourront se tourner vers les Centres d'accueil de demandeurs d'asile (CADA), dont les missions sont précisées par l'alinéa I -13° de l'article L312-1 du CASF[1] : « Les centres d'accueil pour demandeurs d'asile mentionnés à l'article L. 348-1 ; » Voici l'article en question pour vous éclairer davantage : « Les personnes dont la demande d'asile a été enregistrée conformément au chapitre I du titre II du livre V du Code de l'entrée et du séjour des étrangers et du droit d'asile peuvent bénéficier d'un hébergement en centre d'accueil pour demandeurs d'asile, à l'exception des personnes dont la demande d'asile relève d'un autre État, au sens de l'article L. 571-1 du même code. Conformément à l'article 20 de l'ordonnance n° 2020-1733 du 16 décembre 2020, ces dispositions entrent en vigueur le 1er mai 2021. »

3.3.5.11. Majeurs à protéger

Les services d'aide à la gestion du budget familial et les services pour assigner un mandataire responsable des biens de la personne majeure à protéger, par un mandat spécial, font partie des ESSMS. Ces mandats sont demandés lors de situations d'urgence. Les missions sont précisées par l'alinéa I - 14° et 15° de l'article L312-1 du Code de l'action sociale et des familles[2] : « Les services mettant en œuvre les mesures de protection des majeurs ordonnées par l'autorité judiciaire au titre du mandat spécial auquel il peut être recouru dans le cadre de la sauvegarde de justice ou au titre de la curatelle, de la tutelle ou de la mesure d'accompagnement judiciaire ; les services mettant en œuvre les mesures judiciaires d'aide à la gestion du budget familial ».

---

1 Ibid. Article L312-13.

2 Ibid. Article L312-14 & 15.

3.3.5.12. Autres

Il s'agit dans cette catégorie des structures expérimentales dérogeant aux articles L. 162-31 et L. 162-31-1 du Code de la sécurité sociale (CSS), représentant notamment des lieux de vie non traditionnels. Les missions sont précisées par l'alinéa I -12° et III de l'article L312-1 du Code de l'action sociale et des familles[1] : « Les services mettant en œuvre les mesures de protection des majeurs ordonnées par l'autorité judiciaire au titre du mandat spécial auquel il peut être recouru dans le cadre de la sauvegarde de justice ou au titre de la curatelle, de la tutelle ou de la mesure d'accompagnement judiciaire ; les lieux de vie et d'accueil qui ne constituent pas des établissements et services sociaux ou médico-sociaux au sens du I doivent faire application des articles L. 311-4 à L. 311-8. Ils sont également soumis à l'autorisation mentionnée à l'article L. 313-1 et aux dispositions des articles L. 313-13 à L. 313-25, dès lors qu'ils ne relèvent ni des dispositions prévues au titre II du livre IV relatives aux assistants maternels, ni de celles relatives aux particuliers accueillant des personnes âgées ou handicapées prévues au titre IV dudit livre. Un décret fixe le nombre minimal et maximal des personnes que ces structures peuvent accueillir et leurs règles de financement et de tarification. »

1 Ibid. Article L312-12 & III.

Si certaines informations vous manquent malgré ces extraits authentiques, je vous invite à aller approfondir vos connaissances en cherchant directement au sein des codes cités. Bien comprendre le rôle et les fonctions des établissements qui seront intégrés dans le projet, pendant la conception ou lors de la mise en œuvre de la solution, est important pour comprendre comment positionner les améliorations possibles au sein du système.

3.4. Des lois et des réglementations

Votre solution en santé peut ne pas avoir d'impact sur le parcours de santé ou de soin[1] du patient. Quel que soit son support, elle pourra cependant servir le patient plutôt dans son quotidien, pour mieux gérer ses émotions, ses obligations (prises de médicaments régulières, etc.) ou mieux communiquer son état, ses questions aux professionnels de santé qui le suivent. Ces fonctionnalités sont additives et les concepteurs les ajoutent au Minimum Viable Product (MVP) [2] pour rendre la réalisation plus attractive et confortable pour l'usager du système de santé. Elles ne demeurent pas le cœur de votre outil, sauf si vous êtes directement en lien avec le Système d'Information (SI) de l'Hôpital. Vous aurez donc probablement à travailler sur une fonction principale, qui intégrera le parcours de santé ou de soin d'un patient avec des besoins spécifiques. Et cette conception devra être au plus proche des normes législatives pour témoigner de sa fiabilité et de son intégrité. La HAS sera sensible à cette dimension pour valider votre conception comme dispositif médical.

Selon l'article Art. L. 1110-1. de la loi Kouchner, loi n° 2002-303 du 4 mars 2002 relative aux droits des malades et à la qualité du système de santé, étant « Le droit fondamental à la protection de la santé doit être mis en œuvre par tous moyens disponibles au bénéfice de toute personne. Les professionnels, les établissements et réseaux de santé, les organismes d'assurance maladie ou tous autres organismes participant à la prévention et aux soins, et les autorités sanitaires contribuent, avec les usagers, à développer la prévention, garantir l'égal accès de chaque personne aux soins nécessités par son état de santé et assurer la continuité des soins et la meilleure sécurité sanitaire possible ». Selon cette loi, la démocratie sanitaire est représentée par trois engagements : le droit à l'information des patients pour consentir à des choix éclairés, la participation des

---

1 Le *parcours de santé* représente les points de contact entre le patient et le système de santé, tandis que le *parcours de soin* représente sa thérapie et les soins apportés par le système pour la rémission du patient.

2 « Produit Minimum Viable » en français.

représentants des usagers à la gestion de l'hôpital, et des débats publics pour décider des politiques de santé[1].

Par ailleurs, les thérapies numériques et les tiers technologiques ne peuvent être conçus indépendamment de la complexité clinique (cf. II-4.4.2. Les systèmes d'information). Vous devrez notamment observer les pratiques du terrain, de la vie réelle, sur le lieu des soins, pour concevoir des solutions adaptées aux habitudes des utilisateurs. La prudence sera le maître mot pour intégrer un nouveau service numérique au sein de cet écosystème existant et fonctionnel. Les évaluations en environnement contrôlé et en environnement réel seront multipliées pour avoir la certitude que la cohérence des tâches et des usages, entre les patients, les aidants et les soignants, est travaillée à son maximum. Il faut parfois faire le deuil du *mieux « révolutionnaire »* pour amener une « simple » amélioration sécurisée. Ce n'est pas exclu qu'elle puisse se révéler être une révolution radicale par la suite, ou en provoquer une.

---

[1] Delanoë-Vieux, C., Coirié, M., Coubard-Millot, J., & Figuerolat, X. (2019). L'expérience du patient en design, une ressource pour la conception d'un parcours d'hospitalité dans un Hospital neuf, *Ocula, 20*, pp. 135-155.

4

RENCONTRER LES USAGERS

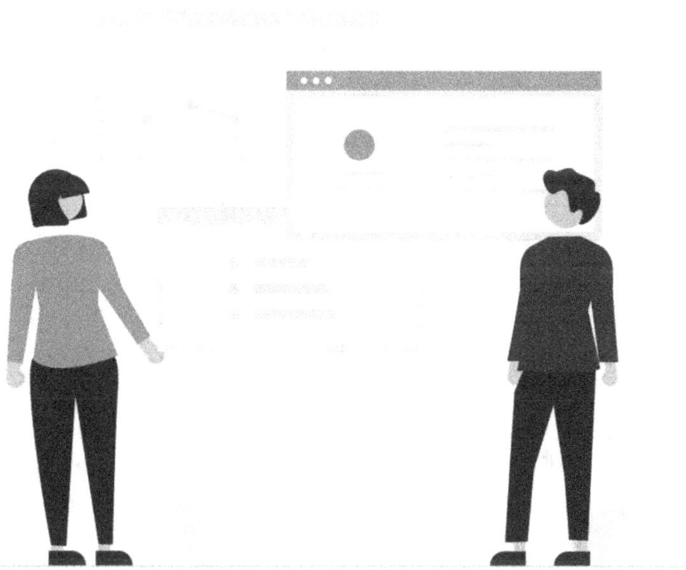

4.1. La découverte

Dans le système de la santé publique, avant de financer une amélioration, refondre un service ou un produit innovant, des études sont la majeure partie du temps déjà faites en amont, pour renseigner les cadres supérieurs de la nécessité d'investir dans un changement. Pour ce qui est du secteur privé, il est également rare de ne pas avoir d'études disponibles. Gardez en tête que de toute façon, le secteur public et le privé travaillent très souvent de pair.

La phase de découverte est la première étape dans la méthode des deux diamants, issues de la méthodologie itérative. Dans cette première étape du projet, vous devez recueillir toutes les informations pertinentes pour servir votre objectif, sans trop vous limiter. Par exemple, si vous travaillez sur la communication d'informations entre l'équipe soignante et le patient, vous n'irez pas spécialement noter que « le dimanche, c'est poulet ! » dans la vie de famille du patient, sauf si les communications se font spécifiquement le dimanche et que le poulet interfère dans la bonne transmission des données. Vous débuterez ainsi votre phase de découverte avec des données probablement quantitatives, recueillies précédemment, lors d'études faites dans un autre contexte, ou préalablement à l'organisation du projet sur lequel vous êtes.

Vous évoluerez dans un univers théorique très riche en informations, et votre étude évoluera ensuite en fonction de ce qui se vérifiera. La phase d'exploration démarre le projet, mais les découvertes se font du début à la fin, et même après avec l'amélioration continue. En enquêtant sur des sujets de plus en plus précis et en analysant toutes les données que vous récolterez, votre vision du problème s'affinera et vous saurez davantage quelles informations sont manquantes, où aller les chercher et comment elles peuvent être interprétées selon le contexte d'application, par exemple.

Les difficultés de communication, la notion d'écoconception, la responsabilité liée à la chaîne de soin, l'empreinte de l'expérience sur l'usager en santé, le jugement des besoins pour chaque patient, la représentation universelle du service en santé, et les enjeux politiques sont autant d'éléments à prendre en compte. Le champ de l'exploration peut être vaste et sans fin si on ne se limite pas. En santé, passer à côté d'une information peut être très coûteux. Aussi, je vous invite à vous concentrer sur une série de points de contact et d'engagements, entendus avec votre investigateur (cf. I-3.1.2. Mesures pour le RIPH 3*)* pour mener l'exploration.

Réfléchissez également aux différents niveaux du service ; il peut y avoir d'une part la communication directe entre les équipes soignantes et les patients/ aidants, comme il peut y avoir une communication au niveau de la société. Il peut y avoir une revue des pratiques de soins à domicile, les habitudes des patients et des aidants au fil du temps peuvent dériver s'il n'y a pas de rappel, comme des soins à l'hôpital (auquel cas on parlera de protocole).

Ces données quantitatives seront à qualifier avec la recherche terrain où vous pourrez observer et discuter avec les usagers. Cela vous permettra notamment d'étayer vos analyses quantitatives et d'étoffer vos théories.

4.1.1. La recherche secondaire

Dans un projet de design, il y a toujours une étape de compréhension de la problématique centrale, amenant souvent par corrélation ou causalité, à découvrir d'autres problèmes à travailler. Vous avez d'une part la recherche secondaire essentiellement théorique, et la recherche primaire sur le terrain. L'une et l'autre se nourrissant mutuellement.

La recherche secondaire représente donc tout ce que vous pourrez trouver comme informations fiables concernant l'objectif du projet, sans investiguer sur le terrain, ni discuter avec les parties prenantes. Il s'agira notamment d'utiliser les plateformes scientifiques, de lire les documentations du commanditaire, de prendre en compte les études antérieures, dans les limites de leur cadrage, et d'intégrer des forums de patients pour déceler les premières préoccupations. Ce mode de recherche permet, entre autres, de prendre les décisions concernant la réalisation de votre protocole d'étude. Ce dernier pourra évoluer par la suite, mais dans un premier temps, cela permet de réduire les risques d'erreur de stratégie au regard des circonstances de la demande et de la situation médico-sociale des usagers concernés.

Si la plupart des projets en santé ont des objectifs communs : améliorer le parcours de santé, optimiser les ressources disponibles, soutenir la thérapie avec une expérience thérapeutique et intégrer les aidants par exemple, des différences surviennent dans les différents types de maladies et de systèmes de prise en charge. Les mesures d'efficacité nécessaires pour situer la qualité de l'apport du design doivent donc être ajustées à cela. Par ailleurs, la satisfaction des patients dans le système de santé tient compte du retour sur engagement en matière de qualité de vie, de performances de l'équipe médicale, de fluidité des processus et de la communication au sein du système de soin, et bien sûr, des résultats en matière de santé.

Une attente particulièrement importante est à considérer dans la conception de votre solution. Cette attente n'est pas focalisée uniquement sur le plaisir direct d'utilisation, mais sur la performance de celle-ci sur le long terme. Le patient, au même titre que le professionnel de santé, sera comme un manager qui vérifiera si vous avez bien fait votre travail.

4.1.2. La théorie

Le secteur de la santé, nous l'avons vu, présente l'avantage d'être plutôt fourni en études scientifiques. Les publications dans les revues médicales sont utilisables et viennent alimenter les recherches, de différentes façons, selon les méthodes choisies.

Votre projet pluridisciplinaire invitera à multiplier les méthodes selon celles qui vous sembleront les plus pertinentes, compte tenu de votre objectif. Ce travail préliminaire est donc une base importante d'informations pour la suite des investigations. Et en fonction de comment vous menez cette investigation, en dépendra directement, le succès ou non de la recherche. Pour cela, vous devrez apporter toute l'attention nécessaire aux éléments distincts, comme à leur corrélation[1].

La sélection des études scientifiques est plutôt à effectuer par deux experts : un en médecine, très probablement l'investigateur ; et un en design, sûrement le promoteur. Rien n'empêche d'intégrer d'autres experts en fonction de votre domaine de déploiement : psychologie clinique, développement mobile, intelligence artificielle. Vous jugerez de ce qui vous semble le plus approprié.

Les données quantitatives recherchées peuvent varier selon les stratégies que vous adopterez pour mener les recherches. Par ailleurs, selon la qualité des papiers scientifiques, l'investigateur sera plus ou moins qualifié pour vous conseiller dans votre gestion des données et dans l'analyse de celles-ci. Un chercheur expérimenté évaluera la qualité des informations des études selon les méthodes de recherche utilisées, la pertinence de leur application et l'évolution des résultats.

Dans les domaines spécifiques, comme les types de pathologies, il est imprudent de se penser autonome sans être réellement un spécialiste. Soyez donc deux pour cette première investigation.

La partie théorique doit vous offrir des données très fiables. Aussi, certains sites de publications scientifiques sont conseillés, avec vérification des articles. Cela sert en effet aux chercheurs et assurera aux auteurs une reconnaissance de la qualité de leurs recherches.

Parmi ces sources, la **HAL** met en ligne des thèses de toutes les disciplines. Vous y trouverez des articles scientifiques, publiés ou non, et des thèses d'établissements français et étrangers. Leur accès est libre mais leur utilisation ne l'est pas toujours.

PUBMED est un moteur de recherche bibliographique concernant les secteurs de la biologie et la médecine. Vous pouvez avoir accès à la base des citations et des résumés d'articles gratuitement. Les citations que vous trouverez selon vos mots-clés sont généralement fournies avec un lien menant à l'article entier, si disponible.

Le **Cairn.info** est un site fondé par plusieurs maisons d'édition : Belin, de Boeck, la Découverte et Érès en 2005. S'associeront, la Bibliothèque nationale de France, les Presses universitaires de

---

[1] Deni, M. (2014). Le design de services : projeter le bien-être. *Communication et organisation*, 46, pp. 129-142.

France (PUF), puis le groupe Madrigall (Gallimard, Flammarion). Il s'agit de la diffusion d'articles scientifiques en intégralité, et de revues en sciences humaines et sociales.

Vous avez aussi **Academia.edu** qui est un réseau social américain, partiellement gratuit, destiné aux chercheurs universitaires et étudiants. Le site propose la mise en contact entre chercheurs, le suivi de leurs travaux et les discussions sur leurs recherches. Son but est lucratif, et non éducatif.

La **Public Library of Science (PLOS)** est lui à but non lucratif, et met à disposition des publications scientifiques anglophones. L'accès est ouvert sur une base de licences libres.

Enfin, **HCI Bibliography : Human-Computer Interaction Resources**, est une plateforme mettant en ligne des études et méthodes scientifiques concernant les Interactions Homme-Machine (IHM), très utile pour retrouver des méthodes scientifiques de design d'expérience utilisateur. Les auteurs de *Proposal for the User-Centered Design Approach for Health Apps Based on Successful Experiences : Integrative Review JMIR Mhealth Uhealth* proposent en 2020 un organigramme ci-dessous de sélection d'articles concernant le Journal of Medical Internet Research[1].

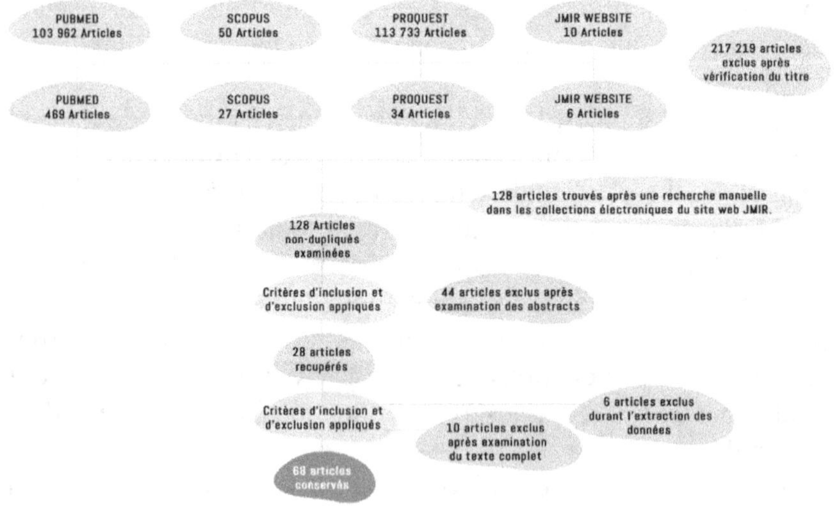

---

[1] Molina-Recio, G., Molina-Luque, R., Jiménez-García, A., Ventura-Puertos, P., Hernández-Reyes, A., & Romero-Saldaña, M. (2020). *Proposal for the User-Centered Design Approach for Health Apps Based on Successful* Experiences: Integrative Review. *JMIR Mhealth Uhealth*, op. cit. p.3.

Les auteurs de « *Proposal for the User-Centered Design Approach for Health Apps Based on Successful Experiences: Integrative Review JMIR Mhealth Uhealth* » invitent à faire :

1. Une recherche **par mots-clés** dans les différentes plateformes proposant des ressources scientifiques ;

2. Une première sélection des articles trouvés en vérifiant la pertinence des recherches par la **formulation des titres** de publications ;

3. Une vérification des **doublons** entre les différentes plateformes ;

4. Une exclusion des documents à la lecture de **l'abstract**[1] ;

5. Une dernière **discrimination selon les critères** que vous vous serez fixé, après avoir parcouru la totalité du texte et constaté que les résultats obtenus ne sont pas pertinents dans votre recherche (contexte, spécificité, techniques, etc.).

Ils sont ainsi passés de 217 755 papiers scientifiques trouvés à 68 retenus, dont 217 219 exclus dès la sélection par les titres. Naturellement, pour des projets en industrie privée ou en start-up, il n'est pas possible de faire autant de recherches. Vous n'êtes pas en thèse… Cependant, cela vous donnera un prorata des études valides sur une base de première sélection. Selon votre cible d'usagers, vous aurez plus ou moins de succès dans votre recherche. Certains domaines inspirent plus que d'autres malheureusement, au détriment d'autres pathologies tout aussi nécessiteuses d'être étudiées.

En ce qui concerne les données du vécu des patients, il vous faudra mettre en réseau les informations des patients. Vous devrez vous adapter à eux et utiliser des méthodes de recherche qui leur correspondent et qui servent les objectifs du projet. Vous devrez étudier l'évolution et le développement de leur prise en charge durant les dernières décennies, dans une approche critique des informations recueillies. Sachant que vos recherches seront très probablement répétées, plusieurs fois au cours du projet et même au

[1] Résumé en début de publication pour donner les grandes lignes de l'étude.

cours d'une seule phase, vous devrez construire une base de connaissances utilisable pour chacun de vos sous-objectifs.

Concernant les infrastructures de santé, la recherche exigera une investigation spécifique sur les objectifs organisationnels du système afin d'avoir une vision claire de la gestion interne des prises en charge (différence de protocole de soins et de gestion des données de santé) et de comprendre l'articulation des différents points de contact entre les patients et leur équipe soignante. Les prises en charge (en milieu hospitalier ou non) subissent une complexité administrative croissante conditionnant par là même le vécu des patients. L'évolution démographique et les coupes budgétaires, l'informatisation des services ajoutent des contraintes à tous les nouveaux services de santé. Il est à noter qu'avec le Programme d'Investissement D'avenir (PIA) proposé lors de la présentation du plan pour l'innovation en santé d'ici 2030, sept milliards d'euros ont été mobilisés pour le système de santé.

4.1.3. L'ensemble

Pour prendre en compte de façon holistique le vécu des patients et des professionnels de santé, il faut aller chercher les contraintes quotidiennes dans les soins. La montée des émotions quand il y a des avancées dans le parcours de soins et les descentes quand il y a des déceptions. La compréhension des contraintes qu'amène la pathologie, qu'elles soient physiques, psychologiques et sociales, permettra également de mettre le « bon filtre » pour l'exploitation de vos informations. Tous les points de contact avec la maladie, les moments de crainte, leurs origines, les points de friction avec lui-même puis le corps médical, les dangers prévus ou imprévus, les moments de paix et de soulagement, sont des hauts et des bas à prendre en compte dans l'expérience que le patient vit avec lui-même.

Pour comprendre le système de soin, il faut se familiariser avec. Personne ne pourra être totalement neutre dans sa réception et sa compréhension des informations. D'ailleurs, être neutre et bienveillant n'est pas possible[1]. Nous pouvons être neutres dans le traitement intellectuel des informations, nous interdire toute interprétation précipitée par exemple.

Mais honnêtement, qui contrôle vraiment ses biais cognitifs ? Notre histoire va nous faire remarquer un ou plusieurs détails, mots, gestes, silences, qu'une autre personne ne verra pas forcément. L'être humain ne peut fondamentalement pas être neutre, surtout si ensuite il est dans l'analyse des données. Le filtre mécanique déshumanisé qui décortiquerait le texte d'interviews et de données d'études sans y mettre de sens, déjà n'est pas humain, et ensuite empêcherait l'empreinte humaine nécessaire à toute empathie, fondamentale dans notre métier. C'est d'ailleurs ce que rappelle Goffman avec l'interactionnisme, quand « les détails gestuels, visuels, corporels sont repérés par « l'adaptation de son corps » à celui des autres ou à la situation. Il s'agit bien dans ce cas, d'un mode d'observation interactionnelle[2] ». Donc, les traces de notre vécu imprègnent notre recherche. Et heureusement. Si uniquement les machines devaient comprendre notre vécu d'humain, sensible et émotionnel, nous aurions des expériences utilisateurs horrifiantes.

La sociologie, avec l'holisme en particulier, met en corrélation les faits sociaux au regard du groupe ou de la société, et amène notamment la théorie que l'individu adopte des attitudes pour correspondre à la culture locale et à ses normes sociales. Selon Durkheim, c'est en étudiant la société et ses normes que l'on peut expliquer les actes individuels. L'éducation a un rôle important à jouer, et définit en partie les goûts des individus et les pratiques sociales. En somme, l'explication de certains microsystèmes, comme le comportement individuel, peut se trouver dans le fonctionnement d'autres mezzo ou macrosystèmes, comme la culture et le fonctionnement de l'état. Durkheim préconise d'ailleurs d'aller de prime abord vers l'explication d'une observation avant de vouloir la comprendre. En bref, la collectivité aurait une supériorité sur l'individu. Avoir une approche holistique en médecine, c'est donc prendre toute la complexité des facteurs quantitatifs et qualitatifs intervenant dans qualité de vie du patient. C'est aussi assumer

[1] Bachelart, M. (2021). *Révéler la créativité des équipes éducatives avec l'approche systémique*. ESF.

[2] Piette, A. (2020). *Ethnographie de l'action. L'observation des détails.* EHESS, op. cit. p. 118

l'incertitude clinique, pour les praticiens, au sujet des causes profondes possibles des pathologies. Et être centré sur le patient, c'est intégrer cette multidimensionnalité[1] médico-sociale dans les méthodes de recherche.

En d'autres termes, et pour paraphraser Alain Findeli, il s'agira de structurer les prises de décision, d'apprendre à agir dans l'incertitude en cadrant au maximum la complexité. En 1977, George Engel (1913-1999) développe l'approche biopsychosocial (BPS), un outil médical théorique permettant de considérer les patients dans leur entièreté, incluant les dimensions physiologiques, psychologiques et sociales. C'est une structure très intéressante pour votre recherche ou votre projet selon les disciplines apportées par votre équipe.

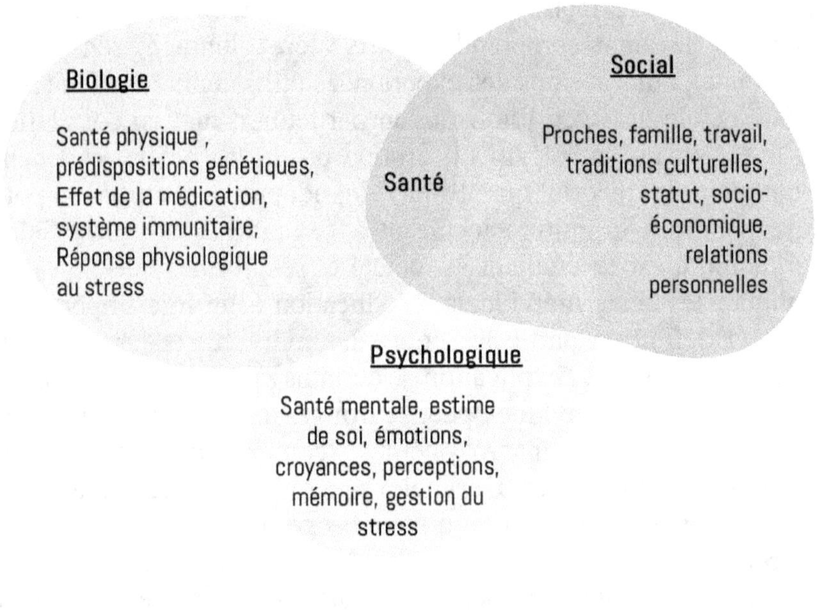

[1] Les chercheurs utilisent ce terme, comme un nouveau champ d'exploration, positionnant la complexité que représente l'objet de l'étude, comme l'être humain par exemple ou l'environnement naturel, comme figure structurant la recherche. Il s'agira ainsi de créer de nouvelles connaissances, grâce aux précédentes mises en corrélation avec celles issues d'autres dimensions observables.

4.2. Le recrutement

« Tous les patients sont importants et chaque parcours est intéressant. »

Delanoë-Vieux et al. 2019[1]

Dans votre projet, vous devrez prendre en compte tous les types d'acteurs, les interactions entre eux et en réseau : une interaction peut fonctionner indépendamment des autres, et ne plus fonctionner au sein d'un autre système d'interactions. Il s'agira donc de bien comprendre les spécificités des situations. Vous récolterez ainsi les informations nécessaires pour agir sur cette organisation[2]. Faire un schéma pourra vous y aider.

Les enjeux sociaux dans le secteur de la santé sont considérables et sont intrinsèquement dépendants des solutions numériques les régissant. Engager toutes les parties prenantes sera important, puisque toutes seront considérées comme usagères du parcours de santé étudié, avec tout un point de vue différent à prendre en compte.

Par ailleurs, pour instaurer des changements au cœur d'un écosystème fonctionnel, cela nécessite l'acceptation du concept de transformation envisagé par les acteurs mêmes de ce système. De fait, un consensus doit être adopté par ces membres dans l'intérêt du bon déroulé du projet. Votre rôle de communicant prendra tout son sens.

Retenez devoir prendre en compte les différents niveaux de l'organisation pour recruter les participants de votre recherche[3]. Même si votre objectif est de travailler sur l'expérience patient, selon les profils identifiés, les techniques de recrutement varieront

---

[1] Delanoë-Vieux, C., Coirié, M., Coubard-Millot, J., & Figuerolat, X. (2019). L'expérience du patient en design, une ressource pour la conception d'un parcours d'hospitalité dans un Hospital neuf, *Ocula, 20*, pp. 135-155.

[2] Azéma, C., Malaurie, C., & Bourdareau, P. (2019). *Bâtir et penser l'habitabilité d'un commun.* 20, pp. 57-71.

[3] Jones, P. (2013*). Design for Care: Innovation for Healthcare Experience.* Brooklyn, New York: Rosenfeld Media.

nettement. Il s'agira d'activer différents réseaux de patients, pair-aidants et professionnels, sur les réseaux sociaux, les forums ou les associations.

4.2.1. Les patients

Une des premières étapes pour l'étude terrain est d'identifier les profils types à recruter. Ces derniers peuvent être identifiés grâce aux outils d'UX design, entre autres, pour avoir une première ébauche de persona. Il vous faudra pouvoir poser les premiers critères de recrutement, pas trop étroits pour obtenir un nombre satisfaisant de patients à interviewer et pas trop larges pour rester qualitatif dans votre recherche.

Si nous revenons une décennie en arrière, les industriels devaient considérer les « *remplaçants* » de patients, des personnes non concernées par la pathologie, mais faisant semblant, comme le seul panel possible. L'accès aux patients était encore rare pour les concepteurs et faire appel à des patients experts ne se faisait pas encore beaucoup. Ces remplaçants étaient recrutés pour des recherches de conception non clinique et des évaluations de produits[1]. Aujourd'hui, nous sommes davantage reconnus dans notre légitimité à être en contact direct avec eux et notre place est mieux acceptée au sein d'un projet en santé.

Vous devrez passer en revue les objectifs qualitatifs de l'enquête et commencer à faire des choix, à structurer les décisions du projet. Si vous souhaitez approfondir certains parcours plus que d'autres, un type d'expérience, de complexité de thérapie, de maladie, par exemple, vous devrez l'intégrer dans vos contraintes de recrutement et le justifier dans votre protocole (cf. I-3.2.5. Synopsis de l'étude). Les concessions sont incontournables bien sûr, mais elles doivent se faire en préservant la représentativité des profils recherchés[2]. Naturellement, la disposition des patients à parler de leur vécu est un des critères centraux. C'est parfois très douloureux et toujours très intime. Cette situation peut amener de petits mensonges dans le

---

1 Ibid.

2 Delanoë-Vieux, C., Coirié, M., Coubard-Millot, J., & Figuerolat, X. (2019). L'expérience du patient en design, une ressource pour la conception d'un parcours d'hospitalité dans un Hospital neuf, *Ocula, 20*, pp. 135-155.

déclaratif. Des réflexes de protection personnelle bien légitimes. Je vous invite à lire le chapitre sur les mensonges pour approfondir le sujet si ce n'est pas déjà fait.

Selon les résultats de vos itérations, il n'est pas improbable non plus que vous deviez élargir le spectre de recrutement. Les temps d'exploration durant le projet étant multiples, vos découvertes amèneront potentiellement à une déqualification de profils. La situation type de repositionnement des besoins de recrutement se voit généralement lorsque vous recrutez sur une base de recommandations du commanditaire uniquement. Il vous faudra bien identifier les besoins du projet pour les hiérarchiser lors d'une discussion avec ce dernier afin de cerner les véritables besoins de l'étude.

Et même si vous prenez toutes les précautions possibles, nous l'avons vu plus haut, le simple fait de lire vos résultats avec justesse et conscience vous permettra de comprendre si vous vous êtes trompé ou non dans le processus de recherche. Même en phase de test final, vous pouvez tout à fait identifier un autre public cible, comme les nouveaux patients[1] bénéficiant de la prise en charge en question (ou de tout autre service en santé), au moment d'un test d'utilisation. Effectivement, l'apprentissage d'un usage n'est pas le même en fonction des antécédents de manipulation des patients, et

[1] Lyles, C., Altschuler, A., Chawla, N., Kowalski, C., Mcquillan, D., & Bayliss, E. (2016). *User-centered design of a tablet waiting room tool for complex patients to prioritize discussion topics for primary care visits.*

de leur connaissance globale des lieux de soin, des gestes, du temps, etc. Les itérations constituent des sources précieuses d'informations concernant l'utilisabilité et l'acceptabilité d'une solution. Ce sont également des opportunités pour tester votre solution à un échantillon plus large. Vous pouvez tout à fait prendre en compte les besoins de votre usager cible au départ, et vérifier l'expérience d'utilisation auprès d'autres patients, d'autre part. Cela permettra de fournir des informations très importantes sur la facilité de mise sur le marché et la portée commerciale de la solution. Ainsi, augmenter le nombre de participants est un choix à faire au cours du projet, si les résultats de recherches le demandent.

Par ailleurs, prenez en compte que les patients seront plus enclins à participer à votre étude si de votre côté :

- Le référent / promoteur du projet est clairement identifiable ;
- Les moments d'échange sont confortables ;
- Les consignes sont simples ;
- Vous êtes bienveillant ;
- Votre explication du projet est cohérente et pertinente ;
- Vous utilisez des termes simples ;
- Vous vous êtes échangé quelques courriers pour créer du lien (pas de message : sentiment d'être utilisé juste au moment opportun, puis laissé de côté) ;
- Vous n'avez pas trop interagi avec eux (ils vont se sentir sous pression sinon) ;

Et si de leur côté :

- Ils ont un retour sur investissement (reconnaissance, gratification, remerciements, partage du livrable) ;
- Ils sont intégrés jusqu'au bout du projet en les informant de l'évolution du projet ;
- Ils se sentent illégitimes, écoutés, et pris en considération ;
- Ils n'ont pas honte de leur maladie ou peur du regard des autres ;
- Ils n'ont pas de difficulté sociale ;
- Ils n'ont pas de difficulté d'accès technologique ;
- Ils croient en leur pouvoir de faire évoluer le système ;

Il en existe sûrement beaucoup d'autres, et cela fera partie de votre mission de travailler cette communication avec eux, afin de fluidifier vos rapports avec eux et entre parties prenantes. Vous pourrez trouver des indications sur ce sujet grâce aux associations de patients qui peuvent parfois dénoncer les freins à leur implication[1]. D'autres causes peuvent être émises par les professionnels de santé directement comme la remise en question du pouvoir du corps médical, les expériences négatives avec le système de santé, les difficultés organisationnelles et les erreurs de jugement de leur part.

Enfin, certains patients vont également refuser de s'exprimer par peur d'être mal pris en charge ensuite s'ils disent des choses négatives. J'ai eu le cas d'une personne ne souhaitant pas exprimer son avis de peur de vexer l'institution la prenant en charge, et d'être mal soignée. Naturellement, cela sort du contexte des thérapies numériques indépendantes d'un système de prise en charge. Mais tout de même, il est à noter que l'assujettissement hérité des anciennes conditions de parcours de soin peut également affecter la liberté d'action, et donc de participation, des patients actuels.

4.2.2. Les aidants

Votre panel s'il doit être « révélateur »[2] des expériences vécues par le patient, il doit également refléter la communauté aidante qui l'entoure. Être un aidant est reconnu depuis octobre 2020 ; il suffit pour se faire reconnaître comme proche aidant de remplir une attestation sur le site du gouvernement[3]. Être aidant demande un investissement sans faille chaque jour. Les sacrifices demandés aux malades peuvent être tout aussi importants pour l'aidant. Ce dernier devant garder une certaine compassion malgré sa fatigue. Une

---

[1] Kietz, F., & Marcellin, O. (2019). L'innovation par le patient : un renouvellement. *Innovations*, 60, pp. 93-120.

[2] Delanoë-Vieux, C., Coirié, M., Coubard-Millot, J., & Figuerolat, X. (2019). L'expérience du patient en design, une ressource pour la conception d'un parcours d'hospitalité dans un Hospital neuf, *Ocula, 20,* pp. 135-155.

[3] Voir https://www.cnesst.gouv.qc.ca/fr/organisation/documentation/formulaires-publications/attestation-dune-personne-agissant-titre-proche

maladie peut donc régir deux vies si elle prend à partie une tierce personne.

En situation de handicap, il arrivera que l'aidant soit également présent durant les interviews, si le patient le demande. Cela témoigne entre autres du fonctionnement familial également organisé autour de ce handicap. Et les proches aidants familiaux deviennent des usagers indirects[1] du système de santé, des lieux de soins, et des solutions en santé.

Même si dans le discours des aidants, l'expérience au cœur du soin est moins précise, ils apportent un autre point de vue dans le vécu du patient. Les informations peuvent se recouper, comme lorsque l'aidant ajoute un jugement personnel sur l'état d'esprit, ou l'état émotionnel du patient, engendré par la fatigue du traitement. La thérapie sera également expliquée d'un point de vue extérieur. Si l'objectif du livre est de travailler l'expérience patient, cela prend en compte toute la culpabilité qu'il peut ressentir à intégrer un proche qui n'a rien demandé, toute la honte d'être impuissant face à cette réalité de dépendance, cette colère d'être victime d'une maladie et en même temps bourreau liberticide d'un proche aimé. Mes mots sont forts, mais gardez en tête que les émotions peuvent décupler les ressentis, et la lucidité se fondre dans les tourments, lorsque les moments de douleur sont à leur paroxysme, autant chez le patient que chez l'aidant. C'est très douloureux de voir un proche souffrir, et de se sentir également impuissant face à son mal. Donc, ces mots durs sont le reflet du ressenti réel en cas de crise émotionnelle.

L'aidant porte ; il soutient ; et il est parfois résistant pour deux. Il se donne rarement le droit de montrer son exaspération. Même s'il peut s'exprimer, il le fera avec une certaine adresse. Sa lassitude ne devrait pas impacter la motivation de son proche souffrant. Ce poids que constitue la responsabilité d'aider est à mesurer au cours de vos discussions avec les aidants.

Par ailleurs, pour parer au stéréotype de la faiblesse que représentent les propos de souffrance, certains patients vont vouloir rester absolument objectifs, pour ne pas vous « satisfaire de leur souffrance » quelque part. Au final, un patient souffrant d'une maladie et témoignant de certains manques dans la prise en charge décuple la souffrance. L'aidant peut avoir moins de pudeur dans

---

1 Ibid.

l'expression des sentiments et des émotions vues chez le patient. L'aidant permet également une lecture, psychologique, sociale, et logistique du parcours du patient différente et tient des discours différents avec les équipes médicales. Il fait en premier lieu office de maïeutique entre les différents acteurs de la thérapie.

L'aidant est un maillon de la chaîne d'informations pour que toutes les données soient communiquées sans failles. L'aidant peut parfois constituer aussi la seule source d'espoir pour le patient atteint de maladie chronique. Une maladie incurable, dont les douleurs sont intarissables, augmente la souffrance psychologique, et amène à des situations tragiques de désespoir. Parfois sans aidant, il n'y a pas de soutien, pas d'écoute, pas de sollicitude, pas de vision d'avenir (ou très lointaine) … Les aidants se transforment à certains moments en de véritables coachs de vie, pour la vie. Ce sont des héros de l'ombre, incontournables dans votre recherche terrain.

4.2.3. Les professionnels de santé

Il peut arriver qu'au cours de votre projet, vous ne trouviez pas de médecin promoteur du changement dans le système de santé. Cela peut constituer une source de ralentissement, voire un blocage pour

la mise en œuvre de la conception, et ce, malgré « la mise en place d'un important dispositif d'accompagnement des changements. »[1]

Recruter les professionnels de santé est beaucoup plus long, à la fois dans la démarche, et en même temps par rapport au peu de disponibilité qu'ils peuvent avoir. Les échanges peuvent être multiples avant d'arriver à un horaire de discussion. Concernant les *focus groups*[2], c'est encore plus fastidieux de trouver un horaire commun. J'ai déjà vu un *Doodle*[3] planifié trois mois à l'avance, se refaire deux fois, parce que tous les professionnels de santé n'avaient pas répondu, ou parce que les dates arrêtées ne permettaient pas de réunir assez de personnes. Assurez-vous donc de bien justifier à la fois votre besoin, votre éthique, votre place au sein du projet et la nécessité de travailler avec eux. Soyez également authentique, transparent et direct.

Trop de rhétorique ne vous permettra pas d'obtenir leur confiance. Il est nécessaire donc de vous y prendre très en avance, quasiment dès les prémices du projet, en phase de demande d'autorisation, pour convenir de créneaux potentiels dans leur emploi du temps. Il n'est pas impossible non plus que vous deviez négocier la plage horaire avec l'assistante étant donné l'indisponibilité du professionnel de santé. Ils sont par ailleurs régulièrement sollicités pour des études scientifiques et certains professionnels ont même donné pour consigne à leur assistante de refuser toutes participations à des études, quelles qu'elles soient. Lors d'un projet où nous avions besoin de médecins généralistes, j'avais même contacté près de deux cents médecins généralistes, avec très peu de résultats puisqu'ils ne pouvaient pas se rendre disponibles. Le réseautage, de fait, joue énormément en santé : si vous n'avez pas de crédibilité, si votre recherche semble sortir de nulle part, vous aurez peu de chance d'aboutir. Si vous avez un professionnel de santé « *témoin* » de votre légitimité, pouvant vous introduire auprès d'autres professionnels de santé, cela facilitera le

---

[1] Guillette, M., Couturier, Y., Moreau, O., Gagnon, D., Bergman, H., & Vedel, I. (2019). Gouvernance et accompagnement du changement. *Innovations, 60*, pp. 145-168. op. cit. p. 161

[2] Technique d'entrevue collective, généralement pour confronter les points de vue et approfondir les connaissances d'une situation.

[3] Plateforme pour faciliter les réunions de groupe, par un système de vote de dates en ligne. Ce service est gratuit et utilisé par de nombreux concepteurs.

recrutement. Un « acteur hybride »[1] parfaitement intégré dans le secteur vous épaulera tout au long du projet par ses relations tissées avec les « professionnels » de son secteur. Le rôle de ce professionnel est un atout crucial au long court pour les projets touchant à l'aspect culturel, aux pratiques professionnelles et aux organisations.

Par ailleurs, prévoyez une certaine rétribution. C'est un minima qui peut être assez haut en fonction de la situation du professionnel. Si ce dernier entreprend également des études spécialisées dans son domaine, il voudra probablement faire d'une pierre deux coups : être reconnu financièrement pour son expertise, et en même temps obtenir de quoi financer ses études. Pour les projets intégrés au roulement des fonctions des salariés, ce sera probablement moins onéreux, par exemple dans le cadre de financement public. Gardez cependant en tête que la rétribution devra être déclarée au commencement de votre recrutement, et qu'elle peut aller d'une petite centaine d'euros à plusieurs milliers d'euros. C'est ce qui s'était passé dans un projet commandé par une start-up. Les fonds n'étaient pas très élevés et donc le budget du projet assez étroit. L'un des praticiens que nous tentions de recruter pour participer nous demandait pas loin de 60% du budget total alloué au projet ! Toute négociation était perdue d'avance.

Enfin, l'engagement d'un professionnel de santé ne se veut pas définitif. Un appel, une urgence, une priorité, et votre projet passera à la trappe. Il existe pléthore de raisons pour qu'il ne soit plus disponible, même à la dernière minute. Les professionnels de santé se sont engagés au début de leur carrière pour être au service des patients, et non des innovations techniquement. Et cela ira toujours dans le sens de votre projet : être au service des patients. Donc, pensez à souligner l'importance que cela peut avoir dans leur pratique quotidienne, dans leur qualité d'accompagnement et pour le sens qu'ils donnent à leur carrière, plutôt de simplement faire avancer le domaine. Vous devrez mettre l'accent sur l'amélioration de la qualité du suivi, de la prise en charge, du relationnel, de la confiance, etc. tout ce qui peut qualitativement améliorer la pratique du professionnel de santé auprès du patient. En effet, son retour sur

---

[1] Delanoë-Vieux, C., Coirié, M., Coubard-Millot, J., & Figuerolat, X. (2019). L'expérience du patient en design, une ressource pour la conception d'un parcours d'hospitalité dans un Hospital neuf, *Ocula, 20,* pp. 135-155.

investissement à lui, ce sera sa performance de praticien, l'état de santé de ses patients et leurs sourires plus grands et plus longs qui le lui donneront.

4.2.4. Les associations

Les associations constituent d'excellents partenaires de recrutement. Elles sont les mieux placées pour vous conseiller. Des patients disposés à être volontaires pour participer activement à votre recherche ne sont pas si faciles à trouver. Les associations représentent également une entité de confiance pour les patients et savent parfaitement comment communiquer avec eux. Ce sont des alliées précieuses pour la qualité de votre projet.

Les associations de patients constituent aussi une aide précieuse dans le cas de maladies rares où les réseaux de patients sont plus solides. Cela peut ne pas suffire non plus si vous avez des besoins particuliers, ou si vous êtes plusieurs entités en France à travailler sur le même sujet. Auquel cas il faudra probablement également faire appel aux filières de maladies rares. En général, les projets concernant les patients atteints de maladies rares sont encadrés de toute façon par la filière. Vous pouvez par leur biais également solliciter l'aide de médecins spécialisés souvent très en lien avec ces regroupements. Il vous faudra répondre et expliquer simplement votre projet, car votre crédibilité aux yeux du professionnel sera jugée très vite.

Dans les projets en santé, il peut également arriver de travailler sur des maladies qui sont ressenties comme plus « honteuses » que d'autres. Les patients auront du mal à s'exprimer, à assumer leur condition, et participer constituera un risque social pour eux et pourrait être une source d'angoisse. S'il apparaît comme difficile de parler de son vécu à des inconnus par peur de s'exposer aux jugements, aux regards et aux questions de personnes ignorantes, l'association sera à nouveau d'une aide importante. Elle fera office de tiers de confiance pour les patients indécis.

Dans le cas de maladies juvéniles, l'accès aux enfants est compliqué et très encadré. Pourtant il faut bien comprendre les ressentis des enfants dans leurs interactions avec les soins. De plus, les mots sont difficiles à exprimer, davantage que pour les adultes. Un tiers de confiance tel que des adultes connus, inspirant la confiance et la sécurité pour l'enfant, sera à vos côtés pour mener vos entretiens et votre recherche terrain. Par ailleurs, ce ne serait pas des entretiens au sens strict du terme, mais plutôt des ateliers ou des moments d'échanges informels.

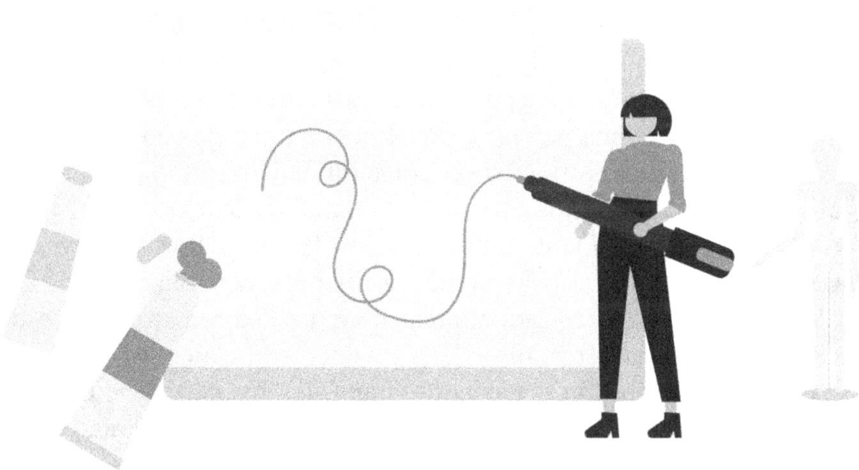

4.3. Le terrain

En santé, le fonctionnel est à la base de tout : les techniques de soin doivent fonctionner (soulager ou guérir) ; les techniques de communication doivent fonctionner (transmettre un message) ; les techniques de sécurité doivent fonctionner (permettre le minimum de faille possible). Tout est technicisé pour être protocolisé et maîtrisé. Cependant, cela ne suffit pas à bien faire fonctionner le tout. Et les êtres humains ont généralement des difficultés à suivre 43 règles par jour (moyenne observée), être 100% dédiés aux patients, et en même temps rendre des comptes à leur hiérarchie. Le cumul des contraintes et le manque de reconnaissance vont vite apparaître dans les résultats de votre enquête du côté des professionnels. D'ailleurs, les infirmières et aides-soignantes en parlent souvent ; dès qu'elles ont un peu de reconnaissance de la part du patient, elles se sentent beaucoup mieux ; elles savent « pourquoi elles font ce métier » ; ça leur rappelle « pourquoi elles se sont engagées à leurs débuts », etc., avec une probable sécrétion d'ocytocine qui ne manquera pas d'être notée.

Les méthodes d'investigation terrain sont multiples : l'observation *in situ*, *incognito* ou déclaré, les discussions (interviews ou entretiens), l'intégration sociale en ethnographie de l'action. Vous choisirez celles qui vous conviennent le mieux et qui correspondent au projet. Celles que je présente aujourd'hui ne représentent pas toutes les possibilités de méthode. Si vous souhaitez avoir des indications précises, de très bons ouvrages pourront vous y aider. Dans cette partie, j'aborderai simplement certaines pratiques qui me semblent les plus pertinentes dans le contexte de la santé. Elles sont naturellement à adapter selon les personnes concernées. Certaines d'entre elles peuvent ne pas du tout être à l'aise avec le fait d'être observées. C'est notamment ce qui a été remarqué avec de jeunes participants préadolescents. Ces derniers étaient plutôt mal à l'aise en étant observés, par conséquent, les résultats de l'enquête furent plutôt technologiques et non pas anthropologiques. Les chercheurs M.J. Catoir-Brisson et L. Jankeviciute ont ainsi rappelé que les stratégies méthodologiques devaient être accordées aux habitudes et préoccupations propres des personnes[1].

L'ethnographie est particulièrement pertinente, dans les systèmes médico-sociaux, de par sa capacité à capter les tendances culturelles. Pour les actions à caractère social, basées sur une compréhension importante des populations cibles, cette méthode permet entre autres d'analyser le fonctionnement d'une population par ses tâches quotidiennes, dans une prospective basée sur les données qualitatives et mixtes.

4.3.1. La recherche primaire

Les équipes soignantes, immergées dans un opérationnel continu, ont du mal à exploiter leur expérience avec recul, à prendre toute la considération des stratagèmes mis en place pour gagner du temps, des habitudes intégrées depuis longtemps pour se concentrer sur l'essentiel de leur travail. Elles sont absorbées par les détails (qui nous échappent) faisant potentiellement toute la différence entre une prise en charge qualitative et une prise en charge négligée. Par ailleurs, lorsqu'on parle de design en santé, les professionnels de santé et les cadres de santé n'ont pas toujours les connaissances nécessaires pour aller chercher des solutions au-delà de la seule optimisation de leur fonctionnement. Ce sera donc à vous d'observer, de guider, de casser les barrières pour les laisser libres de découvrir et d'expérimenter d'autres de chemins de réflexions, d'organisations et d'échanges.

L'analyse des comportements rejoint les stratégies de recherches que vous aurez choisies pour tenter de saisir les problématiques du vécu. Ces pratiques de recherche terrain donnent beaucoup d'intérêt aux paroles et silences, aux gestes et hésitations, aux actions et non actions, aux récurrences et coïncidences. Elles constituent une étape structurant le projet[2].

---

[1] Catoir-Brisson, M. J., & Jankeviciute, L. (2014). *Entretien et méthodes visuelles : une démarche de recherche créative en sciences de l'information et de la communication.* 92, pp. 111-127.

[2] Delanoë-Vieux, C., Coirié, M., Coubard-Millot, J., & Figuerolat, X. (2019). L'expérience du patient en design, une ressource pour la conception d'un parcours d'hospitalité dans un Hospital neuf, *Ocula, 20,* pp. 135-155.

Votre observation terrain devra être planifiée selon les enseignements que vous voudrez tirer de l'exercice. Vous devrez documenter votre expérimentation in situ en amont et préparer toutes les observations. Si vous avez un collaborateur qui filme les interactions, vous devrez définir les lieux où il le fait, les moments où il le fait, les cadrages, s'il y a les visages ou uniquement les mains par exemple. Si des sons sont enregistrés, l'horaire, l'emplacement, le niveau de discrétion et les déplacements possibles sont très importants également. Vous devrez savoir rapidement comment classer vos informations, donc avoir prévu quels types de données seront pertinentes à quel moment et dans quel contexte. Bien ranger votre base de données vous permettra de l'explorer pour votre projet[1]. Si vous prenez des notes de terrain, pensez à les envoyer régulièrement par mail, car elles peuvent être nombreuses en fin d'observation, et vous risquez de passer à côté de détails importants. Si un collaborateur prend des photos, il sera bon d'organiser leur classement et de définir en amont quel type de photos serait intéressant pour le projet : les mains, les pieds, les interactions, les émotions, les foulées, les sorties, les entrées, etc. Les éléments clés à votre recherche devront en fait être réfléchis, et ce même si personne n'est en mesure de prédire les informations que vous allez récolter. Planifiez également le moment où vous écrirez votre réaction brute à l'expérience[2]. Si vous faites un bilan à chaque fin de demi-journée, si vous avez besoin d'un temps plus long pour prendre du recul, si vous écrivez vos sensations et vos observations au fil de l'expérimentation, etc. Tout ceci devra figurer dans votre protocole de recherche. Cela vous aidera également à peaufiner vos méthodes pour les projets à venir : vous saurez ce qui a fonctionné, et ce qui a été plus compliqué.

Vous devrez également recueillir des réflexions à chaud, en situation sociale réelle, à partager lors des ateliers ou de conversions informelles. La teneur des propos en situation est généralement très significative des tendances psychosociales lorsqu'on les met en comparaison avec des propos récoltés lors d'interviews séparés. Les avis sont moins biaisés, plus personnels et authentiques. Vous

---

1 *L'atomic design* est conseillé pour cela.

2 Lupton, E., & Bon Ku, M. (2020). *Health Design Thinking, Creating products and services for better health*, Cooper Hewitt.

percevrez ainsi les tensions entre groupes sur le terrain, et les règles d'endogroupes.

Finalement, l'observation terrain vous permettra de créer un dialogue explicite[1] entre les résultats ethnographiques, ceux issus de débats en groupes et ceux isolés. Comme des accords sociaux tacites, les nombreuses interactions sont la plupart du temps faites indépendamment de leurs significations ou simplement par habitude. Pour vous, chaque geste aura une signification. Il faudra focaliser votre attention dès le départ. Dans l'ethnographie de l'action, vous irez décortiquer le moindre mouvement pour percevoir les nuances les différenciant les uns des autres. Vous tenterez de comprendre pourquoi un groupe d'individus est plus rapide qu'un autre, pourquoi il prend cet objet de telle manière et pas comme les autres, pourquoi ils se saluent plus longuement, etc.

Une autre possibilité dans l'observation terrain incognito est l'immersion complète dans l'environnement. Cette méthode est un peu poussée en santé, plutôt pratiquée aux États-Unis, est sujette à tergiversation… Il s'agira, en immersion complète, de ressentir viscéralement le vécu du patient. Vous devrez être fatigués, lassés de vivre ce que vit le patient, pâtir et non pas uniquement être en empathie. Je ne suis pas très à l'aise avec cette idée : personne ne peut réellement avoir les mêmes chocs émotionnels et la même

[1] Pink, S. (2015). *Doing Sensory Ethnography*, 2e edition, SAGE Publications.

tension, le même poids sur les épaules, quand il s'agit d'une expérience de quelques jours ou de quelques semaines. Cependant, vous pourriez être lassé effectivement, ressentir certains aléas et poids, même si vous ne ressentirez pas l'incertitude du lendemain, le désespoir de mal vivre ou de vivre avec un mal, pour paraphraser Cynthia Fleury. Vous ne pourrez jamais vivre l'expérience sachant que vous ne pourrez jamais être à la place d'une autre personne.

Si vous souhaitez être en immersion complète pour ressentir les situations dans votre chair, vous devrez découvrir ce que cela fait de chercher votre chemin dans un établissement de soin aux signalétiques dans tous les sens, qui plus est angoissé de rencontrer votre médecin ; vous devrez dormir dans le service de prise en charge correspondant à votre recherche et aux urgences, dans le couloir, pour ressentir ce que cela peut faire d'attendre un lit ; vous devrez rester une ou plusieurs nuits à faire contrôler vos signes vitaux régulièrement ; vous devrez aussi vous concentrer sur une ou plusieurs tâches difficiles dans un espace de travail où les professionnels de santé se retrouvent ; vous devrez vous faire poser une intraveineuse ; être en fauteuil roulant, avec un déambulateur, une canne ou des béquilles; vous devrez arriver en ambulance et avoir l'équipe de réanimation qui descend pour tenter de vous sauver ; vous devrez porter une blouse d'examen, tester votre glycémie trois fois par jour ; vous devrez prendre des médicaments placebos, autant de fois par jour que le nécessite la posologie des patients. Si vous vous concentrez uniquement sur l'empathie envers les patients, cela peut amener à une séparation entre « nous », concepteurs et professionnels de la santé, des « autres », les usagers en santé, les patients. Et par ce fait, nous sommes biaisés dans notre compréhension. La méthode en immersion complète, lorsque vous partagerez à votre équipe la vidéo dans laquelle vous êtes irrité, fatigué de prendre vos médicaments, de vous piquer le doigt, d'attendre un lit, de chercher votre chemin, de vous sentir seul, vous serez alors un vrai défenseur des patients, diffusant au sein de l'équipe cette empathie très forte dont vous êtes capable[1]. Votre rôle sera de mettre des mots sur les points de douleur[2] que peuvent

---

[1] Lupton, E., & Bon Ku, M. (2020). *Health Design Thinking, Creating products and services for better health*, Cooper Hewitt.

[2] Les « *pain points* » ou les *points de douleur* en français, désignent, tous les parcours confondus, les moments d'interaction où une gêne, une friction, une

ressentir les patients dans leur parcours de santé. Trouver et comprendre les silences mis sur les blessures pour ne pas les raviver, exprimer ce qui ne l'est pas par bienséance, et dévoiler ce que la dignité pousse à cacher. Les habitudes non avouées aussi sont très importantes et souvent devenues inconscientes, tant elles font partie de la routine quotidienne.

Vous pourrez également solliciter l'imagination et l'implication des patients en les invitant à vous partager des objets, leurs propres artefacts ou non. Les faire participer à votre enquête vous donnera accès à une autre dimension, moins clivante entre l'observateur et l'observé. Ces sources seront d'autant plus intéressantes, puisqu'elles seront présentées par les patients et non pas par vous puisque vous pouvez constituer une déformation potentielle de leur sens par votre propre individualité[1]. Cela vous permettra également de mieux comprendre comment les usagers en santé s'approprient leur environnement.

---

frustration, ou une tension, peut détériorer l'expérience de l'usager, et par conséquent affecter son expérience globale. Il s'agira de les travailler, trouver des améliorations, pour limiter ou annihiler ces aspects négatifs d'une offre ou d'un produit.

[1] Catoir-Brisson, M. J., & Jankeviciute, L. (2014). *Entretien et méthodes visuelles : une démarche de recherche créative en sciences de l'information et de la communication.* 92, pp. 111-127.

4.3.2. Le comportement

Si les comportements sont pour la plupart inconscients, ils répondent néanmoins à des besoins, peut-être non conscients[1] également. Les personnes font généralement face à de multiples imprévus, comme tout un chacun, et mettent en place des alternatives, fonctionnelles sur le moment, pour pallier la gêne rencontrée. Cette solution de secours peut se réitérer si le besoin se fait à nouveau, créant au fur et à mesure, une récurrence et une habitude ancrée. Cette action devenue régulière ne correspond pas toujours au protocole à respecter. Ceci dit, le protocole ou les procédures ne conviennent pas toujours à la vie réelle non plus. De fait, des petits arrangements se mettent en place de façon à moins se contorsionner pour s'adapter aux règles et les assouplir, et créer un fonctionnement plus humain. Vous rencontrerez ces situations autant chez les patients que chez les aidants ou les professionnels de santé. Une infirmière ou une aide-soignante n'appliquera pas le protocole de la même manière, parce qu'elle se l'est ainsi appropriée selon ses besoins et ses habitudes à elle : le bras de piqûre sera différent, la hauteur également, la discussion sera moins aisée, ou le contact sera beaucoup plus humain, elle plaisantera ou sera stricte…

[1] Ils ne sont pas pour autant inconscients car si on leur en parle, ces gestes reviennent à la conscience. Les gestes inconscients sont généralement niés au début, et ne peuvent être déduits que par un professionnel formé.

« Souvent, nous n'avons pas conscience des envies qui alimentent notre comportement. »

C. Duhigg,
2016[1]

Un autre exemple, les diabétiques ont toute une gestuelle à respecter pour faire leurs injections d'insuline. Un patient m'a regardé d'un air dubitatif en me demandant si vraiment je pensais qu'ils (les diabétiques) prenaient les précautions qu'on leur demande. J'ai eu le droit à une démonstration en direct, alors que j'assurais des tests utilisateurs très réglementés, sans que j'aie eu le temps de réagir ou de dire quoique ce soit : le patient avait soulevé son polo, pincé sa graisse abdominale, et s'était fait sa piqûre, me rajoutant : « Vous voyez ! Au restau, je fais pareil, pas besoin de regarder exactement la dose que je mets ou si l'aiguille est bien mise, tout ça on s'en fout, ça marche bien comme ça et c'est moins chiant ». Il était d'ailleurs très fier de cette réappropriation du traitement qui lui permettait d'être moins assujetti au protocole initial. Naturellement, c'est risqué pour lui et non conseillé. Mais c'est évident que la plupart des patients finissent par déformer le protocole, parce que soit ils le domptent, soit ils le comprennent mal. Un protocole ne peut pas régir une vie. Donc, les traitements pour les maladies chroniques sont déformés avec le temps, au même titre que tous les usages en général ; que ce soit pour prendre des médicaments, faire des injections, faire des exercices de rééducation, etc. Et même quand le patient suit à la lettre le protocole de traitement, il y a souvent de mauvaises compréhensions, ou des déformations de souvenirs. Les alternatives peuvent aussi correspondre à des outils obsolètes, mécaniques ou numériques, des aménagements d'espace spécifiques, une structure informatique vieillissante ou trop difficile à prendre en main[2]. C'est pourquoi vous devrez prendre en compte l'évolutivité de la solution, autant dans sa

[1] Duhigg, C. (2016). *Le pouvoir des habitudes, changer un rien pour tout changer*, Clés des champs, Flammarion. op. cit. p. 380

[2] Deni, M. (2014). *Le design de services : projeter le bien-être. Communication et organisation,* 46, pp. 129-142.

pertinence clinique qu'au niveau de l'intérêt pour les patients, les soignants et les cliniciens ; incluant les améliorations de santé souhaitées, la diminution des coûts de soin et les avantages pour le bien-être des individus autant dans l'engagement qu'elle demande au patient que dans les exigences qu'elle cumule dans le temps.

Il sera intéressant de fait que vous trouviez du temps pour observer les interactions dans les lieux où la solution sera utilisée. Comme nous l'avons vu précédemment, pouvoir faire des liens entre le contenu des discussions et les observations terrain vous donnera des informations inattendues. Vous devrez observer la culture de leur univers pendant une période suffisamment longue pour que vous puissiez comprendre les normes et les valeurs des personnes qui le régissent.

L'ethnographie vidéo est par ailleurs une méthode qui permet de rentrer en empathie grâce au caractère immédiat de l'action ; à la différence de la narration moins vivante et à l'observation in situ qui peut perturber le contexte. Toutes les situations qui vous semblent intéressantes à filmer sont à envisager.

Cependant, il s'agira quand même de privilégier celles auxquelles vous n'avez pas accès :

- Quand le patient est à domicile, hors heures ouvrées ;
- Quand le patient se souvient des médicaments qu'il doit prendre ;
- Quand le diabétique gère sa posologie en cowboy ;
- Quand les résultats d'examen sont communiqués au conjoint.

D'autres exemples pourraient suivre encore.

Filmer permet de pallier les contraintes de temps et de ressources humaines qui peuvent rendre difficile l'accès à la vie réelle. Cependant, la vidéo ne sera jamais entièrement suffisante. Vous devrez creuser pour comprendre la signification des faits et gestes observés. Vous devrez répondre à des questions de type : pourquoi met-il sa boîte de médicaments ici et pas dans la salle de bain ? Pourquoi fait-il toujours la vaisselle avant de les prendre ? Pourquoi se met-il un réveil à cette heure-là ?

Ce seront les habitudes, les usages, et les rituels quotidiens qui vous intéressent. Ce seront des actes simples et pourtant ô combien essentiels comme se nourrir, mettre ses chaussures ou être aidé pour le faire. Notez les accessoires qui sont utilisés pour avoir plus de confort, pour leur faciliter la vie. Notez également les valeurs reflétées dans leurs actes, l'attention à l'économie, les commodités mises en place, leurs goûts. Et tout ceci pourra également évoluer au fur et à mesure, soit pour suivre une nouvelle tendance soit pour en abandonner une autre. Tous les objets sont aussi parlants. Tout le monde sait combien on apprend vraiment à connaître une personne en rentrant chez elle. Le choix des objets et l'aménagement des espaces constituent des sources d'informations précieuses. Les activités de loisir peuvent surprendre aussi et en dire long. Vous aurez également un aperçu des appareils informatiques utilisés, et la façon dont ils sont utilisés : pour communiquer, jouer, passer le temps, se sentir moins seul, ou faire les papiers ? Vous pourrez également vous rendre compte de l'aisance à l'usage de ces technologies. Vous pourrez définir la fréquence d'usage du smartphone, de la tablette, de l'ordinateur, voire d'autres technologies plus rares.

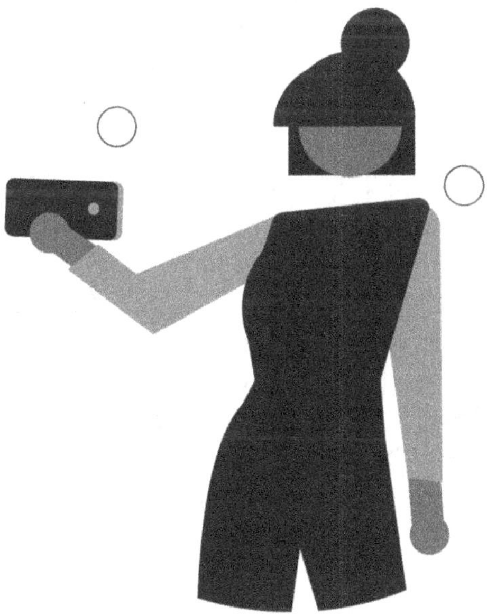

4.3.3. L'ethnographie sensorielle

L'ethnographie sensorielle est une manière d'étudier le rapport à l'environnement du patient. Nous savons tous ce que c'est de vouloir toucher une pomme quand on la trouve belle, ou de toucher l'écorce du bois comme si l'arbre allait nous raconter son histoire, ou de mettre la main dans l'eau juste pour sentir le flux des particules sous les doigts, ou d'être simplement apaisé grâce aux crépitements des flammes dans la cheminée, du vent dans la cime des arbres, d'être captivé par l'odeur d'humus après la pluie, rappelant la poussière chaude ou les champignons des sous-bois. Nos sens nous permettent d'appréhender le monde. C'est pourquoi l'ethnographie sensorielle dans la santé, là où nos sens sont bousculés, est très pertinente.

Cette connaissance substantielle de l'environnement dans lequel vivent les patients est significative. Les souvenirs rejaillissent selon les matières, les couleurs, et les sons. Ce sont ces réalités de l'expérience quotidienne qui n'ont plus du tout la même saveur une fois que le patient a changé au plus profond de lui. Cela vous est sûrement déjà arrivé d'être au beau milieu d'une très belle journée sans en goûter la joie, d'être au milieu d'amis sans vous sentir porté par l'émotion, d'être en forêt ou en mer et pourtant d'être préoccupé, sans pouvoir vous détendre. Selon l'état du corps et du mental, nos perceptions sensorielles sont effleurées. D'ailleurs, recouvrer les sensations primaires de l'expérimentation de l'environnement sans vouloir le changer ou se l'approprier fait la base de la pleine conscience et fait ses preuves en matière de soin. Mais c'est un autre sujet. L'ethnographie sensorielle permet donc d'obtenir de précieuses informations sur l'appropriation de l'environnement[1] et donc d'avoir des indications sur la manière de rendre ces expériences plus agréables.

Vous pouvez dans un premier temps glisser des photos ou des images sur la table pour voir et filmer leurs réactions. Les photos rappellent toujours beaucoup de souvenirs, et permettent même de se remémorer des rires, des odeurs… Se rappeler ces détails est difficile uniquement avec la narration. Surtout avec les plus jeunes d'ailleurs. La méthode qui semble fonctionner, ce serait de leur faire

[1] Pink, S. (2015), *Doing Sensory Ethnography,* 2e édition, SAGE Publications.

faire des dessins ou des collages, en leur demandant de les commenter ensuite. Leur permettant d'analyser leur choix de médium et de formes, les créations permettront d'exprimer ce qu'ils n'auraient pas forcément pensé à communiquer. Il leur faudra à la fois prendre du recul pour comprendre leur choix et mettre des mots dessus. La composition des dessins, les choix de mise en scène ou de personnages, l'assemblage des images sont autant de points de vue auxquels il est difficile d'avoir accès sans support.

Cette « sémiotique visuelle fonctionnelle »[1] permet d'utiliser l'expérience vécue comme vecteur de créativité. Cela permet également de mettre les participants dans un rôle plus actif de la recherche, comme un partenaire de l'enquête. Vous ne serez plus seul à produire des connaissances de vos investigations puisque le patient vous y aidera. M.J. Catoir-Brisson et L. Jankeviciute ont proposé d'appeler cela la relation triadique lorsque les interactions entre le chercheur et le participant passent par un média visuel.

Vous pouvez aussi utiliser les vidéos filmées précédemment, du patient ou des lieux qu'il fréquente, comme support (cf. II-4.2.4. L'idéation).

[1] Catoir-Brisson, M. J., & Jankeviciute, L. (2014). *Entretien et méthodes visuelles : une démarche de recherche créative en sciences de l'information et de la communication*. 92, pp. 111-127.

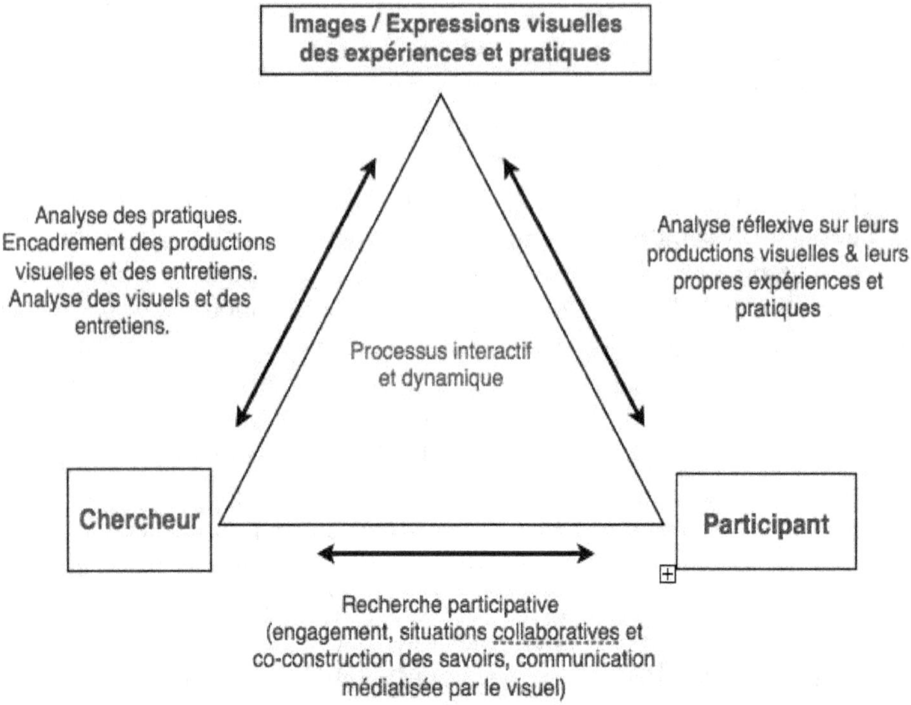

CATOIR-BRISSON M. J., JANKEVICIUTE L. (2014), _ Entretien et méthodes visuelles : une démarche de recherche créative en sciences de l'information et de la communication, Sciences de la société, 92, 111-127

Chaque point de vue d'une même vidéo sera intéressant à étayer. Cela vous permettra par ailleurs de guider votre recherche selon ce que vous voulez approfondir : les endroits où il a été silencieux, les endroits où il a eu une réaction non commentée, les moments où une gêne s'est fait ressentir, etc. Cette méthode participative de remémoration par les sens est vraiment très intéressante, vous l'aurez compris. Cependant, il faut garder en tête que certains patients ou certaines images seront risquées. Si vous travaillez avec des personnes hypersensibles ou traumatisées, il est probable que votre méthode leur paraisse brutale, voire qu'elle soit ressentie comme violente. Auquel cas, renseignez-vous auprès de votre *investigateur* (cf. I-3.1.2. Mesures pour le RIPH 3*)* pour être sûr que vous ne serez pas maladroit en montrant votre choix de matériaux visuels. Les traces synaptiques formées au cours d'expériences succinctes et traumatisantes, ou répétitives, se figent grâce en partie à la mémoire sensorielle. L'utilisation du toucher peut rétablir par exemple des correspondances avec l'impression que donnait la façon d'appliquer le protocole par une nouvelle infirmière[1] comme rappeler la main sur soi d'un agresseur. Le contact des mains des professionnels de santé sur la peau peut suffire aussi à ancrer des souvenirs, négatifs ou positifs.

Par exemple, si vous montrez une photo à un patient, vous pourrez lui demander ensuite de vous expliquer ce qu'il a vu : les éléments les plus saillants à son regard vous seront donnés. Ne vous arrêtez pas aux trois premiers qu'il vous donnera, allez étayer ses propos. Vous pouvez aussi lui donner une liste d'éléments parmi lesquels il choisira ceux qu'il a vus, type : fenêtre, peinture, fauteuil, carnet, etc. Ensuite, vous devrez rebondir dessus pour savoir ce que cela signifie pour le patient en lui permettant de poser d'autres mots, tels que : soin, turbulence, joie, tristesse, trouble, sérénité, etc. Et enfin, vous pourrez l'amener à vous parler de ce qu'il ressent vis-à-vis de tout ça : - « En fermant les yeux, pourriez-vous me décrire la sensation que vous avez en étant assis sur cette chaise ? » ou bien - « Pourriez-vous me décrire l'odeur de cet endroit ? », ou encore - « Pourriez-vous me décrire l'effet du toucher de cet objet ? ». Pour finir, vous pourrez également lui demander de donner un titre à l'image, voire d'en choisir un parmi ceux proposés si vous avez besoin de faire une recherche quantitative. Voici des possibilités de proposition : « Meilleur moment de ma vie de maman », « Malheurs de l'enfance », « Grandes et petites joies de patient ».

4.3.4. L'ethnographie numérique

La manière dont nous percevons notre environnement est toujours corrélée au mode de médiatisation qui y figure. Les médias sont partout et font parfois l'interface entre nous et notre environnement. Prenons l'exemple des voyageurs restant les yeux rivés sur le panneau d'affichage des horaires de train, des écrans numériques nous montrant des publicités dans la rue, ou nous permettant de

[1] Pink, S. (2015). *Doing Sensory Ethnography*, 2e edition, SAGE Publications.

passer commande, de la réalité augmentée avec des messages animés selon l'endroit que nous filmons avec notre smartphone ou selon l'endroit où nous regardons avec nos lunettes connectées...

Prenons également les GPS sur les téléphones mobiles, serez-vous en mesure de trouver votre route sans guide numérique ? Qui n'a pas regardé où il était en France en agrandissant la carte au maximum, pour se situer à l'échelle du pays voir du monde ? Qui n'a pas utilisé le Google Earth pour voir les localités physiques où il va ? Toutes les informations GPS, les échanges de messages, les commentaires, l'utilisation des réseaux sociaux, les navigations, les photos téléchargées, les arrêts physiques, les dépenses et toutes nos traces physiques dans le monde réel sont souvent doublés par des traces numériques[1]. Ainsi, nous vivons dans le monde réel en cohabitation avec le numérique. Et l'usage que nous en faisons est révélateur.

Vous avez sûrement remarqué que le fait d'avoir son smartphone sur soi est rassurant. Le téléphone fixe était déjà un moyen de se rassurer en permettant d'être joignable « au cas où ». Aujourd'hui, même sans aller dans des environnements incertains, nous nous sentons rassurés de pouvoir appeler, prévenir, « si jamais » il se passe quelque chose. Et les lieux de soin sont également des environnements à médiation numérique ; un exemple fascinant est celui des bornes dans les hôpitaux auxquels nous renvoie la secrétaire si on ne s'est pas enregistré en arrivant. Ainsi, par manque

[1] Pink, S., Horst, H., Postill, J., Hjorth, L., Lewis, T., & Tacchi, J. (2016). *Digital Ethnography, principles and practice.* SAGE Publications.

de signalétique, la secrétaire semble moins sympathique et une perte de temps est à regretter pour le patient (qui arrive souvent en retard du coup et est encore plus stressé). Or, c'est bien le gain de temps qui est visé à la base.

Un autre exemple plus personnel concernant le gain de temps grâce au numérique : je demandais à une secrétaire de réitérer un rendez-vous avec un spécialiste voulant approfondir mes examens, et pour me faire gagner du temps, elle m'a donné un rendez-vous plus proche avec un autre praticien, ce qui n'était évidemment pas ma demande. De fait, nous avons toutes les deux perdu du temps, car elle a dû chercher un autre créneau, plus loin, pour me donner un rendez-vous avec mon spécialiste. Dans des lieux où il y a un certain flux humain, s'orienter vers des bornes fixes et durables, fige le mode de fonctionnement, quel que soit le jour où l'heure du rendez-vous. Il n'y a pas de négociation possible, pour paraphraser Benjamin Bayart, ingénieur français, lors d'une interview pour la chaîne Thinkerview[1].

La multimodalité[2] des expériences physiques est donc une réalité qui peut s'observer dans les lieux de soin. Il est intéressant d'observer son intégration dans les prises en charge dites « classiques », comme une interface entre les patients et les professionnels de santé, en plus de la réalité physique des murs, du bureau, etc. Cela commence d'ailleurs dès l'entrée comme nous l'avons vu, mais peut continuer en salle d'attente, puis en préparation des consultations, avec une tablette conçue pour les patients complexes de manière à hiérarchiser leur prise en charge selon les priorités[3]. Finalement, cet interfaçage crée de nouveaux protocoles où le patient est lui-même responsable de ses informations. Pourtant, cette interface pourrait tout à fait être amorcée en amont, à la maison avec le smartphone ou une page web, grâce à un lien reçu par SMS pour éviter d'utiliser des bornes grâce à la sécurité des données de santé possible aujourd'hui.

---

1 *Pass sanitaire, géopolitique de la Data, copie privée, Benjamin Bayart et Marc Rees* - 15 juin 2021-
https://www.youtube.com/watch?v=EOWeewlc2CE&t=6522s - Consulté le 16 juin 2021.

2 Catoir-Brisson, M. (2019). *Vers un design social des usages des écrans en santé mobile,* Séminaire IMPEC, Lyon : Laboratoire ICAR.

3 Pink, S. (2015). *Doing Sensory Ethnography*, 2e edition, SAGE Publications.

Vous devrez enquêter et comprendre ce que ressentent les patients en passant par des interfaces ; étudier leur façon d'interagir avec ces technologies. Une dizaine d'années plus tôt, dans certaines familles défavorisées, notamment d'origine indienne, la dominance masculine faisait que les femmes n'avaient pas accès aux smartphones et ne maîtrisaient pas le numérique. C'était le chef de famille qui était le « maître d'usage ». Détenir un téléphone mobile était significatif d'un certain statut familial. Dans d'autres familles, où éventuellement le fonctionnement reste patriarcal, on verra plutôt la femme répondre même si les appels sont majoritairement pour l'homme.

D'autres familles encore, plus actuelles, ne permettent pas aux adolescents d'avoir leur smartphone avec eux lorsqu'ils sont à la maison, pour les protéger d'une présence virtuelle trop importante de leurs camarades, éviter le harcèlement, les troubles psychologiques, entre autres. Et c'est bien louable. On pourrait dire que ces familles sont exemplaires dans un sens. Sauf que si vous faites un *serious game* de rééducation, un jeu de psychoéducation,

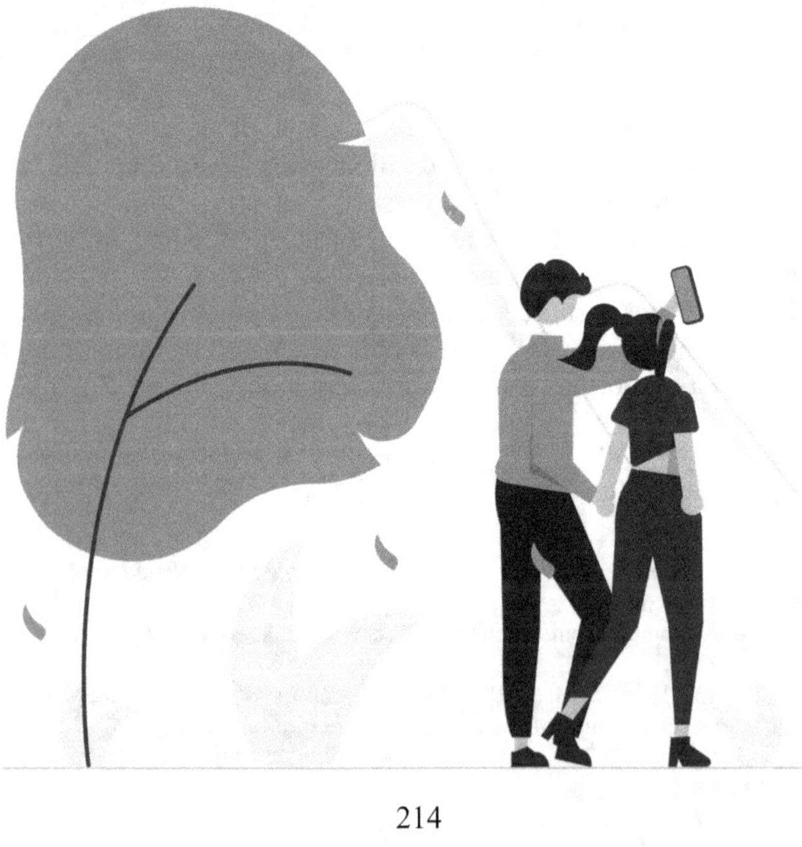

ou si vous demandez au jeune de tenir une sorte de journal de bord sur l'application, vous risquez de créer des tensions en famille, de désordonner un fonctionnement ritualisé, voire de pousser le jeune à faire ses tâches dans des milieux moins propices, comme le bus en rentrant de l'école. C'est un lieu de décompression où les autres élèves pourraient avoir des tendances à le moquer, lui prendre son portable, et violer la confidentialité des données de santé. Les conséquences peuvent évidemment être dramatiques.

Enquêtez donc sur le sens donné aux appareils numériques dans la vie des patients, pour être sûr que, même s'ils les utilisent, leurs modes d'utilisation ne risquent pas d'interférer avec l'objectif de la solution.

4.4. Les entretiens

« À peine une tragédie est-elle énoncée qu'elle est habillée des stéréotypes du contexte. »

B. Cyrulnik,
2014 [1]

Ne demandez pas aux patients ce qu'ils souhaitent en matière de solutions, mais ce qu'ils vivent au quotidien. Les non-dits, les lapsus et tout ce qui vous apparaît comme de potentiels dénis sont à noter et à prendre en compte. La temporalité des interviews et des observations peut jouer énormément dans les résultats de verbatims, selon l'avancée dans le traitement ou les périodes de soin.

Par exemple : une personne ne tiendra pas les mêmes propos au lendemain d'une chimiothérapie, de l'annonce de la généralisation de son cancer, que la veille. Pour d'autres pathologies, il pourra s'agir de confronter vos résultats d'une période étudiée avec une autre, la précédente ou la suivante peut-être.

Par exemple, vous pourriez vérifier si la mémoire des faits reste la même ou bien si un pic émotionnel a modifié le souvenir du vécu. Cela peut vous donner des indications intéressantes sur l'expérience du patient. Vous pouvez également lors de vos entretiens confronter les patients à leurs créations visuelles[2], réalisées précédemment, pendant une autre période par exemple. Vous aurez des réactions qui amorceront la discussion.

Vous l'aurez compris, les entretiens sont l'occasion de vérifier beaucoup d'informations récoltées durant votre recherche. Les questions pertinentes dans certains contextes peuvent paraître complètement hors de propos en dehors de ce dernier ; en effet, les patients ont des vécus très spécifiques et individuels. Ne préparez donc pas de questions trop précises en amont, dans le protocole que vous déposerez.

---

[1] Cyrulnik, B. (2014). *Sauve-toi, la vie t'appelle*. Odile Jacob, op. cit. p. 276

[2] Catoir-Brisson, M. J., & Jankeviciute, L. (2014). *Entretien et méthodes visuelles : une démarche de recherche créative en sciences de l'information et de la communication.* 92, pp. 111-127.

Vous risqueriez de perturber le patient, voire de perdre en crédibilité parce que votre discours pourrait ne pas lui correspondre. Et c'est encore plus flagrant avec les professionnels de santé ayant des spécialités. L'un d'entre eux, s'attend à une interview de chercheuse dans le médical, m'avait même fait une petite remontrance en m'expliquant que j'avais mal préparé mon sujet.

Il voulait, lui, des questions médicales très précises, comme si cela pouvait valoriser son bagage de professionnel reconnu dans le secteur. Il m'a ensuite demandé de le mettre en contact avec le commanditaire, qui était un gros laboratoire... Sa gratification à la participation ne passait clairement pas son ego de professionnel, et cela avait complètement biaisé nos rapports. Ses attentes ne collaient pas au contexte de la recherche d'usage. Toute explication fut vaine ensuite.

Dans le cas d'entretiens en entonnoir, vous réduirez les possibilités de réponses selon les informations que vous cherchez à savoir, suite aux premiers échanges avec le patient. Mais cela sera possible uniquement si vous avez une orientation thématique bien précise. Vous devrez improviser aussi en partie ; c'est-à-dire que vous ne pourrez pas anticiper, pour le protocole, les réponses du patient qui vous inviteront à fermer les questions sur tel sujet plus qu'un autre.

4.4.1. Les interviews

Les interviews demandent à entretenir des compétences tenant de la recherche qualitative, du journalisme, des soins de santé, de la psychologie, de la criminologie, du conseil, de l'éducation et de la narration[1]. J'ajouterais qu'il est pratique de savoir également détecter le mensonge (cf. I-4.4.2. Le mensonge).

Des compétences d'art-thérapie permettront de disposer les recherches créatives des patients devant eux pour écouter ce qu'ils en disent avec des techniques d'ethnographie sensorielle par exemple. Utilisés comme support pour vos échanges, vous pourrez

---

[1] Skinner, J. (2012). *The interview: an ethnographic approach.* (D. S. in Pink S. (2015), Éd.) Oxford, Bloomsbury: SAGE Publications.

les intégrer pour les utiliser dans des échanges discursifs[1] afin de compléter la narration du vécu avec les ressentis substantiels. Les détails sur la création contribuent à apporter des nuances aux représentations de la réalité vécue des participants et permettent d'approfondir vos entretiens classiques.

Nous l'avons vu précédemment, sortir des méthodes traditionnelles pour adopter une cocréation des connaissances, permet de récolter de nouvelles informations et également de faire évoluer la relation entre le patient et le chercheur (professionnel de santé ou designer). Être dans la co-énonciation[2] des connaissances aide donc à partager les réflexions de chacun[3]. Prendre appui sur les créations visuelles pour vos entretiens, permettra d'affiner l'histoire des patients pour mieux comprendre les besoins repérés sur le terrain. En recherche secondaire, cela vous permettra de veiller aussi à ce que la solution envisagée réponde à la conjoncture observée, tout en donnant de la reconnaissance au vécu et à la position d'expert du patient.

Vous pourrez également utiliser cette technique en distanciel. Cependant, il n'est pas toujours simple d'utiliser de nouveaux outils, soit par manque d'habitude, soit par contrainte. Nous avons pu constater ces derniers mois que beaucoup d'échanges se faisaient en ligne, et les participants ne sont pas tous suffisamment à l'aise pour avoir une libre créativité à travers un écran. C'est même un facteur essentiel de biais psychologique puisque regarder des images en mouvement sur un écran mobilise les zones du cerveau dédiées à la reconnaissance d'images et non aux échanges sociaux. Les capacités de réflexions sont donc différentes et les mots employés, les types de cheminement de pensées vont être différents. C'est d'ailleurs pourquoi une étude scientifique est en cours pour démontrer le rôle des écrans du quotidien dans l'apparition de plus en plus nombreuse des Haut-Potentiels Complexes. Mais c'est encore un autre sujet.

---

[1] Catoir-Brisson, M. J., & Jankeviciute, L. (2014*). Entretien et méthodes visuelles : une démarche de recherche créative en sciences de l'information et de la communication. 92*, pp. 111-127.

[2] Ibid.

[3] Delanoë-Vieux, C., Coirié, M., Coubard-Millot, J., & Figuerolat, X. (2019). L'expérience du patient en design, une ressource pour la conception d'un parcours d'hospitalité dans un Hospital neuf, *Ocula 20*.

Une interview est une forme de gestion de l'engagement, et donc une forme de gestion de la confiance de la personne interrogée. Ce n'est pas simplement une série de questions/réponses, de façon neutre, comme pourrait le faire un automate. Au début, l'engagement du patient sera nul et le participant attendra tout de vous, et notamment que vous lui expliquiez réellement pourquoi il est là. Vous pouvez naturellement appliquer différentes méthodes pour mener vos entretiens, cela dépendra majoritairement des types d'informations que vous souhaitez avoir. Pour commencer, il est important que le participant se sente tout à fait à l'aise. Il doit avoir envie de s'exprimer. Vous n'êtes pas censé lui tirer les vers du nez. Vous devez cultiver la confiance que vous dégagez. Demandez la permission de filmer, et d'utiliser les informations échangées lors de vos recherches. Vous pourrez vous appuyer sur le consentement éclairé que le patient aura signé en amont de l'entretien.

Certains patients ou le professionnel de santé préfèrent que vous restiez sur des notes manuscrites, surtout quand il s'agit de sujets sensibles[1]. Vous devrez voir cela avec lui en amont, pour éviter tout quiproquo. Vous commencerez donc par vous engager en vous présentant, puis en introduisant le contexte du projet, et en expliquant rapidement les observations qui ont mené à ce point de rencontre (entre vous et le patient).

« {...} j'ai compris ce que quelqu'un dit quand je peux le répéter correctement. Dans un sens un peu plus complexe, j'ai compris si je peux répondre à cette personne de façon appropriée. »

B.F. Skinner,
1979[2]

Et c'est à ce moment-là que vous pourrez l'inviter à s'engager en le faisant réagir, en lui demandant son avis, et en évoquant des

---

1 Jones, P. (2013). *Design for Care: Innovation for Healthcare Experience.* Brooklyn, New York: Rosenfeld Media.

2 Skinner, B. F. (1979). *Pour une science du comportement : le behaviorisme.* Paris : Delachaux & Niestlé Neuchâtel, op. cit. p. 147

expériences passées, ou en soulignant certains aspects des observations antérieures par exemple. Laissez-le aller aussi loin que possible dans ses explications et commencez à refermer la conversation avec des questions fermées et orientées, que vers les deux tiers de la conversation. Elles vont en effet couper son élan dans la narration, puisque la personne interrogée aura moins de marge de liberté dans ses réponses.

Vers les trois quarts de votre entrevue, l'élan de narration risque d'être nettement amoindri, et il sera temps pour vous de synthétiser vos échanges pour confirmer ou infirmer votre compréhension de ses explications. Le temps des remerciements et de la reconnaissance accordée à ce partage ne doit pas être négligé non plus et devra correspondre à environ un dixième du temps de l'entretien. Notez bien donc qu'entre le temps d'introduction et le temps de remerciement, vous devrez sacrifier un tiers du temps de l'entretien, pour vraiment mettre à l'aise le patient et bien l'informer. Votre engagement est nécessaire pour provoquer celui de votre interlocuteur.

Au choix, vos entrevues peuvent durer 45 minutes, 1h, 1h30, voire plus, selon vos besoins et la délicatesse des sujets abordés. Vos participants peuvent avoir besoin de plus de temps pour aborder certains moments de leur vécu. Ce ne sera peut-être pas le cas si vous abordez des points liés au système de santé uniquement.

La méthode des entretiens permet à l'origine d'interroger les participants sur leurs besoins sans orienter leurs réponses vers certaines ressources. La recherche peut être orientée, entre autres, sur la situation et les frustrations du patient, sur les interactions avec le système /l'équipe de soin et sur les aides quotidiennes (matérielles ou psychologiques). Voici quelques exemples de questions pour comprendre la situation qu'il vit, les écarts entre ce qu'il a et ce qu'il aimerait avoir comme soutien, et ses possibilités pour aller chercher de l'aide :

1. Par où voudriez-vous commencer ?
2. Comment la maladie s'est-elle déclarée ?
3. Que s'est-il passé à ce moment-là ?
4. À quel moment le traitement est-il le plus difficile à vivre ?
5. À quel moment le traitement est-il le plus compliqué à suivre ?
6. Pourquoi cela vous préoccupe-t-il ?

7. Que manque-t-il pour vous dans cette situation ?
8. De quoi auriez-vous besoin sans en avoir la possibilité ou le droit ?
9. Qu'est-ce qui vous a amené à penser cela ?
10. Qu'essayiez-vous d'obtenir ?
11. Qu'est-ce qui vous fatigue le plus dans la prise en charge ?
12. Jugez-vous cela normal ou anormal ?
13. Quels sont les services et les outils à votre disposition pour avoir de l'aide ?
14. Qu'est-ce qui pourrait vous apporter de l'aide concrète ?
15. Comment vous voyez-vous évoluer dans la maladie ?
16. Si vous pouviez mettre fin à vos troubles (ou votre affection), comment le feriez-vous ?

Gardez en tête qu'il existe une différence entre les sentiments mêmes et leur expression. Si les sentiments sont finalement issus techniquement de réponses physiologiques à des stimuli, la façon d'en parler est « le produit de contingences verbales spéciales [1].

« La connaissance qui permet à l'individu de décrire
des contingences diffère radicalement de celle qui correspond
au comportement modelé par ces contingences. Ces formes
de connaissance ne s'impliquent pas l'une l'autre. »

B.F. Skinner,
1979[2]

Autrement dit, les capacités de description de ces contingences ne sont pas celles qui lui ont permis d'éprouver physiquement son ressenti. Par ailleurs, chaque situation subit l'interprétation de la personne. En privilégiant les parcours complexes où les limites des

---

1 Skinner, B. F. (1979). *Pour une science du comportement : le behaviorisme.* Paris : Delachaux & Niestlé Neuchâtel, op. cit. p.37.
2 Ibid. op. cit. p.144

possibilités de prise en charge sont palpables (risque imprévisible dans le parcours, danger de société dépassant la simple prise en charge, accident personnel, pandémie…), vous pourrez nuancer encore davantage les données recueillies, voire en modifier leur connaissance[1].

Dans les tests en environnement contrôlé, il vous faudra de toute façon envisager les pires scénarios pour évaluer l'adaptation de la conception à l'usage qui en sera fait. C. Delanoë-Vieux invite à parcourir toutes les étapes chronologiquement avant d'insister sur l'une, ou plusieurs, d'entre elles vous paraissant plus délicates pour la patiente. Ces étapes dans le parcours peuvent être abordées également avec des supports créatifs.

J'avais personnellement utilisé cette méthode avec un kit d'investigation émotionnelle[2]. Nous avions pu nous en servir

[1] Delanoë-Vieux, C., Coirié, M., Coubard-Millot, J., & Figuerolat, X. (2019). L'expérience du patient en design, une ressource pour la conception d'un parcours d'hospitalité dans un Hospital neuf, *Ocula, 20,* pp. 135-155.

[2] Sonde culturelle où les patients créent des mandalas selon leur vécu. Je leur imposais certaines étapes pour leur réflexion et le support reprend des méthodes des Sciences du Mouvement et de l'Art Thérapie. Les résultats ont été incroyablement instructifs. C'est d'ailleurs une méthode que je vais étayer dans ma thèse.

directement en atelier en ligne, puisque j'avais mis les créations anonymes sous chaque étape de l'expérience map (cf. II-4.3.4. L'experience map).

En matière de témoignage, il apparaît généralement dans les entretiens des retours concernant une prestation médicale fragmentée, où le corps segmenté dans sa prise en charge ne permet pas d'être soigné dans la globalité. Il y avait aussi des informations concernant les mauvaises communications entre les professionnels de santé. Les difficultés de suivi des patients aussi, qu'ils aient un traitement de fond médicamenteux ou qu'ils soient en rémission.

Des retours se font aussi sur les protocoles appliqués différemment d'un service à un autre. Des consignes parfois contradictoires ou confuses selon les praticiens, des échanges kafkaïens avec le système de santé. Les problèmes logistiques apparaissent comme des poids supplémentaires à porter ; les temps d'attente, les éventuels changements de thérapies, l'envoi de documents, et l'indisponibilité des soignants sont abordés.

Du côté des professionnels de santé, ils parlent plutôt de la nécessité de mettre en place l'éducation thérapeutique pour former le patient dans la gestion de leur maladie, constatant des autogestions souvent trop libertaires et maladroites, ou bien un manque d'adhésion au traitement, surtout quand la maladie est douloureuse.

Pensez enfin à bien comprendre les dynamiques entre les différentes catégories de parties prenantes. Nous verrons que le patient peut être considéré comme un agent évoluant au sein de son parcours et de sa thérapie, contribuant ainsi potentiellement à son succès ou à son échec. Par là même, cet agent s'intègre dans le flux du système sociotechnique dans lequel il évolue. Cela vous sera utile, notamment si vous appliquez la méthode de la modélisation systémique (cf. II-2.1.4. La modélisation systémique).

4.4.2. Le mensonge

Autrement dit, les propos des patients peuvent évoluer en fonction de leurs différentes prises de conscience. Il n'y a pas là spécifiquement de mensonge à voir, mais juste prendre en compte que peut-être une étape vient d'être passée dans l'évolution du récit de soi (cf. I-6.1.3. Le récit de soi).

« La première conséquence d'une désorganisation du milieu autour d'un enfant, c'est qu'il devient incapable d'ordonner sa propre représentation du temps. Encore aujourd'hui, la mémoire de cette époque revient par flashes, je ne vois que des clichés surexposés entourés d'ombres cramées. »

B. Cyrulnik,
2014[1]

Je commence avec un contre-exemple du mensonge pour vous rappeler que n'étant pas des professionnels de la détection, il serait possible de tomber dans les faux positifs, c'est-à-dire d'interpréter un discours vrai alors qu'il est faux, ou les faux négatifs, c'est-à-dire d'estimer un discours comme mensonger alors qu'il est vrai. En d'autres termes, vous risqueriez d'être victime de vos propres biais cognitifs, et de voir un mensonge parce que vous le recherchez.

Les dissonances cognitives sont tout à fait possibles également. Selon Leon Festinger (1957), nous pouvons nourrir des croyances, des émotions, et des attitudes qui ne s'accordent pas entre elles. Cela signifie que consciemment vous pouvez faire des choses qui entrent en contradiction avec ce que vous pensez.

Si nous en sommes conscients, alors nous nous sentons gênés. C'est cette gêne que nous ne voulons plus sentir, et qui motive le mensonge.

Se sentir *Rock'n Roll* et écouter du *R&B* sans l'assumer est une dissonance cognitive : nous l'expliquerons avec le sens des paroles ou la personnalité extraordinaire de l'artiste.

Blâmer les plateformes de vente en ligne, et ne pas s'empêcher d'acheter par leurs services : nous dirons alors que ce produit est introuvable ailleurs.

Savoir que monsieur est infidèle, et avoir peur de le quitter : madame lui trouvera des excuses variées.

Faire un régime et ne pas perdre de poids : ce sera sûrement à cause de la morphologie ou du stress du moment…

---

1 Cyrulnik, B. (2014). *Sauve-toi, la vie t'appelle*. Odile Jacob, op. cit. p. 87

« Il existe un ancien principe selon lequel rien n'est différent jusqu'à ce que la différence soit perçue, et en ce qui concerne les événements internes à la peau, la communauté verbale n'a pas pu faire percevoir des choses suffisamment différentes. Il en résulte qu'il y a la possibilité pour une spéculation qui, à travers les siècles, s'est montrée extraordinairement diversifiée. »

B.F. Skinner,
1979[1]

Concernant le patient, cela pourra se traduire par un mauvais suivi du traitement et une incompréhension de voir les résultats baisser. Le risque serait qu'il veuille stopper la thérapie s'il estime qu'elle ne fonctionne pas, alors que le souci est ailleurs.

Peut-être que la thérapie médicamenteuse ou cognitive est trop difficile à tenir pour le patient ; peut-être qu'elle n'est pas adaptée ou qu'il prend trop de compléments à côté, empêchant ses intestins de bien absorber le traitement. Le risque serait qu'il l'arrête en critiquant le système plutôt qu'en faisant une rétrospective personnelle objective.

Donc, les dissonances cognitives ne sont pas des mensonges, mais des sortes de dénis, qu'il vous faudra identifier et dont il faudra trouver autant que possible les causes.

Cependant, cette mise en garde faite, si en nous affranchissant des méthodes d'entretiens traditionnelles, nous pouvons sortir des postures[2] de l'interview pour obtenir davantage d'informations, c'est également possible avec la détection de mensonges. Attention à ne pas jouer au détecteur de mensonges, car c'est premièrement incorrect (que ce soit avec un patient ou quelqu'un d'autre, tant que ce n'est pas votre activité professionnelle première), et

---

[1] Skinner, B. F. (1979). *Pour une science du comportement : le behaviorisme.* Paris : Delachaux & Niestlé Neuchâtel, op. cit. p.38

[2] Delanoë-Vieux, C., Coirié, M., Coubard-Millot, J., & Figuerolat, X. (2019). L'expérience du patient en design, une ressource pour la conception d'un parcours d'hospitalité dans un Hospital neuf, *Ocula, 20,* pp. 135-155.

deuxièmement, cela pourrait fortement anéantir la motivation du participant à se confier.

> « Comprendre quelque chose signifie parfois
> en connaître les raisons. »
>
> B.F. Skinner,
> 1979[1]

Le mensonge est un fait en soi. Il est utile de comprendre les raisons de son émission pour cerner ce que vit le patient. Ce dernier ne va pas mentir concernant une situation qui ne lui pose aucun problème. Or, ce sont justement les situations à problèmes que nous devons travailler en tant que designer d'expérience.

Dans le secteur de la santé, nous interrogeons des personnes qui souhaitent donner leur témoignage de plein gré, en tout cas c'est ce que nous pouvons supposer étant donné qu'elles sont volontaires. Cependant, et c'est humain, elles n'ont pas forcément l'intention de tout vous dire. Surtout pas à quelqu'un qui n'est ni professionnel de santé ni patient de la même pathologie. Même si les participants

[1] Skinner, B. F. (1979). *Pour une science du comportement : le behaviorisme.* Paris : Delachaux & Niestlé Neuchâtel, op. cit. p.147

seront très agréables, vous aurez une version filtrée de leur vécu, que ce soit intentionnel ou non. Si vous avez travaillé sur différentes recherches utilisateurs, rappelez-vous combien de fois vos questions ont pu être embarrassantes pour les participants. Elles peuvent sembler trop intrusives, soupçonneuses, ou même hors propos. Sans parler des techniques de relance où l'enquêteur va provoquer exprès le participant pour vérifier une hypothèse. Imaginez maintenant que vous interrogez une personne qui n'accepte pas parfaitement son traitement, ou son statut de malade.

C'est un cas très fréquent, car le combat que mènent les patients se situe entre leur identité propre et celle du malade que leur impose la pathologie. C'est une lutte complexe et permanente. Eh bien, imaginons que cette personne pense qu'elle n'a rien à cacher ; elle se sent forte et valorise son identité, tente de renforcer son estime personnelle pour se sentir bien ; et c'est ce qu'elle fait tous les jours en fait.

Et puis, tout d'un coup, votre question vient briser cette fragile gestion de l'impression, la ramenant de force à la dure réalité de la maladie. Non seulement la réaction émotionnelle risque de mettre à mal vos espoirs de confidence, mais en plus, vous perdrez la confiance éveillée auparavant chez elle. Autrement dit, vous risquez de vous retrouver dans une situation de mensonge.

Le mensonge dans son large spectre peut endosser plusieurs formes. Tout d'abord, le mensonge par commission où le patient va inventer une version nouvelle et imaginaire de son vécu. Puis, le mensonge par omission, où le patient va omettre volontairement des détails sensibles ou honteux. Ces mensonges sont volontaires et lui donnent le contrôle sur la confidentialité de sa vie. S'ils ne sont pas conscients, ils ne sont plus considérés comme mensonge, mais comme déni ou comme oubli. Parfois, le simple fait de reconstruire un événement dans sa mémoire peut donner des contradictions qu'il vous faudra démêler sans pour autant juger le participant.

Dans le cas de la dissimulation, le mensonge sera très difficile à détecter, voire impossible. La culpabilité étant nettement moindre puisqu'aucune invention d'histoire cohérente n'est nécessaire, et parce qu'elle peut aisément se justifier par un oubli ou une mauvaise compréhension de la question, le patient contrôlera davantage ses expressions, émotions et cohérence de discours global. Sauf si vous cherchez précisément l'information qu'il vous cache et que vous savez parfaitement comment l'obtenir en contournant la question directe, vous n'arriverez pas à déceler ce que le patient vous dissimule.

C'est simple : ce qui est caché ne se voit pas. Les omissions non conscientes appartiennent à la famille du refoulement. Ce sont des événements extérieurs ou intérieurs que nous préférons laisser de côté. En effet, grâce aux biais cognitifs, le vécu dérangeant peut tout à fait avoir une justification pour ne pas être si important. Autrement dit, le cerveau va s'évertuer à trouver une raison, plus ou moins valable, parfois tout à fait crédible et d'autres fois plutôt tirée par les cheveux, justifiant le fait de laisser de côté l'information perçue. Cependant, si on en parle avec le patient, ou le participant, nous pouvons tout à fait lui ramener à la conscience.

Les mensonges ne sont pas rares, et sont utilisés au quotidien par chacun d'entre nous. Le simple fait de faire de la gestion d'impression en rendez-vous est une forme de mensonge. En entretien ou avec vos questionnaires en ligne, le patient peut aisément mentir sur le fait qu'il prend bien régulièrement tous ses médicaments en temps et en heure chaque jour ; sur le fait qu'il a bien fait ses exercices d'entretien, de drainage, de rééducation, chaque jour ; ou bien sur le fait qu'il a bien pris les mesures nécessaires pour éviter de se retrouver dans une situation à risque. Les situations à risque sont nombreuses. Ce peut être avec des éléments déclencheurs externes non contrôlables (sociétaux, familiaux, climatiques, situation de groupe, etc.), soit avec des déclencheurs contrôlables (nourriture, drogue, posture, situation personnelle, position dans la pièce, positionnement des objets, etc.). Le poids de la maladie au quotidien est déjà conséquent. Il est donc tout à fait compréhensible et normal que les patients ne veuillent pas dévoiler les moments où ils ne se sont pas sentis à la hauteur.

Des méthodes permettent de vérifier si un mensonge est volontaire et s'il est maintenu par son auteur. Simuler une impression honnête et convaincante n'est toutefois pas facile ; il faut contrôler ses émotions et masquer des indicateurs comportementaux ; ce qui augmente considérablement la charge cognitive. C'est cette charge cognitive qui trahira le patient dans son attitude de personne qui ment. Les patients qui rejettent à la fois le traitement et le corps médical seront plus compliqués à détecter, car ils auront probablement moins de culpabilité à mentir à une personne qu'ils estiment peu.

Les patients qui acceptent leur maladie, leur traitement et le corps médical mentiront que s'ils ont peur d'être mal jugés dans leurs actions. Mais ils mentiront mal, car ils se savent en tort, et culpabiliseront de leur choix.

Un choix somme toute spontané et non réfléchi car pris sur le fait ; sans histoire préalablement construite et tenant la route, leur discours peut donc paraître bancal.

4.4.3. La détection du mensonge

« Le détecteur doit au moins se rendre compte que déceler les indices de tromperie est présomption : on prend sans permission, malgré le désir de l'autre. »

P. Ekman,
2010[1]

Certaines formations permettent d'en apprendre davantage sur les possibilités de détection de mensonge.

La Synergologie, qui est une marque déposée et non une discipline scientifique, utilise les micro-expressions et micro-émotions, découvertes par P. Ekman, pour développer leur analyse des gestes. Frédéric Tomas, avec l'Institut NERA, a mis en place la première et la seule formation scientifique de détection du mensonge en France. Très qualitative et complète, elle permet de mettre en pratique des techniques pour s'entraîner. La détection de mensonge demande en effet un certain entraînement pour les maîtriser, car il y a toujours des conséquences au verdict que vous faites s'il est su. Il existe neuf motivations à mentir selon P. Ekman (2010)[2] :

---

1 Ekman, P. (2010). *Je sais que vous mentez, L'art de détecter les menteurs et les manipulateurs.* J'ai lu.

2 Ibid.

1. **Échapper à une sanction**
   Un événement dérangeant peut en être la cause, comme faire une erreur non assumée, avoir une prise de conscience non acceptée. L'histoire sera modifiée pour être sans conséquence.

2. **Se protéger d'une atteinte physique**
   Il est rare que le patient craigne une atteinte physique dans le cadre de soin, sauf s'il a une phobie des aiguilles, ou un traumatisme resurgissant dans les lieux de prise en charge.

3. **Échapper à une situation embarrassante**
   Cela rejoint la gestion de l'impression : éviter de donner des informations qui pourraient le dévaloriser permettra de ne donner qu'un reflet de lui-même ou de la situation que le patient vit.

4. **S'attirer la reconnaissance d'autrui**
   Chercher la reconnaissance, se sentir flatté et provoquer la complaisance sont des choses bien normales si le patient n'a pas le moral, ou s'il a enfin l'occasion d'impressionner quelqu'un avec son vécu.

5. **Obtenir une récompense autrement**
   Lors de vos entretiens, le patient peut s'attendre à avoir un rôle spécifique. Même hors santé, certains participants nous demandent ce qu'ils doivent dire. La gratification peut être perçue comme une récompense à gagner.

6. **Éviter des conséquences désagréables**
   Comme évoqué plus tôt dans le livre, le patient peut avoir peur de vexer ou de diffamer l'équipe qui le suit. Il évitera alors tout propos pouvant provoquer l'abandon ou la négligence de sa prise en charge.

7. **Exercer un pouvoir sur autrui**
   Lors d'un atelier, une personne qui faisait partie d'une filière de maladie rare s'était fait passer pour un patient. La filière n'appréciait pas le rôle de mon entreprise et je peux vous assurer que chaque maladresse a été rapportée !

8. **Préserver une certaine intimité**
   L'intimité est malmenée quand une maladie oblige à se déshabiller, à se confier, ou à avouer des choses délicates. Quand l'occasion se présente, il est possible que le patient ne souhaite pas se plier à cette contrainte.

9. **Protéger quelqu'un d'une sanction**
   Cette situation survient quand le professionnel de santé a omis une information, mais que le patient a peur de lui nuire, quand l'aidant montre des marques de fatigue, mais que le patient culpabilise et le comprend…

Il arrive également que le patient ne puisse tout simplement pas accepter la réalité des faits tels qu'ils sont, même avec sa plus grande volonté. Vous aurez alors affaire à des refoulements difficilement décelables. Par exemple, un patient qui dit avoir accepté sa situation par conscience des priorités pour sa santé, mais qui oublie constamment de prendre ses médicaments pourrait être un indice, parmi d'autres, qu'en fait il n'a pas vraiment accepté sa maladie. Si le patient ne se sent pas malade, se soigner ne servirait à rien puisqu'il n'en a pas besoin. Les refoulements se manifestent par des microgestes, des micro-expressions, des expressions subtiles ou des microdémangeaisons par exemple. Cela demande également de l'entraînement pour pouvoir les déceler et je vous recommande plutôt de suivre votre intuition et d'arrêter la vidéo aux moments où une mimique vous semble étrange.

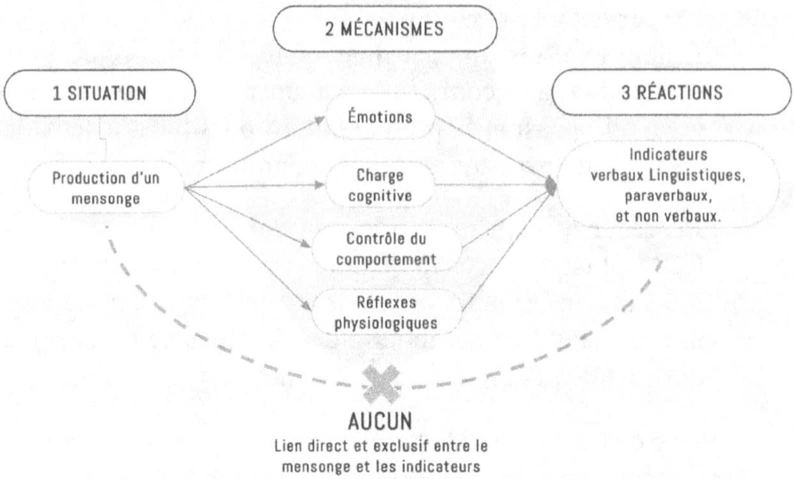

Schéma du mécanisme de création du mensonge, issue de « Le mensonge, psychologie, applications et outils de détection » paru chez Dunod en 2019[1].

Au-delà du fait que vous pouvez appliquer des techniques de détection de mensonge par raisonnement, vous pouvez le faire également par analyses physiologiques[2]. Sans preuve matérielle, comprenez qu'il peut s'agir simplement des manifestations du stress.

- **Les pupilles** peuvent se rétracter pour se focaliser sur le stimulus. Il est difficile de le voir à l'œil nu et sans prendre en compte l'éclairage et la prise d'éventuelles drogues.

- **La sudation**, généralement trahie par la moiteur des mains, peut expliquer que le patient fait beaucoup d'efforts, utilise des ressources énergétiques faisant augmenter sa température corporelle. Vous pourrez le remarquer au niveau du front, des aisselles sur les vêtements, lors d'une poignée de main ou avec les traces des mains sur la table ou un verre.

---

1 Tomas, F., Elissade, B., Delmas, H., Raffin, G. (2019), *Le mensonge, psychologie, applications et outils de détection,* Dunod.

2 Ibid.

- Vous avez aussi une augmentation potentielle de la **fréquence cardiaque** qui se justifie par le besoin de faire circuler le sang dans les muscles dans l'attente d'une action à venir. Les artères carotides peuvent être visibles également dans le cou.

- Pareillement, l'augmentation de la **fréquence respiratoire** suit la même logique puisqu'elle permet en amont d'augmenter le taux d'oxygène dans le sang, le sang destiné à alimenter les muscles. Évidemment, ce seront surtout les mouvements du thorax qui vous alerteront, mais les narines dilatées pourront appuyer cette observation. Dans l'analyse paraverbale, vous pourrez par ailleurs remarquer un essoufflement.

- La **constriction des vaisseaux sanguins** suit également la même logique et permet de réorienter l'afflux de sang vers les zones « *utiles* » ; c'est-à-dire les gros muscles. Vous reconnaîtrez cet état avec la pâleur du visage, les sensations de froid du participant et certains tremblements.

- L'inhibition fonctionnelle de la **salivation**, liée notamment à des émotions comme la peur, l'anxiété ou encore le stress, est provoquée par la perturbation de l'activité endocrinienne. Ceci se traduira par une consommation plus grande de la boisson à disposition ou une humectation des lèvres plus fréquente.

- Le **relâchement de la vessie et du sphincter**, expliqué par la non-priorité des muscles lisses, est plus compliqué à déceler. Il se traduira par des allers-retours aux toilettes ou par des flatulences. Il y a peu de chance que vous y assistiez lors de cours entretiens, sauf si la pathologie le provoque.

- L'augmentation de la **pression sanguine** traduira la puissance du cœur, pour améliorer la circulation le sang. Si on retrouve cet état lorsqu'on fait du sport, on remarquera que les extrémités des membres rougissent et que les veines se voient davantage.

- **L'activité digestive** peut également subir une inhibition fonctionnelle pour suivre cette logique d'alimentation des muscles. Cela se traduira par des douleurs au ventre, des nausées, voire des vomissements.

- **Les tremblements et les frissonnements**, visibles souvent au niveau des mains, peuvent également être révélateurs d'une surconsommation d'énergie précédemment (hypoglycémie), et donc d'un manque d'énergie ensuite (ou bien d'un besoin de se réchauffer). Cela signifiera que le participant ressent un malaise. Il aura alors probablement besoin de s'alimenter. Il se pourrait que les gestes soient amplifiés si le participant doit tenir son verre ou un carnet de notes par exemple.

- Enfin, une petite **piloérection** peut être visible. Auquel cas, elle pourra signifier qu'il fait particulièrement froid dans la pièce, ou bien qu'une émotion intense ait été ressentie. La peur ou le plaisir peuvent donner, entre autres, la chair de poule et des frissonnements.

Rappelez-vous : parfois, il n'y a ni mensonge ni déni. Juste une mémoire traumatisée, désorientée, ou non performante.

4.5. Ressentir et exprimer le sens

Le choix de vos techniques d'entretien devra correspondre aux objectifs de la recherche, car il constituera une base pour les autres méthodes de recherche et de conception du projet. Si les entretiens directs nous permettent d'approfondir la compréhension des patients, d'autres méthodes peuvent donc être complémentaires.

L'enregistrement vidéo des patients s'applique lorsque vous avez besoin d'informations sur leur quotidien, impossibles à obtenir autrement. Pour les patients, filmer les entretiens ou leur quotidien sera intrusif. Les données devront être gérées de façon très sécuritaire, et vous devrez le leur faire savoir.

Comprenez également que les vidéos, souvent visionnées et analysées quelque temps plus tard, risquent de subir une perte de sens. L'utilisation de leurs créations comme support d'échanges est un moyen de figer le sens donné aux situations vécues. Les créations visuelles peuvent par ailleurs compléter d'autres informations plus formelles lors de vos interactions[1].

Le moment des échanges verbaux doit quoiqu'il arrive être maintenu dans votre enquête, sans les intégrer au processus de création en lui-même. Ce doit être deux étapes distinctes, avec une coupure.

Si l'entretien peut être une figuration de la réalité plutôt qu'un récit réaliste et objectif, il est important de croiser plusieurs sources d'informations pour obtenir des informations aussi fiables que possible. L'entretien, étant lui-même un événement social, peut être vecteur de biais.

S'il est mené comme une simple conversation, la méthode peut être attrayante[2]. Cependant, elle n'en reste pas moins délicate et minutieuse à mener. Vous devrez capter l'expérience vécue du patient et transmettre son récit sans le dénaturer[3].

---

1 Jones, P. (2013). *Design for Care: Innovation for Healthcare Experience.* Brooklyn, New York: Rosenfeld Media.

2 Pink, S. (2015). *Doing Sensory Ethnography*, 2e edition, SAGE Publications.

3 Delanoë-Vieux, C., Coirié, M., Coubard-Millot, J., & Figuerolat, X. (2019). L'expérience du patient en design, une ressource pour la conception d'un parcours d'hospitalité dans un Hospital neuf, *Ocula, 20,* pp. 135-155.

Quoi qu'il arrive, avant de concevoir une solution en santé, vous devrez vous demander pourquoi les utilisateurs se sentiraient concernés par la solution que vous concevez, ou les objectifs qu'elle sert. Vous devrez comprendre ce qui pousserait les patients concernés à prendre du temps dans l'apprentissage[1] de son utilisation.

Réfléchissez donc à proposer votre solution à des moments opportuns où le patient comprendra clairement l'intérêt de son apprentissage. Cela facilitera ainsi l'acquisition des compétences d'utilisation, et par la suite des compétences thérapeutiques (cf. II-1.3.1. La gamification) dans le cas de maladies chroniques.

Cela leur donnera également un sentiment d'autonomie qui permettra le développement de leur motivation à exécuter les tâches demandées dans votre solution.

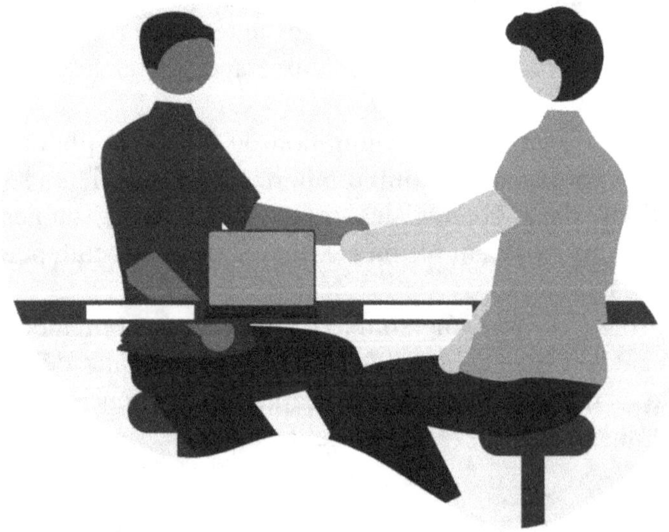

---

[1] L'apprentissage, en design d'expérience, est un temps critique du déploiement d'une solution. Si elle est trop complexe, elle risque de repousser les utilisateurs qui ne sont pas disposés à faire tant d'efforts de compréhension.

Le mot d'Alexandre Duclos

Ce sous-chapitre décrit une pratique socioanthropologique des entretiens semi-directifs[1], notamment en EHPAD. Dans un contexte social très contraint, dans un espace clos essentiellement construit autour de routines, d'opérations de gestion, dans des rapports de dominations formels et informels, il peut être à la fois difficile, plus urgent que jamais et particulièrement savoureux d'utiliser l'outil des entretiens semi-directifs. Ainsi en EHPAD où j'ai pu réaliser des entretiens, aussi bien pour évaluer telle ou telle technologie (robot de téléprésence GIRAFF, robot émotionnel PARO, lunettes de réalité augmentée TherapyLens ou plus directement pour travailler sur la qualité de vie des résidents. En prenant son temps, avec délicatesse, en prenant le temps de reconstruire pour les personnes âgées un interlocuteur qu'il peut avoir l'impression d'avoir perdu.

Pour cela, il faut d'abord s'asseoir, peut-être devant la porte de l'établissement, commencer par sentir où l'on se trouve. Puis, il faut rencontrer le personnel, la direction, présenter à chacun la raison pour laquelle on va se trouver- là, la méthode que l'on va utiliser, le regard sans haine et sans jugement que l'on va apporter et surtout prévenir qu'on saura manier les résultats avec délicatesse important le *primum non nocere* dans une pratique socio-anthropologique.

Une fois qu'on a obtenu ce que l'on souhaite du personnel, c'est-à-dire une forme de confiance suffisante pour passer à la seconde phase, on s'y jette. Et là, on entre dans les différentes zones de l'EHPAD, on y traîne, on s'y fait tout petit, et petit à petit, on compose le protocole d'expérimentation, en fonction des personnes que l'on a en face de soi et des impératifs de la recherche.

Dès lors, tout le réel caché par les routines et les portes codées va se montrer sans filtre. Les pratiques borgnes (macération pour faire de l'alcool, pratiques sexuelles baroques), les paroles étouffées de gens qui ne parlaient plus, classés/rangés dans l'étage ou la zone dédiée aux personnes ne parlant plus, l'humour des gens (des grands-mères poursuivant un robot Giraff tout en braillant des allusions sexuelles), des pratiques détournées (rosaire comme exercice de mémoire), des maltraitances chroniques et des petits bonheurs

[1] Tous ces terrains ont été réalisés dans le cadre des recherches du centre expert MADoPA, entre 2013 et 2019.

inattendus. Il suffit pour cela de prendre son temps, de repousser suffisamment, de faire patienter les partenaires projets, de laisser éclore les questions au milieu du milieu questionné, en parlant leur langue, et en s'adressant à tout un chacun, même celles et ceux que l'on dit silencieux.

D'autres astuces peuvent aider. S'habiller à la fois comme tout le monde et de manière respectueuse (ne ressembler ni à un soignant ni à un technocrate) peut aider. Ne pas protocoliser a priori. Chercher ce qui tient encore les gens, ce qui fait leur santé ou ce qu'il en reste plutôt que la somme des dépendances qui les accablent. Ne jamais prendre pour acquises les valeurs affichées sur le papier (par exemple l'*humanitude*), mais se laisser le temps de saisir avec sa propre sensibilité le paysage des émotions et des valeurs à l'œuvre dans l'institution dans laquelle on se propose de faire travailler sa question. Et surtout tâtonner. Prendre son temps pour en gagner en allant, autant que faire se peut, au cœur des réalités.

M. Alexandre Duclos

Enseignant-chercheur chez Université Paris 1 Panthéon Sorbonne, Sociologie/Anthropologie / Responsable Projets MADoPA

5

RECHERCHER LES PERTINENCES

5.1. Le professionnel de santé

Aujourd'hui, rares sont les professionnels de santé sans smartphone. Ils sont nombreux à en avoir un, en plus d'un ordinateur dans les cabinets médicaux avec une aide à la prescription. Pour la majorité, il s'agira d'un iPhone, mais une progression des choix est à observer pour les systèmes Android depuis 2015. Selon le livre blanc du CNOM sur la santé connectée la quasi-totalité se sert de leur smartphone pour leur activité[1], notamment pour échanger des mails avec leurs correspondants, majoritairement non sécurisés.

L'utilisation d'internet sur leur téléphone est par ailleurs en progression lors des consultations, au cabinet et en visites, hors consultations. Une large majorité va visiter des sites médicaux professionnels sur leur smartphone. Ils préféreront des sites d'actualités médicales, d'institutions, et de laboratoires ; ils visiteront également le site de la CNAM[2], les portails de FMC[3] [4], ainsi que les bases de données (BDD) médicamenteuses pour un large usage. Peu vont échanger sur les blogs ou les forums. Les professionnels de santé utilisent notablement les applications médicales, avec environ 1 à 3 applications mobiles médicales sur leur téléphone, généralement payantes. 1 tiers se contentent d'applications gratuites. Ce qui annonce une belle ouverture d'esprit quant aux technologies en santé.

Ils souhaiteraient accéder aux dossiers patients par leur téléphone mobile. La e-santé offre des possibilités d'assistances numériques en exercice médical ou para médical, et vient compléter l'activité quotidienne des professionnels de santé : transmission de données, imagerie, téléexpertise, télésurveillance médicale, etc. L'information sur les médicaments vient en tête de leurs usages puisqu'ils interagissent pour la quasi-totalité d'entre eux, avec des bases de données (ou banque d'informations numériques privées) médicamenteuses, car ils s'interrogent sur les interactions

---

[1] Vidal, Cnom (2013). 2e baromètre - Usages numériques en santé. dans CNOM - Conseil national de l'ordre des médecins (2015), *Santé Connectée, De la esanté à la santé connectée.* Livre blanc.

[2] Caisse Nationale d'Assurance Maladie -https://www.cnam.fr

[3] Formation Médicale Continu - https://www.fmcaction.org

médicamenteuses éventuelles. Il s'agit donc d'une forme de pratique numérique appuyée directement sur leurs connaissances de médecins. Ce sont pour la majorité des Médecins généralistes, souhaitant améliorer leur pratique générale d'accompagnement des malades chroniques. Ils sont prêts à payer une application mobile, une base de données médicamenteuse ou encore des recommandations de bonnes pratiques.

Les praticiens se disent prêts à conseiller davantage d'objets connectés à leurs patients, selon le profil de ces derniers et la qualité affichée du dispositif, le domaine thérapeutique et le prix. Le dispositif médical sera recommandé en priorité s'il est soutenu par une société savante médicale, par une autorité de santé, par leurs confrères et par une association de patients. Il en va de même pour la crédibilité des concepteurs d'applications mobiles santé. Ils n'inspirent a priori pas confiance, sauf s'ils sont soutenus par une société savante médicale ou encore l'assurance maladie, qui a la confiance des professionnels de santé, des laboratoires pharmaceutiques ainsi que des associations de patients. À l'inverse, le soutien des industriels du mobile, comme Google, Apple, Orange, des industriels spécialisés dans les technologies globales, des complémentaires en santé ou des agences de communication en santé inspire beaucoup moins confiance.

Leur confiance donnée, ils sont prêts à conseiller la solution numérique à leur patient. Cela dépend majoritairement du profil du patient, de la labellisation et du certificat DM estampillé par la HAS. Cela dépend aussi de la pathologie concernée et de la thérapie en cours ainsi que de l'origine du développement de l'application. Ces profils de patients concernés sont pour la grande majeure partie des technophiles avérés ; généralement, ils sont en activité professionnelle mais ce peut être également des adolescents. Les applications correspondent particulièrement aux Affections de longue durée *(ALD)*, d'après les professionnels de santé.

5.1.1. Le praticien favorable au projet

Les professionnels de santé sont de potentiels tiers légitimant concernant le projet d'innovation en santé[1] s'ils sont complètement en phase avec les tenants et aboutissants de ce dernier. Ils aident non seulement au bon développement de la conception et également à la fluidité de la mise en œuvre par la suite dans les établissements et auprès des patients. Les leaders d'opinion vous seront également d'une aide précieuse, si tant est qu'ils se libèrent, car ils sont très sollicités. Ils vous permettront de capter l'attention des professionnels spécialistes de la pathologie ou de la thérapie concernée, faisant office de tiers de confiance auprès des professionnels de santé.

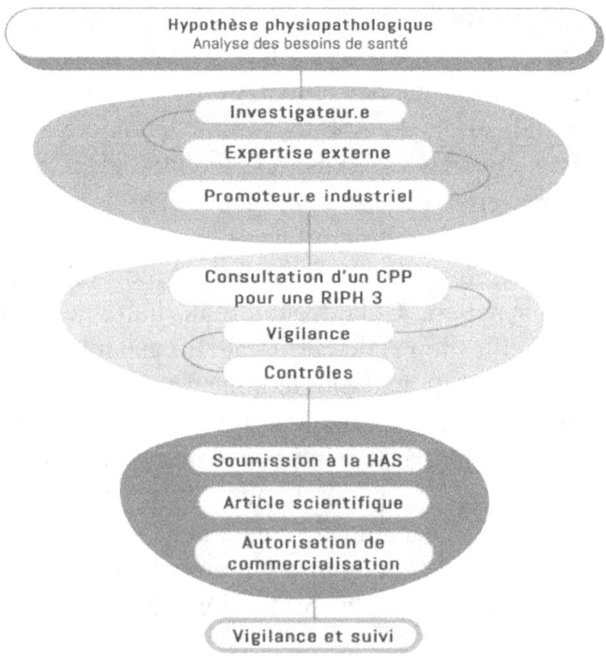

Ci-dessus, un schéma indicatif des différentes étapes pour développer un dispositif médical.

[1] Livi, C. (2019). La valorisation socio-économique des innovations médicales : l'émergence d'une convention de déstigmatisation ? *Innovations, 60*, pp. 43-68.

Ils connaissent parfaitement les besoins en matière de fonctionnalités, d'interactions et de codes sociaux, aussi bien du côté praticiens que patients. La presse médicale et les congrès médicaux sont également des relais de choix pour communiquer sur votre projet, pour faire votre recrutement ou pour annoncer l'implémentation de la solution. Ces autorités de santé peuvent mettre en avant l'intérêt des objets connectés auprès des praticiens. Le praticien favorable aura donc lu et se sera laissé convaincre par les articles concernant l'apport des innovations en santé où les leaders d'opinion de son domaine, Français ou étrangers, s'expriment. Les professionnels de santé aimeraient voir sur le marché des solutions en santé facilitant l'accès à la base de données médicamenteuse du Vidal, l'aide à la prescription, au diagnostic, à la décision, et à la création d'arbres décisionnels, l'accès aux dossiers patients, aux dossiers médicaux et au Dossier médical partagé. L'amélioration de l'accessibilité aux logiciels médicaux de leur cabinet les intéresse également, ainsi que d'obtenir des recommandations de sociétés savantes et de la HAS. Ils aimeraient également obtenir de l'aide sur les interactions médicamenteuses comme nous l'avons vu, avoir un accès aux BDD médicales comme aux encyclopédies médicales, dont l'EMC[1]. Par ailleurs, une aide au suivi des constantes biologiques ainsi qu'un annuaire régional des professionnels de santé les intéressent tout particulièrement.

Le praticien porte une responsabilité en utilisant ou en recommandant une solution numérique, notamment lorsqu'elle n'a pas fait l'objet d'une validation scientifique. La confiance accordée dans l'application est naturellement primordiale en matière de gestion des données de santé. Donc, le professionnel de santé est tout aussi vigilant au respect des données personnelles qu'à l'innocuité d'un médicament.

Si l'adoption de votre solution e-santé semble très rapide chez le professionnel de santé que vous recrutez, il pourrait s'agir d'un *Early Adopter*[2], pouvant faire état d'un éventuellement un excès de

---

1 Un fonds documentaire médical en ligne -https://www.em-consulte.com

2 Les « *Adopteurs Précoces* » en français, constituent une population de médecins technophiles, très motivés par les possibilités des technologies en santé, et qui par contre, font souvent abstraction des freins potentiels concernant les réalités d'usage.

confiance dans les technologies. Auquel cas, ils ne représenteraient pas la plupart des professionnels de santé, et pourraient vous induire en erreur.

Les domaines thérapeutiques propices aux solutions e-santé sont : le diabète, la nutrition, le sevrage des addictions, comme le tabac ou l'alcool, etc. Les troubles du comportement arrivent aussi en e-santé. Par exemple, la vaccination a pu être vérifiée grâce aux solutions numériques mises en place pour faire face à la Covid-19.

De nombreux patients à risque ont pu également être priorisés et mieux suivis comme les femmes enceintes ou ayant de jeunes enfants, les insuffisances cardiaques, les patients atteints d'asthme ou de *BPCO*[1], les personnes ayant des troubles du sommeil, les patients ayant un cancer, ou souffrant d'arthrose. Le numérique serait par ailleurs considéré comme une ressource pour améliorer la coopération entre les patients et leur médecin, voire entre les professionnels de santé qui assurent la prise en charge.

Le professionnel de santé favorable à une innovation en santé est généralement plutôt ouvert d'esprit, et déjà renseigné sur les possibilités qu'offre la technologie dans son domaine. Il sera force de proposition pour votre projet et pour vous éclairer sur les détails de vocabulaire, de signification et de problématique, inhérents au domaine médical de son expertise, que vous ne verrez pas au premier coup d'œil. Ce sera un réel bras droit dans votre projet. Il voudra également vous mettre en relation avec des pairs qu'il connaît et des associations de patients. Ce professionnel sera votre premier ambassadeur.

Dans son quotidien, ce praticien se renseigne régulièrement sur les sites professionnels et les sites d'actualités. Il cherche à améliorer ses connaissances et ses pratiques, il est intégré à une forme d'émulation intellectuelle en ligne. À l'écoute des patients, il craint parfois de trop se reposer sur ses connaissances et de généraliser certains propos, sans faire attention au détail qui pourrait tout changer dans la prise en charge. Il assure au maximum le suivi de ses patients, et tend à nouer de vraies relations de confiance. Il cultive l'empathie, l'humanisme, et se sent comme différent par rapport à la plupart de ses confrères très protocolaires. Un peu aventurier, il explore les différentes possibilités, quand cela est

---

1 Bronchopneumopathie chronique obstructive

possible, pouvant soulager son patient. Ce praticien pourrait éventuellement, par son fort positionnement, alimenter un certain clivage entre professionnels de santé « *favorables* » et « *réfractaires* » à la technologic, au sein même de ses confrères spécialistes.

5.1.2. Le praticien réfractaire

Même si les praticiens se disent plutôt à l'aise avec les technologies en santé, beaucoup restent conservateurs par rapport à leur pratique, même sans le dire vraiment, et ont du mal à faire coïncider les propositions avec ce qu'ils connaissent déjà du métier. Vous risquez probablement de faire des hypothèses maladroites ou de manquer à l'appel si le praticien vous tend une perche. Ces maladresses et ces manques de réactivité peuvent au fur et à mesure faire basculer un professionnel d'une neutralité à une prise de recul par rapport à vos idées. Restez bien à l'écoute, car ce professionnel, s'il perd sa motivation à vous épauler, risque d'engager un ralentissement global dans le projet et d'engendrer une démotivation générale pour le reste de l'équipe. Un spécialiste, même s'il n'est pas votre investigateur, aura une parole de poids au sein de son établissement et auprès de sa patientèle.

Il est à noter que l'innovation peut faire peur, car nous avons des retours de mises sur le marché ayant mal tourné, pour cause de manque de fiabilité, de mauvaise sécurité des données ou de détournement de celles-ci. Les exemples desservant le secteur des technologies en santé existent et malheureusement elles sont davantage médiatisées que les solutions qui fonctionnent bien ; hormis si celles-ci lèvent beaucoup de fonds. Les avantages des technologies sont sans cesse à démontrer, puisqu'une conception ne vaut pas une autre. Alors que les connaissances médicales, déjà démontrées depuis longtemps, sont complètement alignées avec le besoin de sûreté des professionnels de santé.

La plupart des professionnels de santé ne conseillent pas d'objet connecté à leurs patients. Et s'ils le font, c'est à une toute petite partie de leurs patients. Hormis les tensiomètres, les glucomètres et éventuellement la balance connectée, le reste des objets connectés sort un peu trop des sentiers battus pour être perçu comme prudent et sûr. C'est un peu un revers de médaille puisqu'il y a 10 ans les professionnels de santé étaient très motivés. Ils croyaient en l'aide des technologies et avaient d'ailleurs plusieurs applications mobiles pour les assister dans leur quotidien de praticien, notamment des solutions concernant l'anatomie, les données biologiques, les interactions médicamenteuses, les bases de données médicamenteuse, les actualités en santé, et les équivalences étrangères.

Toutes ces solutions ont fortement chuté dans leur utilisation et ont perdu la moitié voire les deux tiers de leurs utilisateurs, à part les bases de données médicamenteuses. Cela signifie que les praticiens ont été déçus de leur utilisation ou bien que trop de freins existaient dans leurs usages quotidiens. Ainsi, des résistances et des questionnements légitimes persistent auprès de ces praticiens déçus ou septiques concernant les innovations potentielles.

Bien sûr, une résistance au changement est à constater également. D'aucuns diront que vous leur fournirez « plus de travail » s'ils ne sont pas à l'aise avec « votre machin ». Ils auront peur de ne pas gérer complètement l'informatisation de leur profession et de perdre l'aspect humain de leur métier. Ils vous demanderont « pourquoi envoyer un message alors que je peux appeler directement la personne ». Ils pensent parfois qu'il s'agit simplement de suivre une tendance de vouloir « tout informatiser pour informatiser » et que c'est au fond inutile, voire superficiel. L'utilisation de votre solution devra de toute façon se faire doucement, vous ne pourrez pas bousculer les usages du jour au lendemain.

Vous pouvez faire face aussi à la fameuse fracture numérique, freinant potentiellement les usages et l'adoption. Même si nous travaillons à rendre les prises en main de plus en plus facile, il n'en reste pas moins que d'énormes changements ont vu le jour en matière d'informatique et que beaucoup de professionnels se sentent dépassés. Vous aurez alors beaucoup de difficulté à faire entendre les bienfaits de votre innovation, surtout si cela leur demande en plus de changer leur processus de travail et la culture du secteur.

Et effectivement, c'est compliqué de changer de mode de fonctionnement, surtout quand il y a une gestion de l'information importante. Le plus gros challenge que vous aurez à rencontrer sera d'arriver à leur donner envie d'évoluer, puis à changer effectivement certaines habitudes du quotidien bien ancrées, pour en adopter de nouvelles dans un flot de travail et de responsabilités incessant. Leurs questions seront complètement fondées : - « En quoi est-ce que ça va me donner moins de travail ? » ; « En quoi est-ce plus utile que les outils que j'utilise déjà ? ».

Il vous faudra donc parfaitement exposer l'amélioration envisagée et les rassurer, tout en répondant à leurs questions. Rappelez-vous que le Dossier médical partagé a été un échec cuisant concernant son implantation en France. Ressenti comme une contrainte administrative imposée supplémentaire, les praticiens n'ont pas été beaucoup au début à intégrer des données de patient. Ils estimaient qu'il était suffisamment simple et fiable de demander directement aux patients leur historique en consultation plutôt que de devoir faire de multiples manipulations avant d'avoir enfin accès à leur dossier. Et c'est normal. Le manque d'utilisabilité a freiné les médecins. Le manque de preuves scientifiques, l'aspect non sécurisé sur le long terme, et le risque de perdre la relation avec le patient sont autant d'arguments auxquels vous devriez vous attendre. Les nouvelles générations de dispositifs médicaux, d'applications mobiles en santé et d'objets connectés peuvent vous aider à argumenter en faveur de votre projet. Les techniques sont améliorées ; le graphisme d'interface est plus affiné ; et les données davantage sécurisées et encadrées par la loi. De quoi se laisser convaincre…

Par ailleurs, dans les solutions e-santé, nous appliquons certaines règles garantissant la transparence de la gestion des données, et cela implique de communiquer les informations en tout premier lieu au patient. Cette partie n'est pas nécessairement du goût de tout le monde et d'aucuns diront que le patient n'a pas à tout savoir sur sa pathologie et son état de santé. Ce qui est dommage et dommageable puisque cela peut générer de l'incompréhension et à son tour une

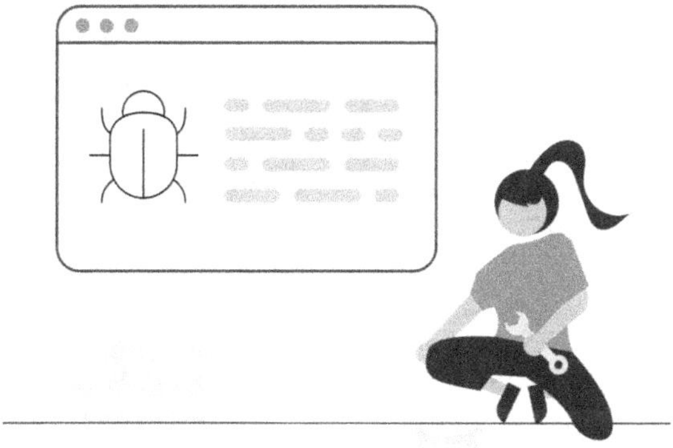

certaine forme d'anxiété. Il y a aussi la crainte que des données sensibles soient à disposition de tiers, ce qui n'arrive pas avec le secret médical, sauf si un aidant est présent en consultation. Pourtant en étant informé, l'usager du système de santé prend part activement à sa thérapie et facilite le déroulement de la prise en charge.

Les professionnels de santé restent également encore beaucoup à concevoir difficilement le patient comme coconcepteur d'une solution de santé, au même niveau que le professionnel de santé. Même si dans les articles en ligne, c'est un sujet qui s'étend de plus en plus, dans les faits ce n'est pas si simple. Pourtant les représentants des patients communiquent fortement leur envie de voir les usagers du système de santé être intégrés pleinement dans les innovations les concernant[1]. Pour les convaincre, vous devrez associer les preuves cliniques et l'approbation d'autorités en santé et de régulation. Pensez bien que votre dispositif médical, votre objet connecté, ou votre thérapie numérique, devra obtenir l'adhésion à la fois des patients et des professionnels de santé pour être viable sur le long terme… les patients faisant confiance aux tendances sociales et seulement ensuite à leur praticien.

Les médecins ayant des difficultés à déléguer seront également réticents quant à l'intégration de nouveaux outils. Ils parlent d'ailleurs du risque d'ubérisation des prestations médicales, ce terme revient assez régulièrement compte tenu des tensions budgétaires du secteur médico-social. Ils expriment la peur de voir la pratique médicale réduite à une simple prestation électronique moyennant rétribution.

Il s'agit d'un signe d'agacement provenant de la peur d'exercer une médecine en décalage avec les valeurs humaines épousées en début de carrière. Le fait de faire blocage peut également être une simple réaction émotionnelle s'ils sont attachés à cette pureté incarnée ou fantasmée de leur métier. Un peu de temps et des arguments montrant que vous ne leur enlevez rien, mais que vous perfectionnez les outils qu'ils ont déjà pourront éventuellement suffire. Si leur opposition est intellectuelle, arguant les risques au changement, ils seront alors concentrés sur un nombre d'usagers

---

1 Delanoë-Vieux, C., Coirié, M., Coubard-Millot, J., & Figuerolat, X. (2019). L'expérience du patient en design, une ressource pour la conception d'un parcours d'hospitalité dans un Hospital neuf, *Ocula, 20,* pp. 135-155.

relativement restreint sans voir les apports auprès du plus grand nombre.

Pensez également aux habitudes des professionnels de santé : s'ils y sont attachés et qu'elles leur facilitent les tâches quotidiennes, cela ajoutera à la résistance au changement ; cela influencera la mise en œuvre de l'innovation. Par ailleurs, le secteur de la santé est très hiérarchisé. Si votre innovation remet en cause ce fonctionnement, vous pourriez devoir argumenter l'intérêt de ce changement auprès d'une minorité de praticiens, lésés par votre approche. Minorité qui se sentira le devoir de s'exprimer plus fortement pour être entendue.

Enfin, si les technologies peuvent être utiles, cette utilité n'est pas toujours flagrante aux yeux des professionnels de santé concernant les changements de pratique souhaités et l'engagement des patients. Les technologies sont même considérées comme secondaires. À juste titre d'après moi, puisque ce sont eux qui sont en première ligne. En écoutant les arguments des professionnels de santé réfractaires à participer à votre projet, vous aurez du coup beaucoup de pistes de réponse pour améliorer la mise en œuvre de la solution en environnement réel.

D'ailleurs, même les réfractaires restent complètement concernés par votre concept… Donc, à travers leurs revendications, ils nourrissent la qualité de votre projet et sont à écouter, car ils auront forcément raison. Il sera intéressant d'ailleurs de leur exprimer votre souhait d'intégrer leur avis dans la conception. Il est vrai que je parle beaucoup de thérapie numérique et d'objet connecté en santé, car ce sont de bons exemples d'application du design d'expérience patient.

Cependant, les technologies utilisées ne sont pas forcément numériques pour être efficaces. Par ailleurs, la tendance est même en train de s'inverser, et nous verrons comment faire, dans le dernier chapitre, pour légitimer la santé numérique dans cette perspective d'épuisement des ressources et de modération de la consommation énergético-numérique.

5.2. Le patient

« Par définition, nous pensons qu'une personne ayant un stigmate n'est pas tout à fait humaine. »

E. Goffman,
1975[1]

L'avis des patients sur le numérique en santé est dans l'ensemble positif. La santé connectée par les téléphones portables est plus répandue qu'il y a une dizaine d'années grâce notamment à l'intuitivité améliorée des smartphones. Ces derniers font d'ailleurs partie intégrante des outils de la relation médecins-patients chroniques, avec environ 20% des patients ayant le numéro de portable du praticien, et autant son adresse mail. Le suivi régulier de ses données personnelles en est un atout et ils acceptent en partie d'ailleurs de les partager avec leur médecin. Enfin, les patients sont nombreux à penser que les objets connectés en santé et les applications mobiles pourraient être considérés comme de réelles thérapies médicales.

Parallèlement, le vécu citoyen du patient trouve de nombreux stigmates, ajoutant aux difficultés de la maladie. Les interactions sociales sont parasitées par le fait que les patients ne correspondent pas aux normes culturelles. Cette stigmatisation contribue à discréditer leur légitimité à vivre comme les autres. Les patients subissent entre autres une stigmatisation concernant le coût de leurs maux pour la collectivité[2]. Par ailleurs, en plus d'avoir un regard critique sur leur corps, sur leur trouble, et coupable de se juger, de ne pas se voir comme ils préféreraient se voir, la stigmatisation des autres accentue le poids du jugement quotidien.

---

1 Goffman, E. (1975). Stigmate : les usages sociaux des handicaps. Les éditions de minuits, op. cit. p. 15

2 Livi, C. (2019). La valorisation socio-économique des innovations médicales : l'émergence d'une convention de déstigmatisation ? *Innovations, 60*, pp. 43-68.

5.2.1. Le patient favorable au projet

Les patients s'impliquent de façon très importante dans les démarches de coconception. En effet, se déplacer, se livrer, rencontrer un inconnu et dévoiler les aspects les plus intimes et douloureux de son existence est plus un don qu'un simple retour d'expérience[1]. Être un acteur œuvrant pour l'amélioration de la compréhension des patients auprès des professionnels, institutionnels, et industriels, est un acte de courage alimenté par le souvenir de ce qui a été douloureux. Les patients sont pour la plupart plutôt compréhensifs d'ailleurs envers les professionnels de santé, et témoignent notamment de solidarité à travers des propos bienveillants.

« Grâce aux technologies du bien-être, nous pouvons donc enrichir notre palette d'attitudes, de représentations et de comportements. Loin de limiter notre libre arbitre, ces technologies du bien-être peuvent, au contraire, accroître notre capacité à faire nos choix de consommateur, de citoyen, d'être humain. »

Deshayes & Stuchlik,
2013[2]

[1] Delanoë-Vieux, C., Coirié, M., Coubard-Millot, J., & Figuerolat, X. (2019). L'expérience du patient en design, une ressource pour la conception d'un parcours d'hospitalité dans un Hospital neuf, *Ocula, 20* pp. 135-155.

[2] Deshayes, C., & Stuchlik, J. (2013). *Petit-traité du Bonheur 2.0, Comment prendre soin de soi et des autres grâce aux technologies numériques.* Armand Colin, op. cit. p. 216

La quantification, à la base une démarche personnelle et sociale, est maintenant considérée comme intégrée dans les prises en charge. Les utilisateurs sont même en demande là-dessus, et aimeraient que leurs données de suivi personnelles soient prises en compte par leur médecin. Les patients attendent des technologies numériques en santé une meilleure prévention, avec des possibilités de surveillances améliorées. Le but est de réduire les dépenses de santé pour les pays développés ; et pour les pays moins aisés, ils attendent plutôt une amélioration de l'accès aux soins primaires.

Les patients veulent des solutions numériques en santé qui les aident à rester en forme à travers des encouragements quotidiens (ou du moins réguliers) et à prendre contact avec les services d'urgence plus rapidement. Pour le moment, les balances, les montres connectées, les tensiomètres, les bracelets et les piluliers sont les objets connectés les plus connus, voire les plus populaires. Mais il va sans dire que les solutions en e-santé vont inviter à multiplier l'usage de ces dispositifs médicaux, afin de récolter davantage de données.

Certains patients peuvent préférer les téléconsultations même si la majeure partie des gens ont tendance à vouloir conserver le face-à-face avec leur médecin. Ces patients seraient plutôt porteurs de maladies chroniques. Sortir pour rencontrer son médecin est soit à risque, soit très compliqué, les mettant potentiellement dans une situation de handicap. La diminution du coût, en supprimant le déplacement en voiture ou en transport en commun, est également un de leurs arguments. Les solutions m-santé permettent également une certaine autonomisation que les malades apprécient.

Même si cela a tendance à développer leur vigilance sur leur sensation et leur thérapie, ils y trouvent également une forme de liberté grâce à l'acquisition de nouvelles connaissances les concernant. Les aides numériques attirent donc pour la majorité des cas par l'amélioration de l'accès aux professionnels, par les économies faites, et par l'émancipation des contraintes de prise en charge.

Pour les « hyper-convaincus » comme Chris Dancy, l'homme le plus connecté du monde, l'automesure permet d'accroître sa surveillance personnelle et d'amplifier les sensations du corps et du mental lui permettant de les ressentir de nouveau et de réellement les prendre en compte. Il se dit être un « *cyborg conscient* »[1].

Chris Dancy parle également du pouvoir de l'interactivité et du feedback des solutions, permettant de prendre en main son corps avec une amélioration très nette de son état. Cependant, si dans son parcours les technologies l'ont fortement aidé faisant de lui un fervent défenseur des solutions numériques en santé, ce type d'ambition démesurée pourrait conduire à la volonté d'omniscience, et enfermer les utilisateurs dans un besoin de contrôle total. Cette augmentation de soi peut mener à un désir d'immortalité, qui se traduit notamment dans la notion de transhumanisme.

Si déléguer à l'outil numérique certains aspects de sa santé est possible, il va sans dire que moins l'humain interagit avec l'autre, et plus il y aura une sensation de magie ; celle par laquelle le fonctionnement de son corps sera comme automatisé. Le fonctionnement du corps est en effet automatisé. Mais pour en prendre soin, il faut avoir les pieds sur terre, être dans l'effort de l'entretien et du soin régulier.

Si le regard et la compréhension des patients sur leur corps sont facilités par le numérique, cela pose quand même des problèmes éthiques.

Les laisser dans cette croyance que le numérique peut résoudre tous ses problèmes de santé n'est pas acceptable. Il s'agira ainsi de recontextualiser la thérapie dans un cadre traditionnel de soin, géré par des experts et centré sur le patient.

En effet, ces outils, traditionnels et numériques, ne sont pas opposés et s'inscrivent dans un continuum de soin à plusieurs dimensions[2].

5.2.2. Le patient réfractaire

Certains patients estiment ne pas être réellement pris au sérieux. À travers les témoignages qu'ils font, ils supposent que l'écoute

---

[1] Consulté le 14 novembre 2022, à 18h15 : https://www.20minutes.fr/culture/1864647-20160614-mis-mode-avion-homme-plus-connecte-monde

[2] Jones, P. (2013). *Design for Care: Innovation for Healthcare Experience.* Brooklyn, New York : Rosenfeld Media.

n'est pas à la hauteur. Peut-être ont-ils eu une histoire impliquant une mauvaise tangente dès le début. Ceci nécessitera, dans une communication claire, compréhensible et honnête, un partage d'informations quant aux attentes du projet à l'utilisation de leurs informations[1].

« {…} ces croyances « auto-limitantes », qui font qu'on ne tente même pas de changer, persuadé que cela n'est même pas possible. »

Deshayes & Stuchlik, 2013[2]

Par ailleurs, ils peuvent également craindre une mauvaise gestion de leurs informations personnelles engendrant une perte totale de contrôle au profit des géants du web comme les GAFAM : Google, Apple, Facebook, Amazon, Microsoft[3]. Leurs préoccupations, plutôt éloignées du médical, peuvent cependant se révéler être une véritable opposition au projet que vous démarrez. Cette opposition peut cependant être simplement due à un facteur émotionnel avec un questionnement sur « l'ordre naturel » des choses.

D'après eux, la technologie ne devrait pas interférer avec le fonctionnement naturel de l'être humain. Ils y voient un risque d'amplifier cette sensation de perte d'harmonie entre l'être humain sensible et son mode de vie. Comme s'ils avaient peur que leur corps leur échappe davantage, ils sont comme inquiets de se déconnecter d'eux-mêmes en se connectant à un appareil ; entendre se perdre en s'ouvrant aux technologies.

---

1 Frampton, S., Gilpin, L., & Charmel, P. (2003). *Putting Patients First: Designing and Practicing Patient-Centered Care*. San Francisco : Jossey-Bass.

2 Deshayes, C., & Stuchlik, J. (2013). *Petit-traité du Bonheur 2.0, Comment prendre soin de soi et des autres grâce aux technologies numériques.* Armand Colin, op. cit. p. 216

3 Normand, A. (2017). *La révolution de la e-santé, objets connectés, applis, big data, médecine prédictive.* Eyrolles.

L'environnement, très ancré dans la performance, force les individus indirectement à ne pas s'écouter et à se déshumaniser un peu, pour pouvoir suivre la rapidité de la société[1].

Les solutions numériques sont souvent présentées comme une montée en compétence concernant la responsabilisation du patient, ce qu'il ne ressent pas toujours de cette façon. Ils peuvent également faire preuve d'opposition intellectuelle en pensant à la prise de risque immédiate possible avec le changement de mode de fonctionnement pour intégrer un nouvel outil ; cet outil inconnu peut provoquer de la peur.

Une résistance au changement est donc aussi à envisager du côté du patient. Les patients les plus sceptiques par rapport à l'intérêt des technologies en santé se verront très probablement proposer un niveau de gestion des interactions exclusivement géré par le médecin grâce à l'outil. Ils ne seront pas disposés à entrer leurs données ou à travailler sur un projet de ce type, sauf si vous faites de l'acculturation.

Pour ce faire, vous pourriez par exemple commencer par présenter le dossier médical partagé en leur expliquant comment

[1] Rosa, H. (2012-2013). *Aliénation et accélération, Vers une théorie critique de la modernité tardive*, La découverte, Poche.

alimenter eux-mêmes leur dossier de patient. Il s'agira uniquement d'encourager l'usage du numérique sans les faire changer d'avis. Juste essayer d'atténuer cette peur de l'inconnu pour qu'ils puissent s'exprimer de façon éclairée sur le sujet. Par ailleurs, avoir des difficultés à parler en public peut également être un des freins.

La réalisation de *Personae,* avec leurs variables, vous aidera à comprendre leurs besoins et problématiques. Ce document « visuel et synthétique » personnifie vos données en réalisant des portraits théoriques et tangibles. Leurs objectifs de fond et les contraintes pour les atteindre seront importants à noter ainsi que le comportement général observé. Vous pourrez insérer leur âge, le début de la maladie, leur catégorie socio-professionnelle, leurs besoins et objectifs quotidiens et sur le long terme, leur fréquence de traitement et/ou de consultation, leur niveau d'acculturation aux supports envisagés, leur niveau de connaissance de la maladie également, etc. Une histoire personnelle peut également aider à donner vie à vos données.

Ci-dessus, un exemple de variables[1] comportementales possibles observables chez les patients atteints de maladie chronique gênante au quotidien. Ce sont des conduites que nous pouvons retrouver notamment au sein de la communauté des patients atteints d'hémophilie.

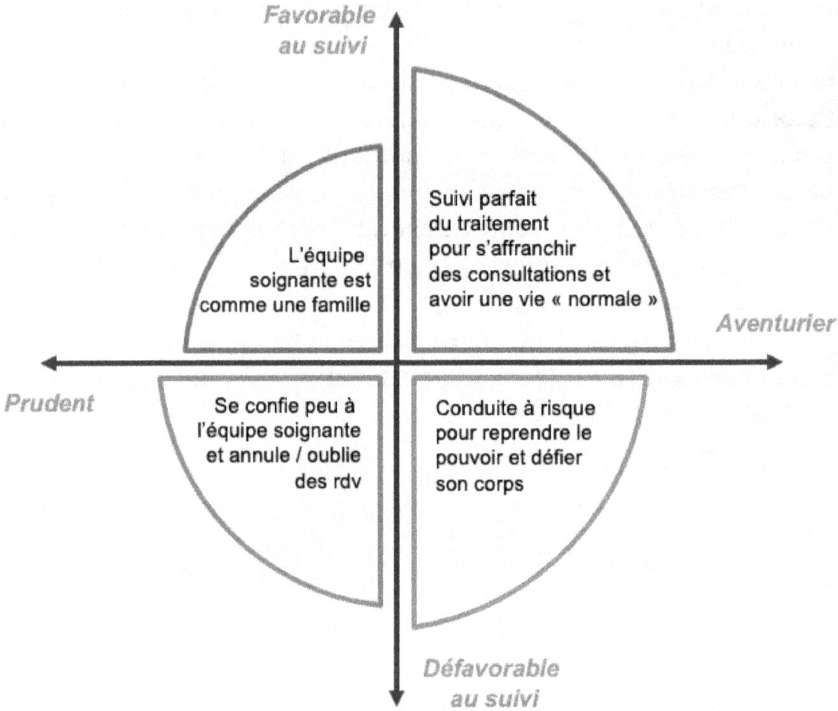

1 Inspiré du schéma de variables p.34 de Visonneau, A. (2021). *Stratégie de design UX, Accélérer l'innovation et réduire l'incertitude, Ed.* Eyrolles.

Ci-dessus, un exemple de personae[1] reprenant les variables identifiées à la page précédente.

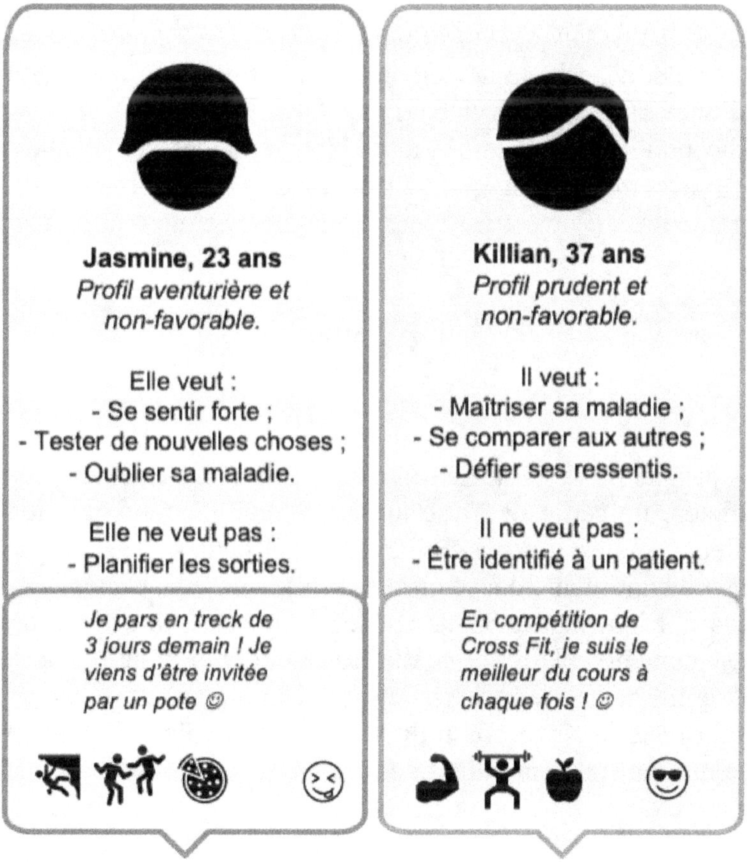

[1] Inspiré du schéma de personae p.35 de Visonneau, A. (2021). *Stratégie de design UX, Accélérer l'innovation et réduire l'incertitude, Ed.* Eyrolles.

5.3. L'usager du système

« Par usager : toute personne qui fait usage, d'une façon ou d'une autre, d'un service public. Ainsi, est usager d'un service hospitalier, par exemple, aussi bien le patient, ses proches ou accompagnants, que l'ensemble du personnel médical, paramédical, d'entretien, d'hôtellerie, de gestion, d'administration et de direction. »

P. Barrier,
2019[1]

L'usager du système de santé peut être un habitué, un patient, un praticien, un cadre de santé, un agent administratif, un aidant, un visiteur régulier, un sous-traitant, etc. L'usager du système de santé s'attend légitimement à ce que ses droits soient respectés, à avoir un accès à l'information médicale et à la possibilité de fournir un consentement éclairé. Les différentes lois pénales et juridiques s'assurent de cela en partie[2], même si l'application concrète sur le terrain reste la seule possibilité de les faire valoir. Ces usagers du système représentent autant de « possibilités d'usage »[3] qu'ils sont nombreux, pouvant tout à fait être altérés par un événement ou une volonté extérieure. Autant de situations complexes à anticiper.

Le patient commence son expérience d'usage du système de santé dès l'accueil de l'établissement et est guidé ensuite par les moyens mis en place dans la prise en charge. Il en va de même pour l'usager de l'application.

---

1 Barrier, P. (2019). Origine et destination du soin médical, *La place de l'usager en design*, Ocula 20, pp. 127-134

2 Delanoë-Vieux, C., Coirié, M., Coubard-Millot, J., & Figuerolat, X. (2019). L'expérience du patient en design, une ressource pour la conception d'un parcours d'hospitalité dans un Hospital neuf, *Ocula, 20,* pp. 135-155.

3 Azéma, C., Malaurie, C., & Bourdareau, P. (2019). *Bâtir et penser l'habitabilité d'un commun. 20*, pp. 57-71.

La première impression est déterminante dans son rapport au soin. Et pour paraphraser M. Coirier, lors d'un webinaire[1] avec l'Institut français de l'expérience patient (IFEP), l'expérience du patient ne commence pas uniquement à l'accueil de l'établissement, mais dès la réception du SMS annonçant ou confirmant le rendez-vous, c'est le 1er contact, quel qu'il soit avec le système de santé qui définit ensuite en partie la suite de l'expérience.

Si un patient se perd dans les couloirs de l'établissement, dans les démarches administratives, dans les explications de son médecin, ou dans tout autre chose manquant de clarté, il est probable que le patient se sente moins enclin à pouvoir affronter sa maladie, même s'il est épaulé.

Cette sensation d'être dépassé, de ne pas être à la hauteur dès le départ, amènera la volonté, peut-être pas toujours mise à l'exécution, de reculer les rendez-vous à l'hôpital, ou avec son médecin. Cela pourrait induire également un biais cognitif le laissant penser qu'il ne comprendra pas les informations concernant sa thérapie, et donc l'invitant à ne pas s'y intéresser.

Un exemple fascinant est les notices dans les boîtes de médicament. C'est plus facile de s'y retrouver dans un journal du début du XXe siècle que sur une notice de ce type…

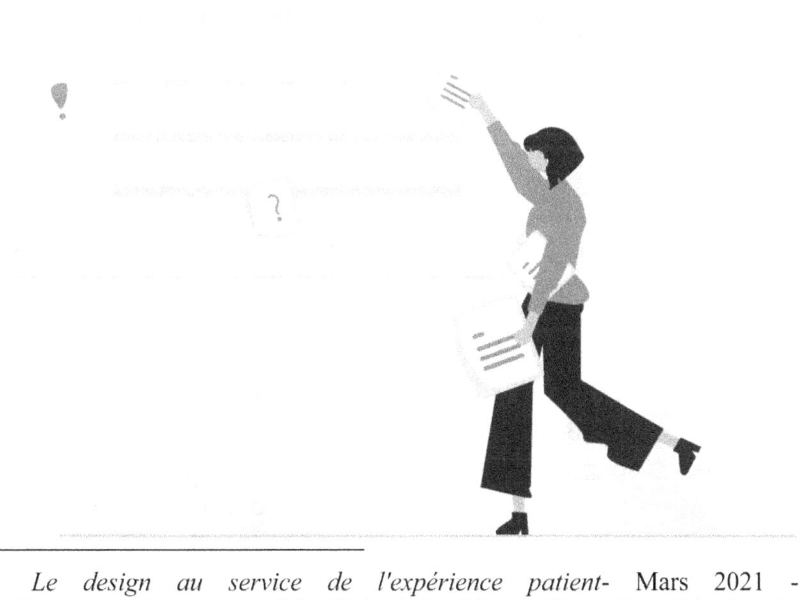

[1] *Le design au service de l'expérience patient*- Mars 2021 - https://www.youtube.com/watch?v=0Rl1uk7Jx_8&t=1542s- Consulté le 07 juillet 2021.

J'avais proposé en exemple la numérisation d'une notice d'information d'un médicament. Il s'agissaitt d'un inhibiteur sélectif de la recapture de la sérotonine. Nous n'avions pas de QR code pour les malvoyants, pas de braille non plus, même partiel, pas de couleurs pour les neuro-atypiques, alors que ce médicament est conseillé pour les cas de trouble obsessionnel compulsif, de trouble panique, de trouble d'anxiété sociale, d'état de stress post-traumatique et d'anxiété généralisée, souvent présents chez les personnes ayant connu des difficultés sociales. Ces profils devraient être particulièrement rassurés.

Les antidouleurs pour les personnes à mobilité réduite ont le même type de notice. Pourtant, ce sont les patients les plus à même d'avoir des difficultés de manipulation. D'ailleurs, il n'est pas rare de ressentir des effets secondaires suite à la prise d'un médicament et pourtant de renoncer à chercher l'endroit où ils sont abordés dans la notice. Les laboratoires devraient donc songer à étudier l'usage fait de ces petits bouts de papier par les patients concernés. Cette étude semble essentielle pour éviter des accidents domestiques ou des interactions médicamenteuses et pourtant rien ne laisse penser qu'elle a été faite.

Il faudra aussi évaluer le niveau de responsabilité le plus équilibré possible entre le médecin, le patient et la solution numérique. C'est un peu comme avec une voiture autonome avec laquelle on ne se sent pas tout à fait à l'aise et en sécurité au début. Pour le grand public, la e-santé est séduisante mais est à envisager selon certaines perspectives sécurisantes. L'aspect technologique de la e-santé ne doit pas être interprété de façon caricaturale comme le passage en force de l'idéologie transhumaniste. La caricature des messages est pourtant très vite arrivée dans les interprétations erronées. C'est pourquoi il est préférable de tout de suite effacer cette image fictive, construite par la peur de l'inconnue, pour instaurer les notions d'écoute, de partage, de respect et de facilitation qu'apporte le projet.

Ensuite, ce seront le médecin et son patient qui définiront ensemble comment utiliser la conception. S'il s'agit d'une thérapie numérique, peut-être qu'il sera conseillé au patient de ne l'utiliser que comme support, pour avoir des repères et des conseils, et non pas pour s'appuyer dessus en permanence comme une assistance thérapeutique.

L'intégration de l'usage dans le champ des soins et des prises en charge est importante à souligner. Votre solution, dans sa construction, sera complètement alignée aux valeurs des patients et conçue selon leurs propres notions de l'éthique dans l'utilisation, tout en restant bien sûr les bases de l'éthique de conception.

Avec un peu plus de confiance, l'usager peut se voir entrer davantage en interaction avec le système, que ce soit un établissement tout entier, un parcours avec différentes dimensions dans les points de contact, ou une solution numérique. Par ailleurs, votre conception portera en elle des valeurs dépassant la technicité propre de sa mise en œuvre pour porter et faire valoir un parti-pris social réel. La déstigmatisation des malades et des personnes en situation de handicap devrait être considérée dès le départ. Son usage provoquera en effet des jugements potentiels et des regards provenant des « autres », ceux qui ne sont pas malades. Ces regards influenceront le vécu du patient dans son soin[1]. Avec un environnement travaillé de façon holistique pour une personne en situation de handicap comme pour les personnes sans invalidité, l'utilisateur se sentira moins stigmatisé. Au même titre qu'au milieu de personnes en situation de handicap, une personne avec un handicap ne sera pas discriminée, que ce soit par des regards ou par un lieu inadapté à leur usage. L'usager est acteur du système et en fait usage selon ses besoins et ses possibilités. La conception doit donc envisager tous les usages possibles[2].

Quoiqu'il en soit, pour rassurer l'usager du système, il faudra mettre en valeur l'aspect humaniste de votre solution à travers l'écoute de ses besoins : le fait que son expérience soit conçue *par* et *pour* les usagers comme lui, qu'il puisse s'exprimer librement, être entendu et pris en charge correctement.

5.3.1. La psychologie environnementale

Nous l'avons vu un environnement, selon son ergonomie et pour quels usagers il est conçu à la base, peut conditionner la façon de

---

[1] Livi, C. (2019). La valorisation socio-économique des innovations médicales : l'émergence d'une convention de déstigmatisation ? *Innovations*, 60, pp. 43-68.

[2] Karazivan, P., Dumez, V., Flora, L., Pomey, M., Del Grandre, C., Djahanchah, P., Lebel, P. (2015). *The Patient-as-Partner Approach in Health Care: A Conceptual Framework for a Necessary Transition.* Academic Medicine.

penser, de ressentir et de se positionner socialement. La dimension environnementale est faite par ailleurs de deux pans complémentaires : le réel et le fantasmé. L'usager façonnera ainsi l'image du système selon sa personnalité et son état de santé global. Les interrelations tissées entre un usager du système et son environnement immédiat, intégrant les notions de temps comme d'espace, définissent en somme ce qu'est la psychologie environnementale. Il s'agit de prendre en compte et d'intégrer dans votre conception les effets potentiels des conditions de prise en charge et d'échanges entre les professionnels de santé et les aidants, sur le comportement des patients.

« On estime une baisse d'environ 30%
de l'obésité infantile en supprimant les publicités
pour les aliments caloriques. Une affiche pour
un produit ultra-calorique active chez une personne
qui souffre d'obésité de façon anormale le circuit
de récompense du cerveau. »

M. Khamassi,
2013[1]

De la même manière, les interactions avec l'extérieur, dans la charge cognitive et émotionnelle provoquée, influenceront la manière de percevoir l'environnement. Les usagers, acteurs de leur expérience, peuvent interpréter et ressentir cet environnement de manière complètement différente d'un individu à un autre. Cette réciprocité d'influence est à prendre en compte dans votre conception, car certaines maladies, et surtout certaines périodes dans les parcours de santé, peuvent nettement modifier les usages prévus initialement.

Par exemple, une personne en sevrage, selon si elle a honte suite à une rechute, pourrait interpréter l'aménité d'une secrétaire de façon

---

[1] Khamassi, M. (2013, février 26). *Notre cerveau traite l'information publicitaire qu'on le veuille ou non.* Consulté le mai 20, 2021, sur YouTube: https://www.youtube.com/watch?v=pLhujCDoJgI

négative. Certains patients peuvent même devenir agressifs, la jugeant condescendante et hypocrite.

Lorsque j'étais que télésecrétaire médicale, j'ai d'ailleurs été confrontée à ce genre de réaction. Des personnes fatiguées par leur maladie et le système de santé complexe ont pensé que je les méprisais. Et je les comprends, car c'est parfois un peu agaçant d'avoir un interlocuteur aux tournures de phrases stéréotypées. Cependant, les formations à ce genre de poste ne laissent pas la possibilité d'être plus humain pour interagir avec les patients et les professionnels de santé.

Ainsi, en matière de traces synaptiques ou d'empreinte du vécu, pensez à prendre en compte la chaîne des signifiants pour savoir quel signifié vous pourriez créer. Cette phrase vous semble probablement floue et abstraite. Je vous expose la méthode de façon plus didactique dans la partie II-4.3.4. L'experience map. Si un confort ou une amabilité particulière peuvent faire resurgir une réaction si forte, c'est qu'il y a potentiellement des traces synaptiques ayant enregistré des expériences passées que vous devriez inclure de façon systémique. L'environnement conditionne l'expérience et est conditionné également par les expériences antérieures de l'usager. Les psychologues environnementalistes abordent d'ailleurs une méthodologie centrée sur l'usager, très proche de celle de l'UX design, pour apporter des améliorations aux cadres de vie. Voici quelques indications pouvant vous être utiles, vous invitant à :

- Étayer vos informations sur l'usager concernant notamment leur rapport à l'altérité, comme les végétaux, les minéraux, et la faune environnante ;
- Interroger leur rapport à l'inconnu, les grands mystères de l'univers, comme un environnement nocturne que le cerveau gère mal ;
- Comprendre les notions d'espace-temps puisque cela influe notablement sur les sensations et l'interprétation de la progression du patient dans son parcours de soin.

Par exemple, une femme qui a accouché d'un bébé il y a 2 ans, a souvent l'impression que c'était il y a deux jours et se surprendra à prendre conscience du temps qui passe « *si* » vite, grâce aux photos. Une autre personne, ayant perdu un être cher, ressentira peut-être le temps comme figé, lourd, pesant, insupportable.

Pour vous y retrouver et avoir des repères dans votre recherche, vous pouvez vous reposer sur ces quatre niveaux spatiaux sociaux :

1. **Le Micro-environnement** : l'usager évolue dans un lieu qui lui est propre, puis voir ce qu'il partage avec son entourage proche.
2. **Le Méso-environnement** : directement rattaché à son micro-environnement ; il s'agira de sa vie de quartier dans l'immeuble, de ses voisins ou de sa famille directe.
3. **Le Macro-environnement :** un peu plus vaste, s'étend aux collectivités territoriales et à la vie citoyenne.
4. **L'Environnement global :** encore plus vaste, et prenant en compte toute l'évolution et le fonctionnement du pays, de la planète, de l'écosystème, etc.

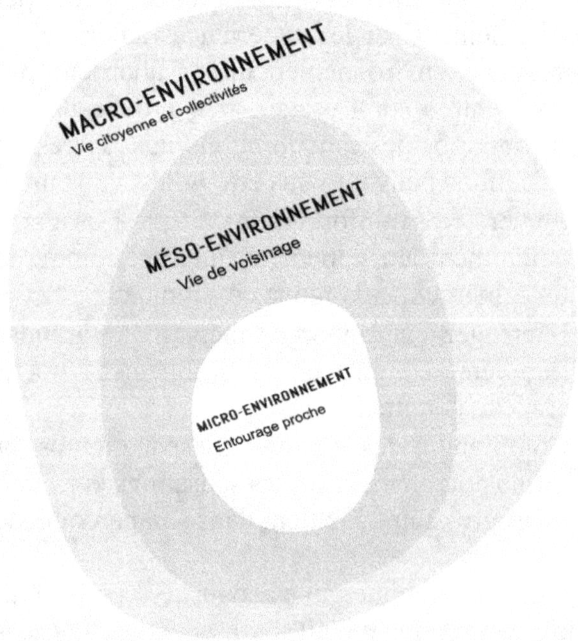

Ci-contre le schéma des trois premiers niveaux.

Les quatre niveaux sont intéressants et en même temps très complexes dans leurs interactions. La méthode du design systémique devrait vous aider à gérer ses informations.

5.3. 2. S'inspirer de la thérapie systémique

« Il y a dans notre nature profonde une disposition à la compétition généralisée pour attirer l'attention de nos congénères. Dans ces conditions, le narcissisme des autres blesse toujours un peu le nôtre. Et cette situation révèle quelque chose de profond sur l'identité sociale de notre espèce. »

G. Bronner,
2021[1]

J'ai cité cette phrase parce qu'elle montre à quel point un comportement inoffensif et naturel peut tout à fait créer des tensions, de la jalousie, de la rancœur, voire de la haine. L'auteur fait ici référence à l'image du bonheur qu'on veut montrer sur les réseaux sociaux.

Ce qui est intéressant avec la thérapie systémique, c'est qu'elle induit, par rapport à l'hypothèse initiale, qu'éventuellement un facteur externe, provenant d'autre autre niveau systémique, peut tout à fait provoquer les troubles perçus chez l'individu. Par exemple, un trouble comportemental peut être traité uniquement en travaillant sur la personne qui le répète, auquel cas nous sommes dans une approche microsystémique[2].

Chercher à comprendre les usagers individuellement et dans l'ensemble signifie faire une recherche, dès le début de votre projet, sur les interactions sociales qu'ils ont au quotidien. Le milieu social des usagers, généralement dans son microphone ou son méso-environnement, peut en effet être à l'origine des freins rencontrés sur le chemin de sa rémission, ou du gain espéré en qualité de vie. Les

[1] Bronner, G. (2021). *Apocalypse cognitive.* Puf, op. cit. p. 169

[2] Dans l'absolu, le micro-environnement est un niveau systémique puisqu'il est suffisamment complexe

problématiques de l'usager peuvent, en d'autres termes, être significatives d'une problématique à recentrer sur le groupe social dans lequel il évolue.

Ainsi, l'une des difficultés du parcours vers la rémission peut très bien être le comportement d'un proche qui, d'une manière ou d'une autre, directement ou indirectement, l'affecte profondément. Pour travailler à l'amélioration de ce parcours de santé, il s'agira donc de prendre en compte cette contrainte pour y travailler en intégrant cette personne dans une dimension psycho-éducative ou en contournant l'aspect problématique qu'elle apporte, ou alors en évitant tout simplement de l'inclure dans la conception. Cela peut être évident pour beaucoup d'entre vous, mais l'affiliation (cf. II-1.1.1. La Théorie de l'Auto-Détermination) étant un des piliers de la gamification (cf. II-1.3.1. La gamification) utilisée pour motiver les patients dans leur parcours thérapeutique, pourrait provoquer cette erreur.

Par ailleurs, si vous souhaitez intégrer cette personne dans votre conception pour remédier à la problématique qu'elle amène justement, au travers du système d'affiliation, vous devrez absolument vous référer à votre investigateur. Changer le comportement d'une seule personne peut complètement influencer le groupe entier, si toutefois vous trouvez le bon rouage faisant tourner la machine.

Cela complique votre investigation, mais rassurez-vous, certaines causes sociales des troubles observées sont déjà connues des

praticiens avec lesquels vous travaillerez et vous serez orienté dès le début du projet sur des pistes systémiques potentielles. Vos données d'usage et les retours d'expérience vous permettront éventuellement ensuite, et toujours avec votre investigateur d'approfondir cette dimension.

« Si nous percevons des systèmes dont tout ou partie est figé, c'est bien parce qu'une force interne empêche de suivre le flux continu d'une évolution. La famille est donc en perpétuel changement et passe notamment par des cycles de vie, des moments charnières qui remettent en question les rôles et places de chacun. »

M. Bachelart,
2021[1]

Enfin, le patient peut avoir un fonctionnement sain au regard d'un système perturbé. Prenons l'exemple des burn-out qui se multiplient. Il ne s'agit pas d'une maladie, mais d'un épuisement global lié au travail. Cette réaction semble directement liée aux performances exigées toujours plus grandes, plus rapides et compétitives du monde professionnel. Les symptômes problématiques peuvent être des signaux d'alerte de ce qui ne va pas dans l'environnement. Ainsi, vous pourriez faire tout ce qui est en votre pouvoir pour réussir la conception, au sein de l'environnement « affecté », elle ne sera d'aucune utilité si elle est centrée uniquement sur le patient. Vous devrez si vous en avez l'opportunité travailler sur le contexte d'évolution du patient, pour le modifier là où c'est nécessaire ; le rendre vertueux, pour engendrer durablement un comportement salvateur. Par rapport à la cause des troubles constatés, vous devrez créer une contrebalance et suivre l'évolution. Si la maman sabote la thérapie numérique de son enfant en le dévalorisant constamment dans ses propos, il serait pertinent, par exemple, de discuter avec votre investigateur des possibilités de travailler son comportement. Selon son retour, vous lui exposerez les méthodes de design

[1] Bachelart, M. (2021). *Révéler la créativité des équipes éducatives avec l'approche systémique*. ESF, op. cit. p.53

comportemental possible pour induire, consciemment ou non, ce changement chez cette personne.

Il s'agira donc d'un travail sur les processus inhérents à la problématique interrelationnelle. Gardez en tête que ce n'est pas toujours social et qu'il peut y avoir des exceptions. Une personne habitant au-dessus d'un arrêt de bus pourrait avoir des difficultés de sommeil ; une personne vivant proche d'une autoroute pourrait avoir des problèmes de respiration ; une personne ayant un animal avec des puces pourrait avoir des problèmes de peau, etc. Il n'est pas inutile d'ailleurs de proposer un petit questionnaire substantiel, au début de l'utilisation de la solution, pour repérer ce qui pourrait être délétère pour son parcours numérique. D'ailleurs, vous aurez dans les réponses d'éventuelles solutions alternatives probablement non numériques.

5.4. Des nœuds à démêler

Rencontrer les patients, les professionnels de santé et dans l'ensemble tous les usagers du système de santé signifie rencontrer un écosystème entier. Des schémas d'interactions systémiques seront nécessaires. Comme une cartographie mentale, cette structure représentative des relations entre les individus et de leurs caractéristiques vous sera très utile pour cerner les difficultés du parcours du patient.

La complexité de la compréhension et du travail de l'expérience patient réside dans les ressentis associés entre eux, voir conjugués à ceux des autres et à leurs réactions. Il n'y a pas un seul usager de votre solution. Il y en a plusieurs, de façon directe ou indirecte, et interconnectés entre eux. C'est à votre solution d'utiliser tous les possibles de l'environnement du patient pour arrêter les mauvais messages, rectifier les mauvaises sensations, améliorer les perceptions qu'il a de cet univers. Et ce dernier peut tout à fait être son propre corps.

Ce sont généralement des caractéristiques que l'usager ne vous citera pas en interview, mais que vous pourrez dénicher en interrogeant les aidants et l'entourage proche. Ils vous dévoilent potentiellement les habitudes d'une tierce personne pouvant être prises en compte dans votre expérience map (ou frise chronologique) et vous apporter une réponse sur le récit récolté concernant le moment d'avant ou celui d'après l'expérience conçue. Cela vaut aussi pour le professionnel de santé. S'il est réfractaire, cela peut venir d'une personnalité forte dans son service par exemple qu'il vous faudra comprendre, à défaut de l'intégrer. Comprendre ses arguments vous permettra de vous adapter et d'adapter la solution.

Quoiqu'il arrive tous les freins au développement de votre solution sont des informations précieuses pour démêler le bon du mauvais, faire la différence entre les éléments sur lesquels vous appuyer et les faux amis.

Exemple de schéma de déplacements du patient au cours d'une année.

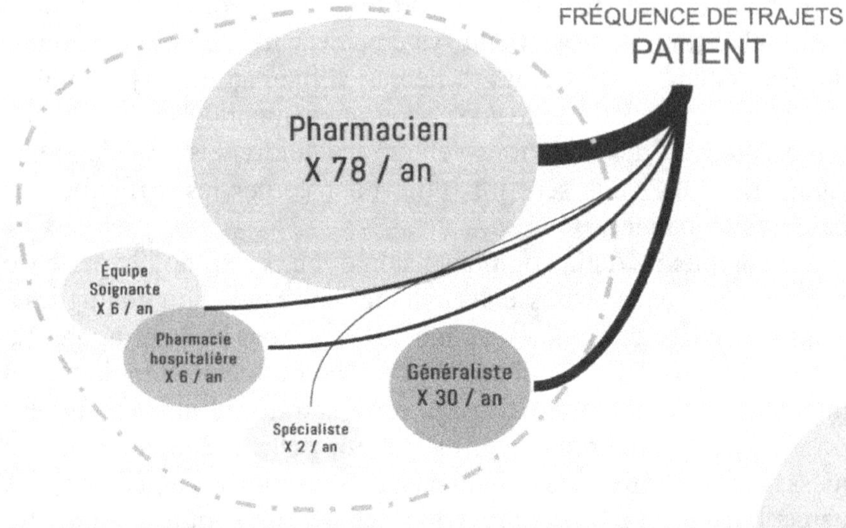

Le mot de Sylvain Garnier

L'expérience patient commence au lit du patient. Je l'ai compris avec l'expérience. Un jour, une patiente insuffisante respiratoire, que nous avions déjà reçu trois fois en réanimation pour des décompensations aiguës avec nécessité d'intubation, et qui allait mieux m'a indiqué ne pas vouloir aller en service de pneumologie. Pourtant ce service l'avait accueilli les premières fois, et sur le plan médical, chacune de ses prises en charge me semblait optimale. Mais personne n'avait discuté avec la patiente de son projet de vie. Elle ne souhaitait plus être intubée et n'arrivait pas à le partager avec ses soignants et elle vivait dans l'angoisse permanente de la prochaine décompensation. Après cet échange, nous avons mis en place les conditions d'une prise en charge adaptée à son projet. Le soir même, sa fille me disait ne pas l'avoir vue aussi détendue depuis longtemps. J'ai compris alors que le projet de soin n'était pas un projet médical, mais devait être un projet partagé, et que le traitement optimal n'était pas toujours le meilleur soin.

J'ai eu la chance de prendre des responsabilités d'équipe, et cela m'a permis de mesurer combien nous avions besoin du retour des patients pour mener des projets porteurs de sens. Accueillir l'expérience patient dans nos projets nécessite un management ouvert, collaboratif, qui permet l'expression de tous, soignants et patients. Je crois que ce prérequis est indispensable à une ouverture sincère, permettant l'indispensable confiance réciproque.

Ainsi nous avons bénéficié de l'expérience de nos patients, mais aussi de leurs proches dans plusieurs projets en service de réanimation :

- Un projet sur les horaires de visite et les conditions d'accueil des familles au CH d'Albi.
- Un projet d'accompagnement au domicile des patients dépendant de la ventilation : le projet TRAKADOM, projet collaboratif associant de nombreux acteurs différents de l'hôpital et du domicile, soignants ou non, et bien sûr des patients et leurs proches.
- Et enfin les projets RéaSign, au CHU de Nîmes, qui interroge la place de la réanimation dans le parcours de soin. Pour ce dernier projet, nous travaillons avec des

designers. Nous développons des solutions visant ainsi à répondre au mieux aux besoins de nos patients, avec l'objectif de prévenir le syndrome post-réanimation et donc d'améliorer le pronostic de nos patients.

Intégrer les patients, leurs proches dans nos réflexions, c'est permettre de donner du sens. Ainsi les soignants bénéficient pleinement de ce type d'approches, qui leur demandent de transcender leur ego, mais leur permettent d'accéder à l'essentiel. C'est un vrai vecteur d'agentivité. Pour nos institutions, et les managers, c'est donc un moyen de répondre au mieux aux exigences de leurs missions et de contribuer à l'épanouissement de leurs équipes.

C'est donc un processus de maturation de nos structures, une évolution du management et un changement de paradigme qui permet l'ouverture vers l'expérience patient. Outre la démarche institutionnelle essentielle, le partage des expériences de terrain est extrêmement important, car elles impactent directement le soin aux patients, l'interface soignant/soigné. Ces expériences de terrain permettent aussi d'interroger nos pratiques, le rôle de chacun (soignants, patients, proches), nos organisations (transcender les services, optimiser les parcours), et d'imaginer de nouvelles solutions et perspectives en sortant du joug soignant.

C'est ce que nous apportent les designers : ils interrogent notre fonctionnement proposant parfois de solutions qui nous bousculent, nous interrogent, qui sont parfois d'abord rejetées, puis réinvesties. Parce qu'elles ont toujours du sens. Parce qu'elles partent d'observations, d'immersions, d'expériences et qu'elles mettent en évidence ce qu'on ne voit pas ou plus, et recentre le questionnement sur les véritables problématiques. Cette approche libère la parole, des soignants et des soignés, les responsabilise, et les pousse à la réflexion. C'est d'ailleurs étonnant de s'apercevoir comment leur présence nous fait nous interroger. Tout de suite.

Mais la démarche en design dans un service de soin ne va pas de soi. Cela nécessite une équipe motivée et impliquée, un soutien de l'encadrement (direction, chef de service, cadre), une acceptation et la compréhension du processus, une participation au temps de travail et aux restitutions. Pour intéresser et provoquer la réflexion, la démarche doit être visible. Visible par la présence des designers, de leurs travaux, visible par l'apport des projets. La diffusion de ce type d'approche passera aussi par la définition d'indicateurs permettant de faire le lien entre le design, l'expérience patient et l'amélioration du soin. C'est un facteur indispensable de valorisation, d'après moi.

M. Sylvain Garnier
Praticien Hospitalier, Responsable unité fonctionnelle Réanimation Médicale au– CHU de Nîmes

6

COMPRENDRE LES PERCEPTIONS

6.1. Les réalités

« L'expérience dont dérive la connaissance se compose des contingences dans leur totalité. »

B.F.Skinner,
1979[1]

L'expérience globale du patient est formée par de multiples phénomènes jalonnant son parcours de vie, aux conséquences plus ou moins durables. En fait, il s'agit de l'expérience de tout un chacun, même hors de la maladie. Ces événements de vie ont une importance toute relative et se cumulent pour former le vécu.

Cette cumulation de petits phénomènes, transformant le quotidien, puis au final la vie tout entière, peut être définie comme contingences. Ces dernières peuvent néanmoins être significatives si vous les observez de près, car elles portent les conséquences des choix de l'individu et de ses proches. Par ailleurs, la perte de contingence aurait un lien de causalité avec la survenue de troubles psychiatriques[2].

En effet, être malade, c'est finalement changer à l'intérieur de soi, impliquant une nécessité de se découvrir différent. Cette sensation, qui peut aller jusqu'à ressentir une forme de trahison de son propre corps, rappelle que le patient n'*est* pas la maladie, mais qu'il cohabite avec elle. Le patient est donc un hybride dès lors qu'il se sent mi-sain, mi-malade. Son moral et ses valeurs en seront influencés.

Comme la praticité et l'usage de ses vêtements, des objets de son environnement, et l'agencement de ce dernier auront une

1 Skinner, B. F. (1979*). Pour une science du comportement : le behaviorisme.* Paris : Delachaux & Niestlé Neuchâtel, op. cit. p. 145

2 Craus, Y. (2015). *La perte de contingence : un concept phénoménologique renseignant les modèles cognitifs du délire de type paranoïaque. 80*(4), pp. 639-657.

signification différente, pouvant être appréhendés, du moins en partie, par une analyse sémiotique[1].

Ainsi, je vous invite à noter tous les types d'appropriations et de transferts existants, conscients ou non, pour mieux comprendre le fonctionnement interne du patient.

6.1.1. Les habitudes

« Douleur et liberté ordonnent ainsi la tragédie du vouloir, en posant en son centre la dialectique de la distance et de la proximité. Un nouveau point d'intersection apparaît. Une sphère en plus petit : le corps. Le pretium doloris pose une connaissance de soi qui se réévalue à l'aune du corps et de la volonté. »

C. Fleury,
2002[2]

Nous faisons tous des milliers de gestes au quotidien. Au-delà de notre identité, ces gestes forment finalement nos manières de faire, nos modes de fonctionnement et notre agilité globale. Cela concerne aussi bien notre dextérité que nos capacités cérébrales. Ces aptitudes demandant peu d'énergie cognitive, s'appelle le chunking[3], et sont à la base des habitudes. Ces chunks, ou ces « *segments* » d'habitude, sont tout un tas de gestes, mis dans un mouvement qui leur donne une cohérence, et vous articulez ensuite ce mouvement par rapport aux autres dans un objectif particulier.

Utilisés par centaines, tous les jours, ils rendent le quotidien moins fatigant. Ce sont les modes automatiques correspondant au

---

1 Deni, M. (2014). Le design de services : projeter le bien-être. *Communication et organisation, 46*, pp. 129-142.

2 Fleury, C. (2002). *Pretium Doloris, l'accident comme souci de soi.* Pluriel, op. cit. p. 28

3 Duhigg, C. (2016). *Le pouvoir des habitudes, changer un rien pour tout changer*, Clés des champs, Flammarion, op. cit. p. 43

système A[1]; ces modes permettant de mettre du dentifrice sur votre brosse à dents, *chunk* simple, et ceux qui vous permettent de conduire, *chunk* complexe[2]. Le concept du système A renvoie à nos actes automatiques et irréfléchis. Ce sont nos habitudes, nos réflexes, et notre conditionnement entre autres, définissant nos réactions premières. Si nous avons tous des habitudes ancrées dans nos vies, il faut savoir cependant qu'au début, c'était une succession de gestes non intuitifs, nous demandant un effort cognitif. Il aura fallu beaucoup de répétitions pour apprendre à les maîtriser parfaitement, jusqu'à ce qu'ils ne nous demandent plus aucun effort de réflexion.

Ces chunks, définis dans le temps, seront à étudier, à comprendre, et à relier les uns avec les autres. Vous découvrirez ainsi lequel amorce celui qui vous intéresse dans le projet et lequel lui succède. Décortiquez la moindre nuance de processus dans les actions, à la façon de l'ethnographie de l'action présentée plus tôt dans cet ouvrage. Il est fort probable que vous découvriez en même temps pourquoi ce *chunk* a été mis en place. Ce « pourquoi » vous aidera à comprendre « comment » agir sur le *chunk* qui vous intéresse.

Ainsi chacun de vos patients, en fonction des particularités de sa pathologie, aura créé comme une technologie de fonctionnement reposant sur des valeurs personnelles, afin de se réinventer à l'aune de son corps et de sa volonté. Ceci constitue une manière de ne pas subir son environnement selon sa maladie.

---

1 Thaler, R., & Sunstein, C. (2008). *Nudge, Comment inspirer la bonne décision.* Pocket.

2 Duhigg, C. (2016). *Le pouvoir des habitudes, changer un rien pour tout changer*, Clés des champs, Flammarion, op. cit. p. 43

6.1.2. L'hybridation de l'Être

Par ailleurs, avec les technologies, toujours plus petites et liées au corps, comme les implants, les greffons ou tout autre dispositif médical de catégorie 3, le patient ressent dans la chair qu'il n'est plus le même. De par les mises à jour technologiques, les lectures de données de l'équipe soignante et les échanges d'informations, le patient ressent son corps comme multiple et interactif. Cette insertion des technologies complète la complexité hybride de l'Être et contribue à sa métamorphose charnelle et spirituelle. Ces nouvelles interactions sont créées entre la peau et le monde ; elles peuvent être positives comme négatives selon comment les nouveaux stimuli sont accueillis :

- Est-ce qu'ils étaient attendus ?
- Est-ce qu'on a prévenu le patient ?
- Est-ce qu'on lui a dit que ce ne serait rien du tout et que finalement c'est plutôt intrusif ?

Cette notion est très importante quand vous travaillez sur vos personae. Car vous aurez autant de changements de personnalité que de recompositions identitaires liées à l'hybridation et à la temporalité des soins (cf. I- 6.2. Les temporalités). Nous l'avons vu plus tôt, l'environnement est lui-même en partie hybride puisqu'à la fois physique et numérique. Il est en effet médiatisé numériquement.

Ces environnements numériques et physiques ne font plus qu'un et modifient nos perceptions de l'espace-temps. Cette signalisation multimodale provoque une remédiation cognitive pour mieux réceptionner les informations. Nous vivons et recevons ces dialogues ubiquitaires dans notre chair[1] influençant même notre compréhension de nous-mêmes. Humain-objet, diffusable et consommable pour les publicitaires, avec notre consentement. Un enjeu éthique majeur s'inscrit dans cette dissociation du corps et de l'esprit. Alors même que les technologies en santé doivent intervenir pour les rapprocher et les accorder. En effet, un corps hybridé et partagé modifie le type d'informations et de sensations qu'il envoie au cerveau.

---

[1] Catoir-Brisson, M. (2020). *De la techno-critique de l'information ubiquitaire à l'innovation sociale et numérique : vers une éthique créative des technologies.* Séminaire DEI : Laboratoire Projekt.

Par ailleurs, le corps a également la particularité de mémoriser les environnements habituels ; c'est-à-dire un lieu rendu sensoriellement et affectivement « *correct* ». Prenons un exemple. Certains patients sont habitués à entendre le « *bip* » du rythme cardiaque. Ce serait clairement angoissant s'il n'y avait plus aucun son dans la chambre. L'expérience sensorielle des radios allumées, du grésillement des haut-parleurs de couloir ou des radios portables, des portes qui s'ouvrent et se ferment, des pas dans les couloirs, tout ceci constitue une présence permanente et rassurante quand elle est stable. Pensez aux bruits de chez vous quand vous vous réveillez ou quand vous vous endormez. Ils sont plus rassurants, en général, que ceux d'une maison d'hôte où des inconnus sont entendus dans les couloirs. Un environnement en constante évolution, comme un hôpital où les patients viennent et repartent, où des tragédies et des bonheurs se vivent, et où des imprévus surgissent chaque jour, est donc plutôt insécurisant.

Ainsi, une partie de l'affectivité sensorielle des lieux habituels passe tout simplement par les stimuli récurrents[1] et assimilés par conséquent par le cerveau. Les patients chroniques reconnaissent parfois les soignants à leurs bruits de pas lorsqu'ils restent plusieurs jours en hospitalisation.

Sachant que les bruits des notifications de smartphone ancrent des réflexes et créent de nouvelles sensations, songez également à la présence sonore de votre solution. Un son au mauvais moment peut créer des précédents qui pourraient influencer l'expérience cumulative du signifié[2] que vous créez. Le patient pourrait finir par délaisser votre solution, alors que ce même son pourrait renforcer une étape franchie en annonçant une nouvelle positive, par exemple. Réfléchissez à la réalité que vous créez par les stimuli produits par votre solution, et/ou comment vous la modifierez.

Personnellement, j'ai été hospitalisée plusieurs fois. Et à un moment, je m'étais amusée à récupérer le « *bip* » du moniteur pour le mettre dans une application qui générait des musiques en fonction des paroles enregistrées. Je m'ennuyais beaucoup et j'ai fait des tests qui finalement ont complètement changé ma perception de ce

---

[1] Pink, S. (2015). *Doing Sensory Ethnography*, 2e edition, SAGE Publications.

[2] Ansermet, F., & Magistretti, P. (2017). *À chacun son cerveau, Plasticité neuronale et inconscient.* Odile Jacob.

« *bip* ». Cette petite réappropriation de l'environnement m'avait rassurée et apaisée grâce à un simple détournement. Les perceptions sont donc modifiables avec une intervention extérieure. Elles peuvent également être modifiées par l'implant ou la connexion à un dispositif médical. La technologie fusionne avec la peau qui n'est plus une simple surface biologique. Les attentes de l'usager définissent en partie ses premières impressions, la communication construite par étape avec le patient peut donc fortement influencer le vécu de la maladie. La machine faisant partie intégrante du corps, de la peau, sans pour autant s'y intégrer vraiment, crée souvent une désincarnation de *l'être* à soi.

Ce rapport désincarné au corps peut se créer par le monitoring des constantes et des comportements entre autres. Ces données numériques permettent de réfléchir autrement sur son corps et ses actes quotidiens. Un corps hybride communiquant par une application pour smartphone est un corps duquel nous exigeons des résultats plus que nous créons de l'empathie. C'est pourquoi il est recommandé de prêter une attention toute particulière aux réactions émotionnelles provoquées par les résultats du *Self-Tracking*[1] (cf. II-5.1.4. Le Self-Tracking).

6.1.3. Le récit de soi

L'objectivation de la portée de ses efforts permet donc de créer un nouveau rapport à soi et d'ajuster ses croyances. Si initialement, les réactions du monde extérieur nous apprenaient le bien et le mal par exemple, aujourd'hui les technologies nous offrent une perspective de gestion autocentrée redéfinissant le sens du bien et du mal. Notre identité est, de fait, bousculée par l'intégration des technologies. Prothèses ou orthèses, externes ou internes, l'identité se définit finalement par un continuum de changements d'état enregistré numériquement.

Celui-ci qualifie nos différentes manières de faire performer le corps. La technologie nous dit si nos efforts sont suffisants (bien), si

---

[1] Pink, S. (2015). *Doing Sensory Ethnography*, 2e edition, SAGE Publications.

nous devons mieux faire (mal), si nous devrions comparer nos résultats ou juste nous satisfaire de ce que nous faisons ou de ce que nous sommes. Le corps se transforme à mesure que les chiffres évoluent et envoient des messages différents. Ce faisant, alors un corps « provisoire »[1].

> « L'homme ne cesse jamais d'extérioriser les particularités de son monde intérieur sur l'environnement {…} les réinstaller dans un second temps en lui-même, après que diverses transformations facilitées par ce processus d'intériorisation les ont rendues plus facilement assimilables et utilisables. »
>
> S. Tisseron,
> 2018[2]

Interrogeons-nous sur le but de cette performance. À l'ère du développement personnel, il est intéressant de se poser la question de l'éthique de cette tendance.

- À quelle échelle se réfère une personne qui veut être « meilleure » ?
- Comment peut-elle savoir si elle est au meilleur d'elle-même ou si elle peut se sentir mieux en faisant des efforts ?
- Qui a mesuré le poids des efforts cumulés face à la personne identique que l'on reste ?
- Quelqu'un a-t-il créé une échelle de développement individuel ?
- N'est-ce pas plutôt une échelle de sérénité et d'acceptation de soi qu'il faudrait évaluer et amener au sein des applications de bien-être ?

---

1 Andrieu, B. (2009). *L'humain, l'humanité et le progrès scientifique, Quelle éthique pour les hybrides ?* Dalloz.

2 Tisseron, S. (2018). *Petit traité de cyberpsychologie, pour ne pas prendre les robots pour des messies et l'IA pour une lanterne.* Le Pommier, op. cit. p.158

Votre solution, en santé ou en bien-être, devra aider le patient à construire son image correctement[1]. Vous devrez orienter votre concept sur un accompagnement éphémère d'un comportement durable et sain.

Le cycle de vie de votre conception devra indéniablement se terminer par l'abandon de son utilisation et l'abolition du besoin qui a nécessité son usage (cf. II- 3.1.5. Le cycle de vie d'une solution e-santé*)*. Au même titre qu'un médecin doit viser dès le départ l'inutilité de sa présence auprès du malade.

Par ailleurs, pour sortir le patient d'une surveillance autocentrée, il faudra accompagner le changement avec un élément du monde physique. Une personne réelle ou une chose inanimée devra changer dans son interaction avec le patient. Cet élément sera ainsi moteur d'un vécu différent. Quelque chose aura changé factuellement. Ce peut être des changements de communications institutionnelles ou des comportements de proches ou de soignants. Le patient doit sentir qu'il est reconnu d'une nouvelle manière[2], qu'il est différent maintenant et que son changement d'être, ou d'état, est reconnu par son environnement et son entourage. Ils sont en effet les premiers repères externes pour que le patient « *s'apprenne* » différemment.

Quand vous allez dans un lieu où personne ne vous connait, les gens vous envisagent d'une nouvelle façon et cela semble donner une nouvelle identité. De fait, ce fonctionnement est similaire dans le changement identitaire du patient. Nous verrons d'ailleurs un peu plus tard l'aspect central de la reconnaissance extérieure dans l'expérience d'une rémission (cf. II-1.1.5. La reconnaissance).

Pour aider à la construction d'un récit de soi positif, la reconnaissance sociale d'une réussite contre la maladie est une bonne piste, par la création d'un système d'affiliation et la théorie de la reconnaissance. Il faudra prêter attention toutefois au fait qu'après l'usage de la solution, le patient risque de perdre cette dimension, voire de vouloir la récupérer en utilisant de nouveau votre système. Vous comprendrez que ce n'est donc pas un modèle à conserver sur le long terme, le patient devant s'affranchir de toute forme de dépendance et retrouver sa liberté d'Être sain. Il ne doit pas penser

---

1 Fleury, C. (2010). *La fin du courage, La reconquête d'une vertu démocratique*. Biblio essais, Le livre de poche.

2 Honneth, A. (2006). *La société du mépris, Vers une nouvelle théorie critique.* La découverte.

que ce qui est crédible est uniquement ce qui est chiffré ou reconnu. Vous devez lui donner l'élan pour se construire une nouvelle identité, une nouvelle forme de reconnaissance. Les chiffres ne doivent pas prendre le dessus sur les sensations charnelles. Sauf si le corps et l'esprit ne se parlent plus. Cette intimité vitale et substantielle peut parfois faire faux bond. Alors, l'intermédiaire technologique aura un tout autre statut.

Les personnes atteintes de troubles du comportement alimentaire par exemple souffrent pour beaucoup de troubles intéroceptifs. l'anorexie, par ailleurs, serait le résultat d'un déficit au niveau des perceptions multisensorielles[1]. En d'autres termes, les patients n'arrivent plus à faire correspondre les sensations de leur corps avec l'image qu'elles se sont construit de lui. Bien qu'en fait, c'est souvent leur environnement de développement social qui le crée. Leur esprit finit par ignorer la communication du corps, voire par ne plus parler le même langage[2].

[1] Riva, G., & Dakanalis, A. (2018). Altered processing and integration of multisensory bodily representations and signals in eating disorders: a possible path toward the understanding of their underlying causes. *Frontiers in human neuroscience, 12*, p. 49.

[2] Spiegel, B. (2020). *How virtual therapeutics will revolutionize Medicine.* Basic books.

À ce moment-là, les technologies peuvent être salvatrices, officiant comme une remédiation linguistique, une rééducation de l'interprétation des signaux émis par le corps. Une Réalité virtuelle (RV) a été conçue pour les aider à réhabiliter cette communication. Nous verrons un peu plus tard dans l'ouvrage comment en une seule séance de RV, les chercheurs ont réussi à modifier l'expérience du corps, chez ces patients (cf. II-3.2.2. La Réalité virtuelle).

6.1.4. Les perceptions

« La connaissance de soi est d'origine sociale. C'est seulement lorsque l'univers privé de l'individu devient important pour autrui qu'il devient important pour lui-même. »

B.F. Skinner,
1979[1]

Une des personnes faisant partie de l'Institut Quiddité, une association de recherche appliquée et fondamentale en conception d'expérience patient que nous avions créé avec vingt autres personnes, a partagé aux autres fondateurs sa vision du danger infantile sur le web. Thibaut Henin, informaticien légiste et expert en cybersécurité, nous expliquait rapidement comment les enfants se voient et se ressentent. Je le cite :

« En fait, en discutant avec les enfants, j'ai eu l'impression de deux processus parallèles. Ils font preuve d'un énorme optimisme irréaliste (ils oublient leur vulnérabilité d'enfants et se considèrent comme très compétents, surtout sur le numérique où leurs parents luttent souvent). C'est normal, mais il faut le prendre en compte lorsqu'on veut leur enseigner « les dangers » pour être efficace. Ils ne se considèrent pas comme « importants ». Je veux dire, pas comme des personnes dont il faut prendre soin. Je pense que c'est lié à l'image d'eux-mêmes qu'ils perçoivent à travers leurs parents et la

---

[1] Skinner, B. F. (1979). *Pour une science du comportement : le behaviorisme.* Paris : Delachaux & Niestlé Neuchâtel, op. cit. p. 38

communauté en général. C'est aussi un axe où les éducateurs peuvent faire du bien. Mis ensemble, ça fait un super cocktail : rien ne peut leur arriver et, si ça arrive, ce n'est pas grave... En lisant le Code pénal où c'est exactement l'inverse qui est écrit, ça a fait un « petit électrochoc » : la société tout entière leur reconnaît une importance capitale et souhaite les protéger. Si on avait eu le temps, on aurait pu « travailler » sur les changements du Code civil ces dernières années… ». Cette réflexion issue de son domaine professionnel fait écho à cette partie du livre. Les perceptions que nous avons de nous-mêmes sont capitales pour bien évoluer dans notre environnement social. Et vice-versa. L'image que l'environnement entretient de nous-mêmes est capitale pour notre développement social. Les lois sont elles-mêmes vectrices de l'image que nous nous forgeons de nous-mêmes (par exemple, ici, dans notre rôle de protecteur envers les enfants). Alors même que, sur le terrain, cette image ne reflète pas du tout la réalité de nos actes (ne pas écouter l'enfant par exemple, et le laisser jouer de son côté pour retrouver le calme). Les perceptions sont donc façonnées en partie par la vie sociale du patient.

Mais elles dépendent également des émotions. Les ressentis émotionnels du patient seront en permanence le filtre de sa vision du monde extérieur. Ses pensées et la représentation de son environnement lui permettront de se positionner selon ce qui lui semble familier ou étranger. L'interaction avec les objets qui

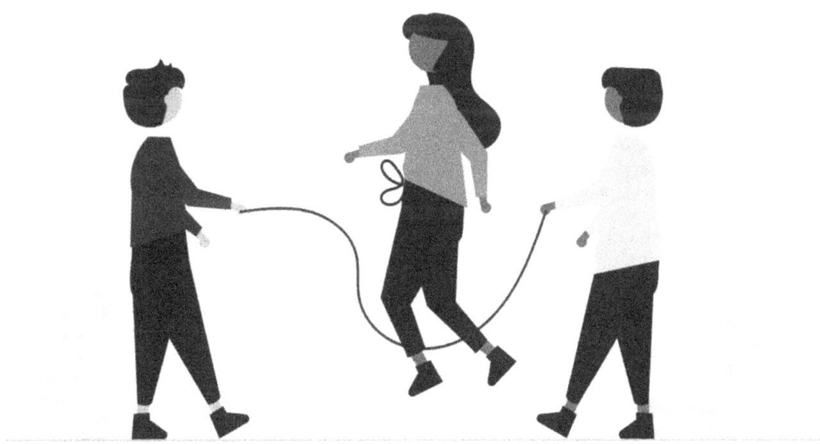

l'entourent génère du transfert et permet un jeu de relation dans un mouvement de projection de soi[1].

Certaines personnes sont toutefois plus sensibles que d'autres. On peut parler dans certains cas d'hyperesthésies. C'est-à-dire de personnes hypersensibles ressentant plus intensément les sensations physiques du corps. Ces sensations peuvent être liées aux émotions par ailleurs. Les hyperesthésiques sont donc davantage susceptibles de mémoriser leurs sensations, de les reconnaître, et de surcroît, de les ressentir intensément. Et à contrario, il existe aussi des personnes dont l'intéroception est très atténuée.

Revenons au cas des Troubles du Comportement Alimentaire. En cas de crise, les signaux du corps sont étouffés et mal interprétés. Le corps envoyant des signaux d'alerte peut avoir différents accueils chez les personnes. Si l'intéroception est élevée, elles seront gênées. Et au contraire, si elles sont déconnectées de leurs sensations, il n'arrivera rien de notable à leur conscience. Il se passe en fait la même chose concernant la douleur. Encore une fois, les intérêts sont à nuancer selon les patients et leur pathologie. L'intéroception étant amenuisée, cela peut protéger l'esprit des émotions ou des douleurs. Mais ce n'est pas bon si le cerveau ne réceptionne pas les messages vitaux, comme la faim[2].

Le corps, dans ses dimensions organiques, évolutives et vivantes, est une « *antenne du monde* » et de l'environnement. L'objectivation des sensations du corps, et le fait de réifier ce qui est à la base substantielle, intime et impalpable, est obtenue au prix d'une distanciation nocive pour notre équilibre global[3]. Notre perception, forgeant en partie notre amour propre, est en réalité une prise de position[4], comme un avis malléable par l'extérieur, constituant un aspect instable de notre personnalité. Notre réalité intérieure[5] est liée

---

[1] Tisseron, S. (2018). *Petit traité de cyberpsychologie, pour ne pas prendre les robots pour des messies et l'IA pour une lanterne.* Le Pommier.

[2] Spiegel, B. (2020). *How virtual therapeutics will revolutionize Medicine.* Basic books.

[3] Sloerdijk, P. (2000). *Critique de la raison cynique.* (P. D. dans Fleury C. (2002), Éd.) Christian Bourgois éditeur.

[4] Fleury, C. (2002). *Pretium Doloris, l'accident comme souci de soi.* Pluriel, p. 28.

[5] Riva, G., & Dakanalis, A. (2018). Altered processing and integration of multisensory bodily representations and signals in eating disorders: a possible path

à l'intéroception, consolidant les traces synaptiques, ou mnésiques, répétitives et ancrant par là même des croyances. En temps normal, le corps du patient envoie des signaux alertant de la maladie et le cerveau les détecte pour former de nouvelles cognitions ; celles-ci changent ensuite notre réalité interne. Ces cognitions font réagir le corps et le cerveau. C'est grâce à cela que le patient prend des décisions, comme appeler son médecin ou se reposer, par exemple. Avec des problématiques de communication entre le corps et le cerveau, la réalité interne reste inaccessible à l'esprit et le patient ne parvient pas à faire face aux menaces pour sa santé.

Lorsque vous concevrez la solution, pensez donc à ces phases de manque de lucidité sur les perceptions du corps. Par exemple, si vous concevez une aide numérique à destination des phobiques, certaines peurs vous sembleront infondées, inaccessibles à la compréhension et donc à l'anticipation. Tandis que le patient, lui, se sentira dans une situation de danger, voire même de mort imminente. Son corps lui enverra ces messages stressants, car une situation de grave danger a ancré ces stimuli comme extrêmement menaçants. Aussi, calmer le patient à ce moment-là, où le pic émotionnel est absolu, est très difficile, surtout avec une solution numérique lui demandant des actions engageantes.

La solution NERTI (Nettoyage Émotionnel Rapide des Traumatismes Inconscients)[1] travaille sur ce principe de focalisation mentale et de lâcher-prise, mais est à la limite du supportable pour celui qui le pratique. Par ailleurs, l'auteur met des limites de temps au-delà desquelles il serait dangereux et anormal de rester dans cet état d'immersion émotionnelle. Sans aller dans une critique thérapeutique de cette méthode, il est intéressant de comprendre comment cette méthode met à mal les sensations déréglées du corps, en immergeant consciemment le patient en situation de danger alors que la situation est en réalité sécurisée.

Rappelez-vous la signification principale de l'objet de sa peur. La signification qu'il attribue à la problématique est celle que vous devrez travailler avec votre solution. Vous allez contrebalancer avec une nouvelle valeur, une autre dimension qui lui sera salutaire. Le

---

toward the understanding of their underlying causes. *Frontiers in human neuroscience, 12*

1 Geiger, L. (2017). *La solution NERTI, Phobie, angoisse, panique, timidité, jalousie... La méthode ultra-simple pour se libérer.*

patient devra attribuer à cette valeur une nouvelle situation connue. Prenons un exemple concret. Si vous considérez que ce qui peut atténuer la phobie des spatules en bois est de ne manger qu'avec les mains, mais que le patient n'en a pas du tout envie, vous ne serez pas en phase avec lui[1]. Vous devrez essayer autre chose pour l'aider et notamment chercher avec lui le meilleur moyen pour enlever cet ancrage de l'atroce spatule en bois[2].

Enfin, nos perceptions changent en fonction de l'activité physiologique du patient. Il vous est probablement arrivé de partir faire du sport, après une mauvaise journée de travail, stressé, démotivé, triste, fatigué et énervé. Vous rappelez-vous comment vous vous êtes senti détendu, motivé, heureux, énergique et serein ensuite ? Dans les *experience map* de patient (cf. II-4.3.4. L'experience map), récoltez donc des informations sur ses activités pour essayer de dénicher les bonnes attitudes, les pics d'endorphine ou d'ocytocine par exemple. Cela permettra de comprendre comment avec ces habitudes de vie positives, même minimes, vous pourrez appuyer votre solution. Si le patient n'a pas assez d'habitudes positives, ce sera l'occasion de l'inviter à travailler les mouvements de son corps pour provoquer l'état physiologique souhaité. Cet état dépend des émotions que vous souhaitez faire

[1] Wendel, S. (2020). *Designing for Behavior Change,* Second Edition Applying Psychology and Behavioral Economics. Kindle, pp. 1160-1165

[2] Cet exemple n'est pas du tout caricaturé. Il est tiré d'une expérience vécue avec une connaissance. J'ai trouvé cette phobie intéressante pour vous faire comprendre le décalage possible avec les peurs du patient.

émerger et des hormones correspondantes. Votre investigateur vous guidera dans ce domaine de gestion hormonale.

6.1.5. La métacognition et l'infracognition

Intégrer la métacognition et l'infracognition dans vos *experience map* vous donnera une nouvelle dimension de compréhension. D'ores et déjà pris en compte dans l'Éducation Thérapeutique du patient, le métacognitif est le plus évident à prendre en compte. En effet, l'infracognition, reposant sur des schémas mnésiques inconscients et faisant référence entre autres au système A[1], est beaucoup plus compliquée à faire évoluer. Pourtant, cette dernière, si elle n'est pas approfondie et prise en considération, fait souvent obstacle dans l'accompagnement des patients chroniques[2].

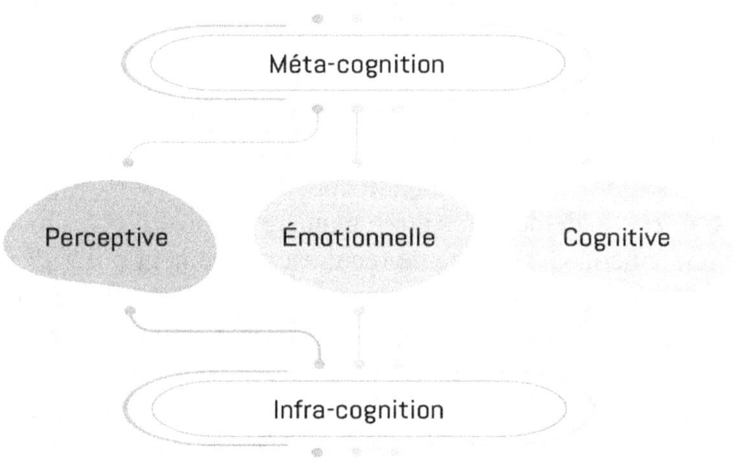

Schéma ci-dessus des liens perceptifs, émotionnels et cognitifs qui influencent la métacognition et l'infracognition.

---

1 Thaler, R., & Sunstein, C. (2008). *Nudge, Comment inspirer la bonne décision.* Pocket.

2 Lagger, G., Sittarame, F., Lasserre-Moutet, A., Chambouleyron, M., Giordan, A., & Golay, A. (2013). *La dimension infra-cognitive peut interférer avec l'apprentissage.* SETE: EDP Sciences.

Dans votre *experience map*, les informations avant, pendant, et après une action, peuvent être porteuses d'une autre dimension pour comprendre le vécu et la perception du patient ; notamment concernant la conscience que le patient a de ses actions, et de ses habitudes de pensées. N'avez-vous jamais entendu quelqu'un dire « De toute façon, je le savais, il m'arrive que des ennuis à moi ! » ? Et cette personne s'enferme effectivement dans des chorégraphies de gestes inconscients qui perpétuent sa croyance.

« À la différence de ceux qui sont un support
de mémoire vivante, les objets porteurs de mémoire
en sommeil ne sont pas utilisés dans la vie quotidienne. Ils sont
en effet investis d'expériences pénibles que leur propriétaire craint
de réactiver. Mais, en même temps, il espère toujours pouvoir
s'approprier ce qu'il y a déposé. »

S. Tisseron,
2018[1]

La métacognition est considérée comme la cognition de la cognition. Cela consiste à réfléchir à sa propre activité cérébrale. L'objectif est de prendre davantage conscience de leurs processus mentaux. C'est finalement une autre manière d'objectiver les modes de fonctionnement. Cette prise de recul est notamment utilisée dans les thérapies cognitivo-comportementales. Mais métacogiter constitue aussi une source de savoir très utile pour votre *User Research*[2] (cf. I-4.4.1. Les interviews). Lors de vos observations terrain, vous pourrez ainsi poser un certain nombre de questions aux participants sur leurs propres pensées.

---

[1] Tisseron, S. (2018). *Petit traité de cyberpsychologie, pour ne pas prendre les robots pour des messies et l'IA pour une lanterne.* Le Pommier, op. cit. 215

[2] Phase de recherche terrain, que j'ai introduite au chapitre 4. On utilise le terme « *User research* » ou recherche utilisateur en français, dans le cas de pratique du design centré sur l'utilisateur ou « *UX Design* ».

Avant de faire usage d'un outil ou d'un service spécifique à sa prise en charge, vous pourrez notamment lui demander[1] :

- Qu'aimeriez-vous vivre de positif lors de cette expérience ?
- Avez-vous en mémoire des situations similaires ?
- Qu'est-ce qui pourrait faire obstacle à ces éléments positifs ?
- Quelle stratégie pensez-vous être la bonne pour bénéficier de ces « choses positives » (remplacez par ses idées et ses envies) ?

Pendant l'usage de l'outil ou du service :

- Parlez-moi de ce que vous faites. Pourquoi faites-vous cela ?
- Pouvez-vous me décrire toutes les étapes de votre action ?
- Est-ce qu'elles permettent d'obtenir les effets positifs attendus ?
- Que pensez-vous de votre stratégie initiale ?
- Pourquoi ?

Après avoir utilisé l'outil ou le service en santé :

- Quels sont les résultats obtenus au regard de vos attentes initiales ?
- Votre stratégie a-t-elle été efficace ? Pourquoi ?
- Qu'est-ce que vous devriez changer selon vous ?
- Comment pourriez-vous les mettre en place pour la prochaine fois ?

L'infracognition est plus difficilement perceptible. Peu de patients vous diront qu'utiliser une aide numérique, pour mieux

---

[1] Inspiré de Gagné, P. (2019). *Apprendre à métacogiter.* (Centre d'Apprentissage COGITO s.e.n.c.) Consulté le juillet 14, 2021, sur Programme d'Entraînement et de Développement des Compétences Cognitives : https://pbs.twimg.com/media/Ezbf4tyXIAMTP8L.jpg:large

dormir ou pour éviter de boire par exemple, leur fait se sentir faibles ou bêtes. Faibles parce qu'utiliser une application pour s'en sortir, « C'est vraiment qu'il n'y arrive pas seul !», ou bêtes, parce que - « Si un médecin n'arrive pas à l'aider, pourquoi une app y arriverait-elle ? ».

Les technologies aident beaucoup, pour la plupart, si ce n'est pour améliorer une situation, elles peuvent éviter qu'elle n'empire. Pour rappel, une roue de charrette est déjà une technologie. Toutes les technologies ne sont pas forcément numériques. Ainsi l'usage de votre solution, numérique ou non, peut être préférable en privé et non en public, pour éviter au patient de se sentir mal. Car cette sensation peut être infondée et ne reposer sur aucun fait comme elle peut effectivement être la cause d'une stigmatisation de l'usage.

D'ailleurs, le fait d'avoir des soucis de santé est souvent un sujet tabou jusqu'à ce qu'ils ne puissent plus être cachés aux yeux de tous, ou supportés sans soutien social, lors d'un repas pour les intolérants ou les diabétiques par exemple. D'autant plus à une époque, où le patient ne souhaite plus simplement soigner son corps, mais bien l'améliorer jusqu'à en faire « l'objet » qu'il souhaite, jusqu'à le façonner tel qu'il souhaiterait l'habiter[1].

Un tel écart entre une maîtrise parfaite de son corps et un manque de contrôle du patient creuse significativement les enjeux et les

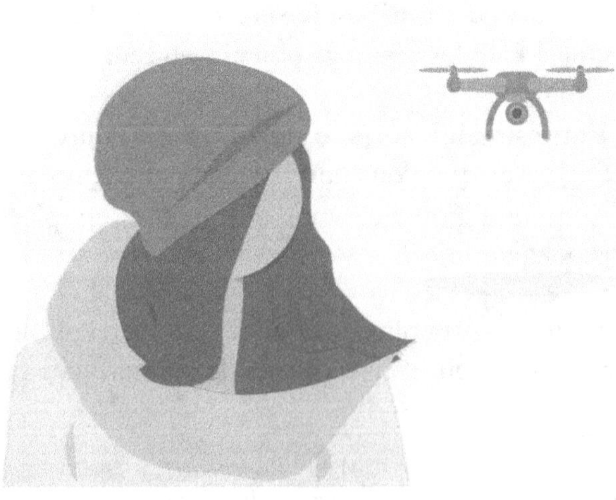

[1] Lafontaine, C. (2009). *Le corps régénéré : la lutte anti-âge et la quête d'immortalité.* (M. P. dans Hervé C., Éd.)

risques de stigmatisation, voire d'autostigmatisation. La société a un langage paradoxal où elle se veut inclusive, mais où elle ne valorise que les *success-stories*. Cela force l'autosabotage quand on ne se sent pas à la hauteur des exploits en exemple. Internet, virtualisant ces performances de façon ubiquitaire, donne encore plus d'écho à cet écart entre la réalité et le fantasmé.

6.1.6. La dissonance cognitive

Les personnes « qui ont été trop blessées sont restées prisonnières du passé, souffrant sans cesse d'un passé toujours présent. Leur mémoire n'a pas fait son travail de repousser l'événement dans le passé. Leur blessure saigne encore. »

B. Cyrulnik,
2014[1]

Une dissonance cognitive est une incohérence entre une pensée, un principe ou une valeur d'une part, et une action d'autre part. De cette incohérence nait un désaccord entre la volonté et le comportement auto-observé (cf. I-6.1.5. La métacognition et l'infracognition).

Une tension latente émerge, rendant le vécu de la situation inconfortable, ce que les personnes tentent ensuite de corriger avec divers stratagèmes d'auto-persuasions. Néanmoins, leurs premières réactions restent rapides et sans beaucoup de réflexion, ce qui amène les confrontations entre praticité situationnelle et valeur fondamentale, par exemple.

Par ailleurs, les facultés de l'être humain sont limitées. Les raccourcis cognitifs permettent d'accélérer les prises de décision, et les biais cognitifs sont une forme de raccourcis cognitifs. Ils biaisent également les prises de décision. Ils permettent d'économiser le coût énergétique de l'attention, de la mémoire, et du raisonnement. Ces systèmes de raccourcis peuvent aussi induire en erreur parfois. Il

1 Cyrulnik, B. (2014). *Sauve-toi, la vie t'appelle.* Odile Jacob, op. cit. p. 239

arrive que des écarts entre l'intention de départ et l'action réellement effectuée s'observent. Les professionnels du développement personnel s'appuient d'ailleurs beaucoup dessus en donnant des supports aidant à faire le pont entre ce que les personnes réalisent vraiment et ce qu'elles veulent, avec pour gratification la fierté de soi. Nous verrons que ce principe est intéressant, compte tenu du chemin pour y arriver qui est de reconnaître le courage du patient (cf. II- 1.1.5. La reconnaissance).

Les fausses croyances et les mauvaises habitudes peuvent être liées par les bonnes intentions d'ailleurs. Personne n'a jamais réellement eu envie d'avoir tort à un moment donné. Grâce à l'étude du comportement, nous pouvons davantage analyser et comprendre les manques de cohérence entre les propos et les actes. Nous pouvons avoir pour intention de ne pas commander sur une célèbre plateforme e-commerce et puis nous retrouver, pour diverses raisons pratiques à le faire. Oui, mais « il n'y en a nulle part ailleurs », « ça revient au même prix, mais avec les frais de route en moins » ou bien encore « c'est de l'occasion, donc c'est un geste pour la planète plutôt que d'acheter en neuf chez mon commerçant du coin. ».

Les excuses pour rester des heures sur les réseaux sociaux malgré le malaise que cela peut générer sont également nombreuses. Au même titre qu'un patient oubliant de façon récurrente ses prises de médicaments sera probablement en train de justifier ces actes manqués, plus tard, avec des raisons vraisemblables.

En effet, même si ces manquements se répètent, les personnes ayant des dissonances cognitives (nous en avons tous) ne voudront pas reconnaître qu'il y a autre chose justifiant ces inactions. Parce que le reconnaître, c'est également rendre réel et faire émerger la notion d'évitement, et donc d'affrontement, de ce qui les gêne. De fait, elles vont continuer les manquements en les justifiant de diverses manières à chaque fois, sans sourciller.

Cela montre d'ailleurs que les bonnes intentions et la motivation réelle à réaliser une action ne sont pas suffisantes pour passer à l'acte[1] ; une mise en scène, des facilités ergonomiques, une signalétique spécifique pourront être des leviers d'action.

---

[1] Wendel, S. (2020). *Designing for Behavior Change,* Second Edition Applying Psychology and Behavioral Economics. Kindle.

Et ceci est le travail du concepteur en santé. Selon Festinger, un psychosociologue américain et auteur de *La théorie de la dissonance cognitive* (1957), trois principes aideraient à diminuer cet inconfort.

- La normalisation du phénomène ;
- Le changement de comportement pour réinstaller une cohérence entre les pensées et les actes ;
- La justification de la dissonance avec de nouvelles informations.

« Les images d'hier gravées dans ma mémoire ne correspondaient plus aux choses d'aujourd'hui. Le puits, la grange et la maison construisaient dans ma mémoire une autre représentation, une autre évidence pour moi. »

B. Cyrulnik,
2014[1]

6.1.7. La mémoire

Nous rappelons nous vraiment de tout ce que nous voulons ? Bien sûr que non. Et parfois le cerveau enregistre des événements passés sans que nous ayons conscience de son importance.

En fait, il peut même arriver que nous nous souvenions d'événements passés sans grand intérêt alors que nous aurions voulu plutôt garder bien nets en mémoire des occasions, des rencontres, ou des hasards. En fait, plus il y a d'émotions, plus la mémoire enregistre efficacement ce qui se passe. Le vécu passe en fait par trois types de mémoire se succédant : la sensorielle, celle à court terme, et celle à long terme.

- **La mémoire sensorielle** perçoit et enregistre les sensations. Elle fait écho à d'autres sensations similaires mémorisées.
- **La mémoire à court terme** stocke les informations nécessaires à la réflexion grâce à la mémoire de travail.

[1] Cyrulnik, B. (2014). *Sauve-toi, la vie t'appelle.* Odile Jacob, op. cit. p. 118

- Et enfin, **la mémoire à long terme** est celle qui stocke durablement les informations, souvent répétées ou chargées émotionnellement.

Cette dernière se compose de deux segmentations.

- D'un côté, **la mémoire non déclarative** ou procédurale comprend ce qui a trait à notre dextérité ou notre apprentissage manuel, devenu automatique avec le temps, compliqué à modifier et à expliquer autrement que par l'action.
- Et de l'autre côté, **la mémoire déclarative**, plus malléable, comprend tous les souvenirs que nous pouvons explorer verbalement et consciemment. Elle est elle-même scindée en deux types de mémoires ;
    - **La mémoire sémantique** intégrant l'ensemble des savoirs de la personne et plutôt hermétique aux émotions et au contexte d'apprentissage ;
    - **Et la mémoire épisodique** très liée aux dimensions spatio-temporelles de l'expérience vécue ; elle permet entre autres de raconter des événements passés, présents ou futurs ; vous aurez le plus souvent affaire à elle dans le cadre de vos entretiens patient ; d'où l'intérêt de venir compléter ces propos, car cette mémoire n'est pas sans faille. Elle est influencée par le contexte, les émotions et le temps. Les souvenirs sont consolidés, ou toujours saillants selon l'intensité de l'émotion.

L'émotion est donc un facteur décisif dans notre capacité de mémorisation, mais également dans notre faculté à pouvoir digérer les événements. D'un point de vue neuroanatomique, les émotions sont traitées dans notre cerveau par l'amygdale faisant partie du système limbique et étant intégrée à la reconnaissance sensorielle des stimuli.

L'hippocampe, également intégré au système limbique, fait entre autres le lien entre la mémoire et les repères spatiaux. Il permet de comparer les informations reçues de l'extérieur avec des caractéristiques d'expériences passées, de façon à *ranger* ce qui est vécu au bon endroit dans la mémoire.

En ce qui concerne les flashes de mémoire, comme des instantanés photographiques, ils seraient en réalité plutôt déformés par exagération. Si certaines caractéristiques peuvent demeurer exactes, le fait d'avoir des captures visuelles très vives d'un événement passé n'empêche pas le souvenir d'être tout aussi modifié par le temps. Nous y prêtons en l'occurrence une confiance exagérée aux vues de sa netteté, car il ne reflète en fait que certaines bribes d'un vécu qui était déjà soumis à interprétation au moment de sa mémorisation.

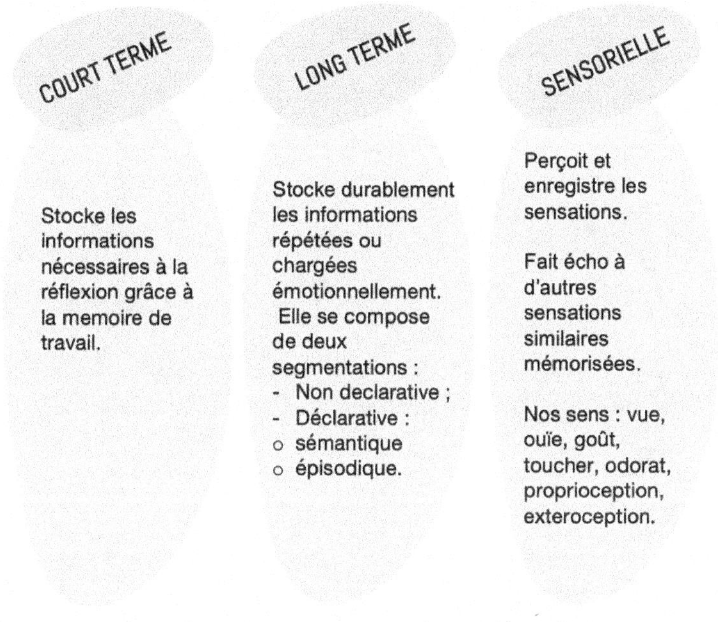

Schéma des différents types de mémoires et ce qui les caractérise.

Par ailleurs, certains objets rappellent parfois des événements traumatiques, avec une charge émotionnelle si grande qu'elle dépasse l'individu, incapable de s'affranchir de sa signification. Ces objets, vous les trouverez cachés dans un placard qu'on n'ouvre jamais, ou dans le grenier derrière de gros cartons. Ils sont les témoins de l'histoire, d'un drame ou d'une passion, faisant partie de l'identité de son propriétaire ne pouvant se résoudre à s'en séparer[1].

---

[1] Tisseron, S. (2018). *Petit traité de cyberpsychologie, pour ne pas prendre les robots pour des messies et l'IA pour une lanterne.* Le Pommier.

« En moins d'une semaine, même les structures cérébrales liées à la mémoire s'étaient mises en veille. Le rat avait intériorisé la manière de parcourir ce labyrinthe à toute vitesse, à tel point qu'il n'avait plus tellement besoin de réfléchir du tout. »

C. Duhigg,
2016[1]

---

[1] Duhigg, C. (2016). *Le pouvoir des habitudes, changer un rien pour tout changer*, Clés des champs, Flammarion, op. cit. 41

6.2. Les temporalités

> « Le présent est donc la durée pendant laquelle {…} l'espace de l'expérience et l'horizon d'attente coïncident. C'est seulement pendant ces durées de stabilité relative que nous pouvons faire appel à nos expériences passées pour orienter nos actions et tirer des conclusions du passé en ce qui concerne l'avenir. »
>
> H. Rosa,
> 2012-2013[1]

La maladie est une succession de temps, d'instants, de moments et de périodes. Parfois plus faciles à vivre que d'autres, ils jalonnent le parcours du patient, ralentissent, s'accélèrent, stagnent… Ils influencent notablement le moral et la motivation. Vecteur de douleur ou de soulagement, tout individu sur terre ressent le temps dans sa chair, bien qu'il soit impalpable. Partie intégrante et substantielle de l'expérience, le temps est à la base de nombreux outils de travail des concepteurs d'expérience.

Les temporalités se vivent différemment d'une personne à une autre donc, autant dans le ressenti du temps qui passe, mais également dans sa gestion. Ainsi, un patient à qui on vient d'annoncer une maladie chronique incurable peut tout à fait ne pas accepter ce qui lui est dit et entrer dans une phase de déni, laissant le temps filer, tandis que le professionnel de santé trépigne d'impatience de commencer la prise en charge de peur que la maladie ne progresse trop. Le temps passera trop rapidement pour le patient, et trop lentement pour le professionnel de santé.

La conception d'un processus d'accompagnement doit prendre en charge de multiples temporalités différentes dans l'expérimentation des services de soin. Les décalages temporels entre un fonctionnement de microsystème, macrosystème et mésosystème créent autant de tensions que de freins potentiels à la rémission du

---

[1] Rosa, H. (2012-2013). *Aliénation et accélération, Vers une théorie critique de la modernité tardive*, La découverte, Poche, op. cit. p. 22

patient. Faire progresser le système de santé vers une accessibilité à la santé globale, à travers la psychoéducation au soin et *à soi*, délogerait en partie les prises en charge épisodiques et fragmentées. Ceci amènerait une ouverture potentielle à des conditions de vie améliorées par la prévention. Par ailleurs, ce processus, s'il est doté d'une approche emphatique, en plus des soins de qualité, offrira une expérience patient exceptionnelle[1].

Retrouver un continuum temporel équilibré, c'est créer un parcours de santé du patient, davantage aligné aux besoins liés à sa maladie et à la thérapie, sans trop se plier aux exigences extérieures. Concentrez-vous sur leurs erreurs de décision, leurs habitudes[2] et appuyez-vous sur leurs croyances, leurs réflexes sains. Assurez-vous également que les individus soient tout à fait consentants pour améliorer leurs prises de décisions et leurs habitudes quotidiennes. C'est une question d'éthique incontournable.

[1] Balik, B.; Conway, J.; Zipperer, L.; Watson, J. (2011), *Achieving an Exceptional Patient and Family Experience of Inpatient Hospital Care, Institute for Healthcare Improvement, IHI Innovation Series white paper,* Cambridge, Massachusetts.

[2] Ibid., pp. 796-804

6.2.1. Les périodes

« Le souci de soi est à la fois un souci de l'âme et un souci du corps puisqu' « endurer la durée », c'est se conserver et implicitement prendre la mesure de la vérité. »

C. Fleury,
2002[1]

Les périodes de vie d'un patient sont pour la plupart corrélées à l'évolution de la maladie. Elles transportent des phases de progression, de régression, voire de rémission quand c'est possible. Elles sont toutes liées aux étapes du protocole de soin lorsque le malade est pris en charge. Ce sont des étapes que vous pouvez assez facilement anticiper dans la conception de la solution. D'autant plus que des normes régissent les flux de tâches cliniques concernant les étapes de prise en charge. Elles sont généralement respectées dans leur ordre standard. Souvent, ce continuum d'interactions avec la clinique démarre avec l'arrivée du patient, fournit des informations sur son état de santé et se termine avec la psychoéducation, afin de maintenir un équilibre stable, tout en assurant un suivi.

1. L'arrivée du patient avec des symptômes particuliers et des signes observables se fait au cabinet ou en hôpital ;
2. Ensuite, après parfois plusieurs consultations et examens, vient le diagnostic identifiant la symptomatologie présentée comme correspondant à une maladie ;
3. Viennent les indications et contre-indications selon la stratégie thérapeutique correspondant aux besoins du patient, afin de privilégier tel type de traitement et d'en éviter d'autres ;
4. La thérapie peut donc commencer pour traiter les différents troubles ou affections diagnostiqués ;

---

[1] Fleury, C. (2002). *Pretium Doloris, l'accident comme souci de soi.* Pluriel, op. cit. p. 23.

5. Les différentes procédures du traitement de fond seront autant de périodes à prendre en compte dans le flux des tâches cliniques, et dans les différentes temporalités vécues par le patient ;
6. Le médecin peut ensuite faire un pronostic et formuler les attentes possibles en matière de rémission selon les résultats cliniques ;
7. Un suivi est mis en place avec de nouvelles directives pour le patient, afin de l'emmener vers son rétablissement durable après une intervention ou avec l'administration de soins ;
8. Enfin, l'éducation thérapeutique du patient termine ce parcours sous forme de consignes d'hygiène de vie et d'écoute de son corps.

Ces segments temporels bien identifiés participent aussi à consolider la confiance du patient dans sa prise en charge clinique grâce à la régularité des interactions dans les soins et avec les professionnels de santé. Cependant, certains soignants ne voient le patient parfois qu'une seule fois dans ces étapes, surtout quand il s'agit d'une équipe médicale pluridisciplinaire. Et si des changements dans l'équipe se font, cela peut encore davantage brouiller la communication avec le patient, témoin alors de messages possiblement contradictoires. Et cela peut même arriver lorsque les professionnels restent identiques tout au long de la prise en charge, mais sans échanger entre eux. Parfois, le pharmacien ne comprend plus les consignes du médecin généraliste, qui lui-même ne suit pas celles du spécialiste parce qu'il n'a pas eu le temps de se tenir à jour. Vous pourrez toujours améliorer le flux des informations de manière à ce qu'il n'y ait pas de retard. Mais vous pourrez difficilement augmenter le cerveau du professionnel de santé supportant une charge cognitive considérable chaque jour.

Ces problématiques de gestion humaine des informations peuvent amener à des problèmes de compréhension. Certaines contre-indications médicamenteuses peuvent ne pas être respectées à cause de cela. La fatigue des alertes concernant les interactions médicamenteuses fait que le professionnel s'habitue en partie à manquer d'informations et finisse par ne plus les prendre en compte. C'est d'ailleurs pour cette raison que les praticiens sont intéressés par les solutions de vérification médicamenteuse.

« Quand on démissionne, on souffre moins, je pense. Ce n'était pas un désespoir non plus puisque le simple fait de ne pas mourir était pour moi une victoire. »

B. Cyrulnik,
2014[1]

Une technique d'envoi des alertes asynchrones a semblé être une bonne solution. Les mises à jour sont envoyées plus tard dans la journée du soignant pour indiquer les résultats possibles. Il est également possible de les faire correspondre à l'évolution des résultats du patient. Ces alertes sont apparemment davantage prises en compte et plus pertinentes compte tenu de leur corrélation avec les activités du soignant et les contextes de soin des patients[2].

Concernant les étapes de la maladie, ces périodes ne sont pas normées, mais peuvent se ressembler d'une pathologie à une autre :

- L'annonce du diagnostic ;
- Le potentiel déni ;
- L'acceptation ;
- La lassitude ;
- Le quotidien.

Le patient les vivra de façon différente et personnelle selon sa propre histoire. Cependant, certains points sont à noter. Ses émotions, dans son expérience cumulative, vont impacter son humeur générale et donc son moral et sa motivation.

1 Cyrulnik, B. (2014). *Sauve-toi, la vie t'appelle.* Odile Jacob, op. cit. p. 75

2 Wendel, S. (2020). *Designing for Behavior Change*, Second Edition Applying Psychology and Behavioral Economics. Kindle.

L'appréciation globale qu'il aura de son parcours de vie en sera impactée. Son ressenti le poussera à avoir une compréhension subjective et non factuelle de son parcours. Si lui-même, dans son hygiène de vie, n'épouse pas suffisamment le protocole qui lui est donné, il pourrait être confronté à une incompréhension et une sensation d'injustice : celle d'une thérapie qui ne fonctionne pas. Et d'ailleurs, même s'il fait tout parfaitement selon les directives de son médecin, il peut aussi arriver que le traitement ne réponde pas pour des raisons médicales. S'en suivra alors un sentiment victimaire puissant qu'il projettera sur tout élément externe pouvant porter la culpabilité de cette inefficacité observée : son praticien, le pharmacien, son partenaire, la clinique, etc.

« Ce sentiment qui est le granit de la conscience humaine, le droit, voilà le rocher sur lequel viennent s'échouer et se briser {…} les mauvais desseins ».

J. Zylberstein,
2022[1]

Donc, soigner l'utilisabilité de votre solution, pour permettre au patient de bien suivre son protocole, est une manière de soigner directement ce dernier. Cela lui éviterait de mal faire ou d'abandonner les soins par manque de compréhension, ou de rejeter toute forme d'aide médicale ne reconnaissant pas le mérite de ses efforts. Une croyance forte des patients concernant leur thérapie réside effectivement dans le fait que, puisqu'ils le méritent, par leurs efforts, leur personnalité empathique, généreuse ou altruiste, ils *doivent* guérir ; et que ce ne peut être autrement. Là se brisent certaines motivations à suivre le traitement en comprenant qu'il n'y a pas de cause à effet.

Par ailleurs, si les changements tardent à venir, la lassitude, elle, ne tardera pas à s'installer. Les patients ne verront plus le *bout du tunnel*. Vous devrez donc dans votre solution construire un *bout du tunnel* à court terme, puis un autre *bout du tunnel* ... et autant qu'il

---

1 Zylberstein, J. dans C. Fleury. (2002), *Pretium doloris, l'accident comme souci de soi.* Pluriel.

en faudra pour les aider à traverser ce long couloir menant à une destination inconnue. La technique de la gamification est tout indiquée pour cela et est abordée en chapitre 2.

Jalonnez ce couloir de fenêtres vers l'extérieur, vers la reconnaissance de leur succès immédiat ; une reconnaissance qu'ils peineront généralement à s'octroyer et que les proches ne pensent pas toujours à exprimer dans un quotidien où on fait *comme si* tout allait bien pour que ce soit moins pesant. Aider les patients à davantage apprécier ces différentes étapes dans leur continuum de succès contre la maladie, leur permettra également de prendre le temps de vivre sans se lasser.

Prémunissez votre solution d'options en cas de coups durs. Ils font partie intégrante de la vie. Même si vos *tunnels* sont parfaitement conçus. Vous ne serez pas à l'abri que le patient ait une très mauvaise nouvelle, des altercations répétées avec un proche, ou bien tout simplement qu'il soit sujet d'obsession idéative[1]. Ce genre de pensées peut vite peser sur le moral, voire amener à la dépression dans certains cas. Pensez à interroger les types et les fréquences de pensées du patient lors de votre recherche. Ceci pourrait être fait en même temps que vous étudiez la métacognition et l'infracognition. Sans être atteint d'une pathologie spécifique, le fait de vieillir et de souffrir de différents maux, même plutôt ordinaires, fait entrer l'individu dans un parcours de soin.

Par exemple, vieillir est naturel, mais souffre d'une mauvaise presse. Or, l'accepter, c'est finalement *se rencontrer* vraiment et se permettre de prendre soin de soi, s'accepter tel que l'on est. C'est une notion qui peut sembler anodine. Seulement, la plupart des gens en refusant le vieillissement ne prennent pas suffisamment soin de leur corps. Ils constituent des patients en devenir de par une hygiène de vie moyenne, voire mauvaise, ou une négligence du corps vieillissant, plutôt que d'accompagner cette fatigue physique progressive.

La santé est cumulative. C'est un capital à entretenir un peu chaque jour. Et quelques semaines de relâchement peuvent déclencher des maladies ultérieures, générant par là même des conséquences sur leur condition de vieillissement. Le simple fait

---

1 Ruminations mentales sous forme d'interrogations ou de sentiment, envahissant les pensées de l'individu ayant ce trouble, sans que ce dernier ne réussisse à s'en défaire malgré le fait qu'il en soit conscient.

d'être angoissé peut générer des troubles psychosomatiques. La santé physique comme la santé psychique sont à travailler et à entretenir. C'est un parcours de santé pour tous, partout, tout le temps. Nous l'avons constaté avec le confinement notamment. Certaines personnes n'ayant pas développé d'activités physiques routinières, simplement durant quelques semaines, se sont vues souffrir de maux au bout de quelques mois, difficilement endiguables.

> « Ce n'est pas tellement l'âge en tant que tel qui est source de stigmatisation, mais bien plutôt les signes physiques du vieillissement. »
>
> C. Gilleard,
> 2005[1]

6.2.2. Les vitesses

La vitesse n'est pas juste factuelle ; elle est substantielle et subjective ; elle influence les émotions et la motivation, comme les perceptions. Par ailleurs, son appréciation est également culturelle. Suivre sa santé sur le long terme remet en cause le modèle culturel d'une médecine post-traumatique et médicamenteuse[2]. Travailler à ce changement de temporalité tout au long de sa vie, c'est finalement être dans un éveil constant concernant ses besoins. Et c'est se positionner comme complémentaire au médecin. Il se voit finalement déchargé d'une partie de ses tâches du soin ultérieur, grâce à la prévention de l'individu. Amener une perception plus saine de *l'usage du temps* permettra aux individus de réapprendre à vivre. S'affranchir des injonctions à la performance, apprécier et

---

1 Gilleard, C. (2005). *Cultural approaches the ageing body.* in Hervé C., Molinaria P.A., Grimaud M.A., Laforêt E. (Dir.) (2009), L'humain, l'humanité et le progrès scientifique, Dalloz, op. cit. p. 162

2 Normand, A. (2017). La révolution de la e-santé, objets connectés, applis, big data, médecine prédictive. Eyrolles.

cultiver la lenteur, permet de redonner une place pleine et entière aux saveurs de la vie, « à la proximité et au prochain »[1].

> « La pratique de soi a donc pour objectif la préparation
> à la vieillesse, laquelle apparaît comme un moment privilégié
> de l'existence et, à dire vrai, comme le point idéal
> de l'accomplissement du sujet. Pour être sujet, il faut être vieux. »
>
> M. Foucault,
> 1981-1982[2]

Les technologies ne sont pas indispensables au rétablissement des individus. Mais elles aident simplement à relever les personnes tombées en cours de route, n'arrivant plus à suivre le rythme de la société. Elles fonctionnent comme un bâton de marche, aidant à ne pas trébucher.

Sur le chemin, ceux marchant trop vite se créent des tendinites insupportables, et sont contraints de faire demi-tour sans pouvoir terminer leur pèlerinage. La société ne crée pas de tendinites, mais des troubles psychosomatiques, des burn-out et bien d'autres pathologies. Les technologies aident ceux qui en ont besoin, à prendre soin d'eux-mêmes quand ils ont perdu cette communication vitale entre leur esprit et leur corps.

Elles aident à retrouver ensuite leur propre rythme de marche. J'insiste sur *leur* rythme. Ce n'est pas celle du concepteur ou celui d'une communauté. La vitesse de réalisation des tâches dépend des capacités de chacun. Comparer les uns aux autres est forcément source de frustration et de déception.

Les améliorations les plus pertinentes proviennent donc des observations du quotidien et des stratagèmes mis en place pour que le patient trouve un certain confort. À travers ces stratagèmes, vous percevrez des indications sur son rythme de progression, et donc sur son énergie quotidienne.

---

1 Latouche, S. (2020). *L'abondance frugale comme art de vivre, Bonheur, gastronomie et décroissance*, Petite Bibliothèque, Rivages poche, op. cit. p. 155.

2 Foucault, M. (1981-1982). *L'Herméneutique du sujet. Cours au Collège de France*, Coll. Hautes Études, in Fleury C. (2002), Gallimard/Seuil, op. cit. p.122.

« L'éveil est le premier moment de la transformation intérieure. {...} La veille est l'élément moteur de la conscience et de l'acte juste. »

C. Fleury,
2002[1]

Les meilleures innovations dans le système de santé proviennent des soignants souhaitant répondre à un besoin identifié de leur propre pratique. Bien sûr aujourd'hui, avec les ateliers collectifs, le mérite peut être partagé et les réussites ne plus venir uniquement des professionnels de santé.

Je pense notamment aux patients partenaires et aux associations de patients. Cependant, il nous serait impossible de répondre à un besoin que nous ne connaissons pas. Le partage de leur connaissance est donc nécessaire.

[1] Fleury, C. (2002). *Pretium Doloris, l'accident comme souci de soi.* Pluriel, op. cit. p. 21

6.2.3. Le déphasage

« Vie perdue, jeunesse perdue, enfance perdue, innocence perdue, occasions perdues, tout est perdu, tout est posthume dans la continuité de ce flux irréversible ; le petit instant de l'occasion et le grand instant de la vie sont également des occasions manquées. »

V. Jankélévitch,
1974[1]

De ces différentes vitesses émerge un déphasage entre les périodes vécues du praticien et celles du patient. Lorsque le patient a besoin de temps pour comprendre le diagnostic, un changement énorme dans la perception de la réalité, le praticien, lui, sait déjà ce qu'il risque de se passer si le patient perd trop de temps. Par ailleurs, un patient qui vit une urgence, une crise, une angoisse ou un accident aura un besoin imminent de voir son praticien ; professionnel qui évidemment n'est pas disponible ni joignable 24h/24h. Cela souligne simplement le fait que le médecin suit le patient de loin. Finalement, il n'y a que lors des consultations qu'il peut vraiment comprendre les pensées et les actions du patient et à travers son discours. Le reste du temps, le malade est livré à lui-même. Il ne lui reste souvent que des souvenirs partiels de ce qui s'est dit pendant la consultation et potentiellement déformés. Mais votre conception peut tendre à diminuer les oublis avec des correspondances dématérialisées et régulières, cohérentes avec les besoins pratiques de chacun.

Les médecins des petits cabinets sont également en déphasage avec les spécialistes des établissements hospitaliers, et ont du mal à suivre les mises à jour thérapeutiques. Ils ont des moyens limités pour échanger des informations avec leurs pairs, même dans un environnement adéquat.

Les alternatives aujourd'hui conceptualisées pour répondre à ce déphasage sont fondées généralement sur les apprentissages empiriques et partagées d'une pratique professionnelle de longue date. L'alternative pensée et créée localement sera testée puis validée

---

1 Jankélévitch, V. (1974). *l'Irréversibilité et la nostalgie.* Flammarion, op. cit. p.258

avant d'être réellement déployée, voire de devenir suffisamment populaire et accessible pour que nous parlions d'innovation en santé.

Par ailleurs, vous aurez beau être bien financé et avoir des ressources de qualité, cela ne prévaudra pas sur la réussite de votre solution. En témoignent plusieurs tentatives comme *Google Health*[1] et *Revolution Health*. Google étant généralement garant d'une très bonne expérience utilisateur, l'échec de ces tentatives prouve que l'UX et l'UI ne suffisent pas en santé, et qu'il faut répondre à des besoins plus spécifiques.

Revenons à nos moutons. Pour prendre en compte le déphasage temporel, il vous faudra réfléchir aux moments d'engagement des parties prenantes. Cela peut aussi bien être simultané que différé. Vous avez deux principes qui s'offrent à vous :

1. Votre conception crée des temps d'interaction pour rythmer l'utilisateur dans son usage.

2. Votre solution s'aligne sur les moments propices à l'action, correspondant au rythme de l'usager.

Dans le premier cas, il s'agira plutôt de personnes qui ont tendance à ne pas écouter leur corps ou leurs sensations. Elles auront besoin de rappels. Avec des capteurs alertant d'un changement dans les constantes et une IA basée sur des questionnaires psychométriques, votre solution pourra demander une action à l'usager au moment où ce sera nécessaire pour sa santé ou son bien-être.

Ce moment ne sera cependant pas favorable à l'usage de votre solution par le patient. Il vous faudra donc l'aider à être disposé. Et pour cela, votre solution devra être alignée avec l'état d'esprit du patient et avec le contexte. Vous pourriez par exemple mettre en place l'interaction avec un chatbot, pour l'accompagner dans sa métacognition avant un moment stressant, lorsqu'il sent une crise monter, ou quand il est en proie à des questionnements incessants. Ces moments d'interaction que vous créerez devront contribuer à perturber un cercle vicieux, parfois hypnotisant, où l'utilisateur n'est

---

1 Des logiciels développés par Google dans l'objectif d'interpréter les données de santé, grâce à l'intelligence artificielle, pour guider les consommateurs à être dans la prévention.

plus suffisamment lucide pour se prendre en main. Votre conception agira comme une orthèse cognitive. Attention à bien calibrer le son des notifications, le ton employé et les formes du design. Ces interactions poussées à des moments de pics émotionnels ont des chances d'être ancrées fortement dans la mémoire du patient. Aussi, un mauvais ancrage dû à une mauvaise impression ne pardonnera pas. Vous risqueriez, même avec un design émotionnel très doux, de générer de l'angoisse chez l'usager si l'action demandée est trop difficile ou mal mesurée. Elle doit en effet se saisir de ses forces pour l'aider à avancer, mais toujours selon ses propres capacités, acquises et évaluées en amont (cf. II-1.3.1. La gamification). C'est une forme d'accompagnement de l'urgence, dans un moment de préengagement de l'usager. Vous devrez être capable de planifier ces actions au moment où il en a le plus besoin.

Dans le deuxième cas, créer des interactions à des moments où le patient est disposé à agir pourra être utile pour aider à transformer des souvenirs par exemple. Être disposé à agir signifie être libre cognitivement pour enregistrer et appliquer de nouvelles connaissances. Comme nous l'avons, vu les émotions, positives ou négatives, influencent considérablement nos schémas de pensée. Quelqu'un qui rumine, amenant un début de colère, aura du mal à intégrer qu'il aille bien parce qu'il est en vie, parce qu'il n'a pas de séquelle, parce qu'il a toute sa famille, ou toutes autres justifications qu'il aura à se remémorer pour diminuer au fur et à mesure son angoisse latente, sa dépression ou ses croyances néfastes. Cette deuxième possibilité sera propice à l'ancrage de nouvelles habitudes. Sans pollution cognitive, le patient pourra mieux réfléchir et apprendre de nouveaux gestes. Cependant, s'aligner sur les états internes des patients ouvre aussi la porte à des dérives[1]. Si d'un côté le patient est disponible pour interagir avec la solution, il peut aussi voir son attention captée par un réseau social ou une plateforme d'achat en ligne. Vous ne pourrez que difficilement contrôler son choix, sauf si vous lui proposez de bloquer toutes les autres applications de son smartphone, au moment où il doit utiliser la vôtre. Cet ajustement sur les temps du patient peut également permettre un réajustement sur les temps du professionnel de santé. En effet, dans d'autres circonstances, le professionnel ne peut pas

---

1 Wendel, S. (2020). *Designing for Behavior Change*, Second Edition Applying Psychology and Behavioral Economics. Kindle.

être disponible en permanence, mais il peut recevoir des alertes en cas de réelle urgence. Quoiqu'il arrive, il peut consulter les informations concernant l'événement du patient, son changement de constantes, ou les moments d'action anticipés par l'IA. De ce fait, il sera tenu informé en temps réel, qu'il soit disponible ou non. Gardez quand même en tête cependant que lorsqu'il sera disponible pour lire ces informations, il ne le restera pas longtemps. Donc les données devront être faciles d'accès et être présentées très clairement. Il faudra aussi faciliter les moyens d'action en positionnant des *CTA*[1] très pertinents.

6.2.4. Les rustines

« {…} l'accélération sociale est définie par une augmentation de la vitesse de déclin de la fiabilité des expériences et des attentes et par la compression des durées définies comme le présent. »

H. Rosa,
2012-2013[2]

Pour pallier ce manque de temps et de disponibilité, le système de santé a déjà mis en place tout un tas d'assistances technologiques à leur disposition. Ces systèmes intégrés dans leur quotidien depuis plusieurs années font partie intégrante de leur pratique. Mais ils ne fournissent pas tous un service optimum compte tenu des difficultés du praticien à trouver du temps pour rechercher des informations.

De plus, les médecins ayant plusieurs années de pratique n'utilisent pas forcément les bases de données médicamenteuse, ou d'autres ressources pour les aider dans leurs pratiques. Ils ont construit une mémoire de long terme, accessible et organisée pour répondre à leurs problématiques spécifiques. Faire une recherche pourrait leur ajouter une complexité cognitive supplémentaire, alors

---

1 « *Call To action* » est un anglicisme pour dire *« bouton d'appel à l'action* », c'est un élément graphique suffisamment repérable pour être davantage valorisé par rapport aux autres boutons de l'interface.

2 Ibid., p. 22

qu'ils ont déjà des interfaces et plusieurs tâches à gérer en même temps.

La société s'accélère de plus en plus. Cette accélération est exponentielle et suit l'évolution des innovations technologiques. Et ces innovations influencent directement nos vies. La vitesse de changement des pratiques, des habitudes, des attitudes, des valeurs, des modes de vie, des relations, des obligations sociales, des formations de groupe et des langages sociaux, est en constante augmentation[1]. Les modes de fonctionnement ne sont plus aussi stables qu'avant.

De fait, si les références cliniques peuvent aider dans la pratique quotidienne des professionnels de santé, elles sont pourtant utilisées plutôt par les assistants, les secrétaires, et les internes, plus que par les médecins. Le milieu du soin ne semble pas approprié à la recherche de ressources. Peut-être est-ce dû à un manque d'intégration dans le flux de travail, par le fait que les interfaces ne correspondent pas suffisamment à l'ergonomie des outils qu'ils ont déjà l'habitude d'utiliser, ou par le fait que le contexte complique la recherche d'informations. En effet, les problématiques rencontrées sont parfois trop complexes pour ne nécessiter qu'une simple recherche. Et conséquemment, l'optimisation de la convivialité et de la qualité du contenu de votre conception ne prévaudra pas sur l'adoption du dispositif. Au sein des établissements de soin, l'habitude et les facilités d'usage adaptées au contexte clinique sont en effet plus importantes que la convivialité de la conception.

Même si les natifs du numérique ont plus de facilité à prendre en main les nouvelles conceptions numériques, le succès de votre conception dépendra de la vitesse à laquelle les innovations se créent, et de la vitesse à laquelle les professionnels de santé doivent s'adapter. Un praticien qui n'a plus le temps de se faire à une nouvelle interface, aussi pratique soit-elle, pourrait être frustré ; il pourrait dénigrer potentiellement les technologies, tout en faisant transparaître cette frustration dans son humeur générale. Celle-ci ayant forcément un impact sur la qualité de prise en charge du patient.

Pour conclure, si les technologies constituent des supports à la pratique médicale et aux prises en charge, elles n'en restent pas

---

1 Rosa, H. (2012-2013). *Aliénation et accélération, Vers une théorie critique de la modernité tardive*, La découverte, Poche, p. 20

moins des solutions éphémères, décorrélées d'une vraie stratégie d'organisation. Le drame des concepteurs est de créer des solutions technologiques quasi obsolètes dès leur prise en main par les usagers. Remarquez comme depuis le début des années 2000 les ordinateurs connectés ont intégré les services, les iPads plus tard dans les services, les salles de réunion, voire même les salles d'attente parfois… avec toujours une personne pour dire « *Je ne sais pas comment utiliser ce machin, de toute façon ça sert à rien.* », ou bien en train de taper la souris sur le bureau en disant avec un bref animisme « *Mais ça va fonctionner oui !* », ou encore « *J'ai changé la langue de mon clavier et impossible de revenir en arrière, je perds un temps fou.* ». La vitesse d'innovation est donc un frein à l'usage par le biais du temps d'apprentissage trop imposant. Les utilisateurs n'ont pas le temps de s'habituer qu'un autre mode d'usage est proposé. Si les usages étaient plus intuitifs pour les logiciels professionnels des établissements de santé, par exemple, il serait beaucoup plus simple pour les soignants d'intégrer les innovations dans leurs pratiques, et donc d'accepter de travailler avec les designers.

Pour revenir au patient, les décalages de vitesse pour lui représentent le vécu de la maladie en parallèle de la thérapie et/ou de l'accompagnement numérique. Cela représente à la fois les multiples disparités possibles entre les hygiènes de vie, les fréquences d'activité, les qualités de relations sociales, les cultures de la santé, les stigmatisations, les rythmes de résilience, etc. qui influenceront différemment ses expériences de la maladie et de la thérapie.

6.2.5. Le quotidien

Le quotidien de la vie du patient a toujours été un des plus gros travaux dans les projets. En effet, tous les patients agissent, pensent et avancent différemment. Les événements potentiels sont si nombreux à prendre en compte, qu'il est difficile de penser vraiment à toutes les situations à risque potentielles, ou influençant le traitement. Votre protocole de recueil d'informations devra prendre toute la complexité de ce quotidien en compte. Et je n'en aborderai que trois grandes parties ici, qui me semblent fondamentales, d'une part, l'influence sociale, d'autre part l'influence spatiale, et enfin organisationnelle.

Entre autres, certains utiliseront votre solution, sans qu'elle ait été prescrite, de façon spontanée, parce qu'ils ont un problème de comportement et qu'ils souhaitent être aidés pour y remédier. Il s'agira potentiellement de la gestion d'un régime alimentaire, d'un suivi de traitement libre, d'un entraînement avec différentes consignes ou encore du suivi des émotions pour apprendre à les gérer. Bref, il s'agira d'un objectif à prendre en compte dans un contexte social fort, puisque sans accompagnement médical. Les proches se permettront davantage d'intervenir et de donner leur avis que s'il s'agissait d'une prescription.

Leur volonté de changement peut aussi avoir une motivation d'origine sociale. Et lorsque les motivations sont purement sociales, la conception doit prendre en compte dans l'ensemble l'impact que la société a sur le patient[1]. En effet, la culture de la santé et du bien-être est le meilleur moyen de prévention auprès de la population générale. Par exemple, les Fitbits sont caractéristiques des solutions améliorant la santé et le suivi de l'hygiène de vie, avec une motivation affichée de santé ou de bien-être, alors qu'en réalité, les usagers veulent souvent faire *comme les autres ;* c'est-à-dire « avoir une vie normale ». Et c'est e que l'on retrouve comme volonté chez les personnes souffrant de pathologie chronique, d'après les déclarations récoltées lors de mes phases d'User Research. En effet, les groupements sociaux portent de forts enjeux de santé publique. D'ailleurs, cela s'est traduit lors de la Covid-19, par des mouvements sociaux « pour ou contre le confinement », « pour ou contre les masques », et « pour ou contre les vaccins ». Par ailleurs, la communication de masse sert directement les besoins de la santé publique et constitue par là même un des leviers actuels majeurs de

---

[1] Wendel, S. (2020). *Designing for Behavior Change*, Second Edition Applying Psychology and Behavioral Economics. Kindle.

la prévention. La *réalisation de soi* est donc complètement tributaire de la réalisation humaniste de la société.

D'ailleurs, notre identité ne nous appartient pas complètement puisqu'elle dépend également de la société, des actions des autres, de leur reconnaissance de qui nous sommes, et de ce que nous faisons (cf. II- 1.1.5 La reconnaissance).

Ajoutons à cela que l'identité est également fluctuante[1], que nous ne sommes pas les mêmes aujourd'hui qu'hier et demain, nous nous construisons finalement à travers nos actes quotidiens et ceux des autres, en les reconnaissant comme tels et en les respectant[2], plus qu'à travers une personnalité affirmée. Cela nous pousse ainsi à nuancer notre perception et nos réactions. Toutefois l'individu peut avoir conscience de son manque de stabilité identitaire en fonction des contextes et des groupes sociaux dans lesquels il se trouve, en se questionnant sur ses actes et son mode de pensées (cf. I-6.1.5. La métacognition et l'infracognition)

Du point de vue spatial, l'influence est imperceptible, mais incontournable. Chaque pièce d'un établissement de soin laisse une empreinte particulière sur l'usager. Même s'il est difficile, de fait pour les patients, d'en parler et vous devrez faire émerger leurs témoignages, à travers éventuellement des visites commentées ou des reportages vidéo concrets. La technique que vous choisirez devra réactiver la mémoire du patient, par les sensations ou les sens. Ce dernier en profitera sûrement pour vous raconter des anecdotes de

[1] Guégen, H., & Malochet, G. (2014). *Les théories de la reconnaissance*, Nouvelle édition, La Découverte.

[2] Sartre, J. (1970). *L'existentialisme est un humanisme.* Nagel.

son quotidien, dans les lieux auxquels vous n'avez pas accès lors de la narration de son expérience[1]. Les sens sont réellement vecteurs de témoignages forts en détail et en appréciation personnelle. Vraiment, je vous invite à ne pas négliger cette technique dans vos recherches terrain en santé (cf. I-4.3.3. L'Ethnographie sensorielle).

Vous pourrez également compléter les propos recueillis avec la manière dont est détournée la réalité matérielle du participant pour correspondre à son organisation personnelle. Vous pourrez noter les moments où les protocoles ne s'adaptent pas au quotidien du patient et comment ce dernier se les réapproprie au mieux. Vous pourrez noter comment il s'affranchit des consignes protocolaires pour améliorer son confort (aidants y compris).

Parfois, il ira jusqu'à tenter de modifier le dispositif directement (cf. II-5.2. Le contenu). Ce sera l'opportunité pour vous de repérer ces profils donnant de riches informations par la suite sur l'amélioration de votre dispositif. Leur créativité apportera beaucoup à votre projet. Ajuster une solution par du bricolage des interfaces ou des mécaniques est une manière de s'approprier l'outil de soin de façon très personnelle et directe. C'est une manière de maîtriser la maladie, et donc par corrélation, de reprendre, une forme de contrôle sur la vie.

1 Delanoë-Vieux, C., Coirié, M., Coubard-Millot, J., & Figuerolat, X. (2019). L'expérience du patient en design, une ressource pour la conception d'un parcours d'hospitalité dans un Hospital neuf, *Ocula, 20*, pp. 135-155.

6.3. Les émotions

« Haïr, c'est demeurer prisonnier du passé. »

B. Cyrulnik,
2014[1]

Reprendre le contrôle sur la vie signifie aussi éviter les mauvaises expériences, générant des frustrations, voire des douleurs. Même si ces émotions sont liées au traitement, elles n'en ont pas moins un mécanisme tout à fait biologique qu'il est intéressant d'aborder et de comprendre. Les réactions émotionnelles sont le résultat d'une machinerie à la fois hormonale, nerveuse, cérébrale et musculaire.

L'étude des émotions a connu deux approches majeures, l'une axée sur les composantes d'une émotion et l'autre sur le jugement de cette dernière. Le physiologiste Guillaume-Benjamin Duchenne (1806-1875)[2] a été le premier à étudier les muscles faciaux afin d'en analyser la formation des expressions émotionnelles. Pour ce faire, il utilisait entre autres des décharges électriques pour provoquer la contraction artificielle des muscles, et les photographier. Carl-Herman Hjortsjö (1969)[3], un psychologue suédois, a ensuite élaboré un système de codage des différentes expressions améliorant la compréhension de ces articulations faciales[4].

---

1 Cyrulnik, B. (2014). *Sauve-toi, la vie t'appelle.* Odile Jacob, op. cit. p. 286

2 Duchenne, G.B. (1862), *Mécanisme de la physionomie humaine, ou Analyse électro-physiologique de l'expression des passions,* Vve J. Renouard, Paris.

3 Hjortsjö, C.H. (1970), *Man's face and mimic language*, Universitäts- und Landesbibliothek Tirol.

4 Krauth-Gruber, S., Niedenthal, P., & Ric, F. (2009). *Comprendre les émotions, Perspectives cognitives et psycho-sociales. Culture*, pp. 123-125.

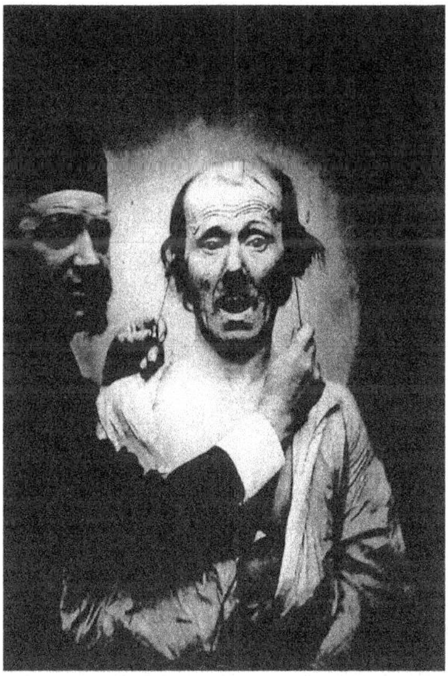

Photo ci-dessus extraite de Mécanisme de la physionomie humaine, ou Analyse électrophysiologique de l'expression des passions, Duchenne, G.B. (1862), Vve J. Renouard, Paris.

L'étude des mouvements musculaires d'une émotion permet d'avoir des mesures précises et objectives concernant les modifications des faciès. Par là même, cela mesure de fait une partie du comportement global. Vous aurez rarement recours à cette technique sauf si vous utilisez un algorithme de reconnaissance émotionnelle. Ils existent actuellement, mais ne sont pas encore suffisamment précis pour être utilisés réellement dans votre recherche.

L'algorithme se contentera potentiellement de citer l'une des 6 familles d'émotions reconnues : la joie, la colère, la peur, la surprise, la tristesse, et le dégoût[1]. Elles-mêmes regroupent des émotions secondaires : l'amusement, la satisfaction, la gêne, l'excitation, la culpabilité, la fierté dans la réussite, le soulagement, le plaisir sensoriel, la honte et le mépris[2].

---

[1] Voire le mépris, plus récemment devenu prégnant. Mais il fait encore office de tergiversations, donc je m'abstiendrai de l'inclure à ce panel d'émotions pour le moment n'étant pas une spécialiste.

[2] Source consultée le 16 novembre 2022 à 11h50 - https://www.psychologuesingapour.com/les-emotions/

Les algorithmes de reconnaissance émotionnelle peuvent quoiqu'il en soit donner de la perspective aux informations que vous avez déjà. Vos insights auront une densité et une profondeur nouvelle, vous permettant de mieux comprendre le patient.

6.3.1. Les réactions émotionnelles

« J'ai insisté sur la différence entre les sentiments et la description de ce qu'on ressent ; on peut considérer les sentiments comme de simples réponses aux stimuli, mais leur description est le produit de contingences verbales spéciales. »

B.F. Skinner,
1979[1]

Les émotions jouent un rôle extrêmement fort dans notre faculté à raisonner. Par ailleurs, l'amygdale influencerait davantage le cortex que l'inverse. Ce qui explique en partie pourquoi un patient peut avoir du mal à dormir la veille d'un rendez-vous clinique important par exemple. Cela fonctionne également après le visionnage d'un film d'horreur où le spectateur se sent inquiet et a parfois du mal à s'endormir, alors qu'il ne s'agit que d'une fiction. Le ressentiment est également un mécanisme de reviviscence émotionnelle délibérée, enfermant le sujet dans une rumination régulière, et une interprétation de la réalité dégradée. Cela va même jusqu'à aliéner ses propres valeurs[2], pour cautionner un récit interne qui ne tiendrait pas la route en situations normales.

Selon l'état émotionnel du patient, son évaluation personnelle de la situation sera différente, mais sans forcément de rapport avec ce qui a généré l'émotion. Par exemple, si le patient va à son rendez-vous médical en écoutant *rire & chanson*[3], il n'accueillera pas les informations que lui donne son médecin de la même manière que s'il

---

1 Skinner, B. F. (1979). *Pour une science du comportement : le behaviorisme.* Paris : Delachaux & Niestlé Neuchâtel, Op. cit. p. 37

2 Fleury, C (2020), *Ci-gît l'amer, Guérir du ressentiment,* Gallimard, essai.

3 L'humour est très utile dans le soin.

s'y rend en écoutant une chanson très triste. Selon l'état émotionnel, la perception de l'individu est affectée.

Cet effet est également valable lors de l'utilisation de placebo. Ce qui peut être une option supplémentaire à prendre en compte dans votre solution pour développer des parcours de patients ayant des émotions spécifiques au système de pensées souhaité. Je vous le note, car certaines émotions sont à proscrire, notamment la colère. La colère stimule les zones du cerveau liées aux stratagèmes et aux calculs, très certainement dans l'optique d'une vengeance. Risquer de mettre un patient en colère (avec une mauvaise communication) parce qu'il ne *fait pas assez bien* certains gestes ou certaines tâches pourrait ainsi l'inciter à vouloir vous cacher des prises de liberté. Et il le fera très bien puisque son cerveau sera complètement mobilisé pour rendre son stratagème de fuite, ou d'effacement de ses traces, très performant.

La réaction en chaîne physiologique constitutive des émotions est intéressante à étudier, car elle provoque une redirection de la conscience. La conscience active le cerveau de façon à avoir deux traitements de l'information : la disponibilité des informations en mémoire, et *l'automonitoring*, une sorte de métacognition automatique lui octroyant la capacité immédiate de traiter les informations de soi-même. Ainsi, la carte de « *chaleur* » émotionnelle de Lauri Nummenmaa est intéressante, car elle traite des perceptions apparemment universelles de nos émotions. Cependant, elle est aussi à remettre dans son contexte. Elle traite de percepts et non d'évaluations physiologiques. Elle montre simplement ce que ressentent les participants, où ils portent leur conscience, au moment où ils ressentent ces émotions. Cette étude, de Lauri Nummenmaa[1] et d'autres chercheurs finlandais, cartographie la façon de ressentir les émotions dans le corps pour la plupart des gens. Selon l'émotion, une chaleur ou une sensation de froid est ressentie dans le corps. Ressentons nos émotions dans des endroits similaires.

1 Nummenmaa L., Glerean E., Hari R., Hietanen J. K. (2013), *Bodily maps of emotions,* Contributed by Riitta Hari, 111 (2) 646-651, https://doi.org/10.1073/pnas.1321664111

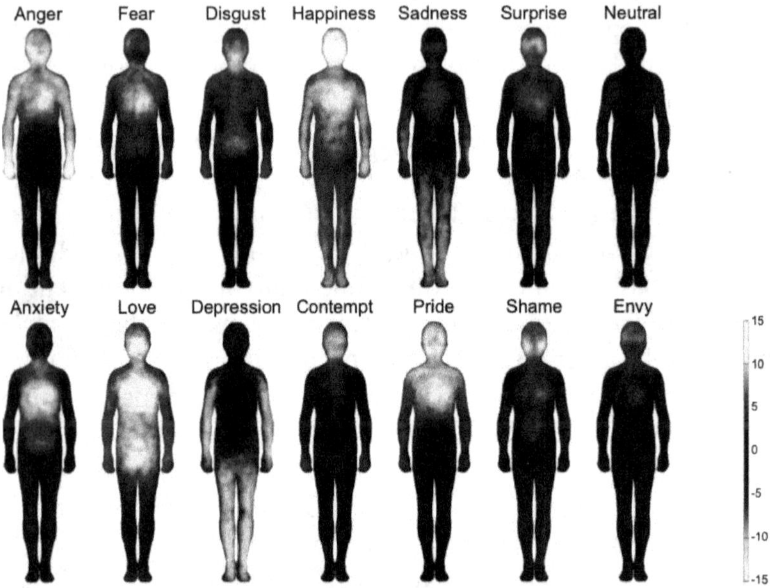

Image issue de la publication : Nummenmaa L., Glerean E., Hari R., Hietanen J. K. (2013), Bodily maps of emotions, Contributed by Riitta Hari, 111 (2) 646-651, https://doi.org/10.1073/pnas.1321664111

C'est particulièrement utile en user research, car on peut créer une *experience map* en intégrant la dimension de l'infracognition liée aux émotions à l'intérieur du tableau. Vous pourriez demander au participant s'il ressent une chaleur particulière dans son corps dans une certaine situation (il doit être en situation) et le sentiment qu'il ressent à ce moment-là. Bien sûr, c'est à prendre en compte dès la planification de votre recherche terrain.

On pourrait croire que reconnaître une émotion chez son interlocuteur est facile et universel. Mais ce n'est pas tout à fait exact. En fait, cela dépend, d'une part, de la structure du cerveau. Certaines personnes atypiques ont du mal à jauger les émotions, humeurs et sentiments des autres. Et d'autre part, cela dépend également de la culture des personnes. Les sujets sont en effet meilleurs pour reconnaître les émotions des personnes de leur propre culture, que celles des personnes d'une autre origine culturelle.

Si les émotions jouent un rôle important dans les relations sociales et dans la construction des cultures, elles sont aussi actrices dans la rémission des patients. Des neurologues ont d'ailleurs prouvé que le stress pouvait freiner le rétablissement des patients[1]. Cela justifie l'importance d'un environnement de soutien inclusif pour les familles, de façon à rendre l'hôpital aussi familier que possible. Le stress pouvant provenir de différentes sources, tout en étant *absorbé* de la même manière par le patient. Par ailleurs, toutes les personnes ne réagissent pas de la même manière au stress et des différences sont à remarquer notamment entre les hommes et les femmes. Les femmes fonctionnent souvent différemment des hommes ; elles n'aspirent pas toujours aux mêmes buts, ou du moins, pas toujours de la même manière. Elles vivent leurs sensations généralement avec une sensibilité particulière[2]. Cela justifie l'importance de faire des segmentations de genre dans votre user research. Même si aucune différenciation n'est notable, au moins vous aurez vérifié, et vous n'aurez pas laissé pour compte des spécificités liées au sexe des participants.

Au même titre que pour les spécificités liées aux origines culturelles et ethniques des patients. Vous devrez vérifier vos résultats selon leurs appartenances. Les perceptions des émotions, ainsi que leur interprétation, sont différentes selon d'où ils viennent. Le conditionnement social et culturel influence la façon de s'exprimer, donc de comprendre les personnes du groupe et de se faire comprendre.

Les Chinois, par exemple, vont interpréter différemment la lecture des traits de la peur sur le visage d'une personne, et vont penser identifier de la honte. Si depuis longtemps il est reconnu une universalité des expressions émotionnelles faciales et vocales, leur

---

[1] Delanoë-Vieux, C., Coirié, M., Coubard-Millot, J., & Figuerolat, X. (2019). L'expérience du patient en design, une ressource pour la conception d'un parcours d'hospitalité dans un hôpital neuf, *Ocula,20.*

[2] Pour objectiver la sensibilité au genre, je vous invite à consulter Les « *Critères de sensibilité au genre* » de la BBC Media Action : https://genderandmedia.bbcmediaaction.org/fr/wp-content/uploads/2021/03/FR-BBC-Media-ACTION-Gender-sensitivity-criteria-1.pdf consulté le 16 novembre 2022 à 15h40 ; vous trouverez également une « *Grille d'analyse de la sensibilité "genre" d'un projet de solidarité internationale* » proposé par Résacoop - http://www.resacoop.org/sites/default/files/pdf-reseau-genre-et-developpement/ReseauGenreDeveloppement_GrilleSensibilisation.pdf

identification n'est cependant pas toujours parfaite. Voici quelques articulations de muscles faciaux[1].

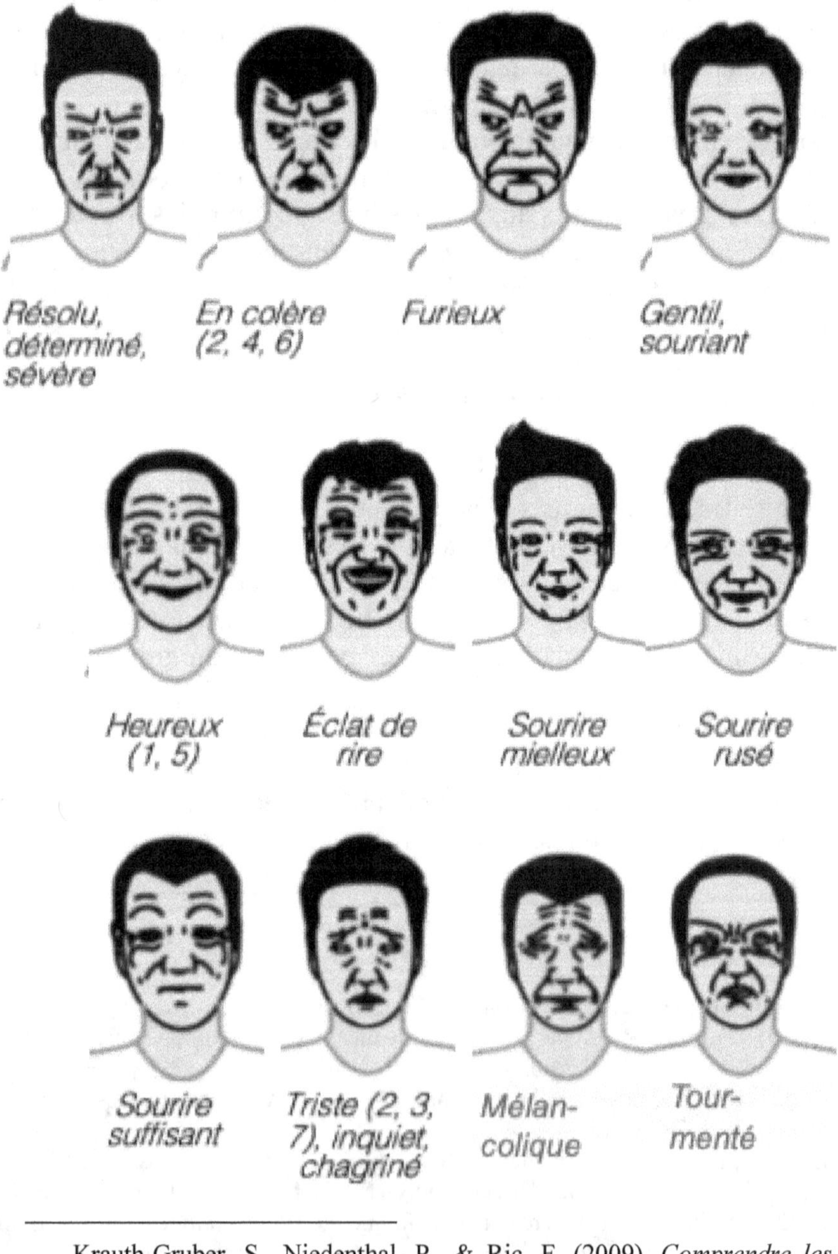

[1] Krauth-Gruber, S., Niedenthal, P., & Ric, F. (2009). *Comprendre les émotions, Perspectives cognitives et psycho-sociales. Culture*, p. 416, PSY-Individus, groupes, culture, Mardaga.

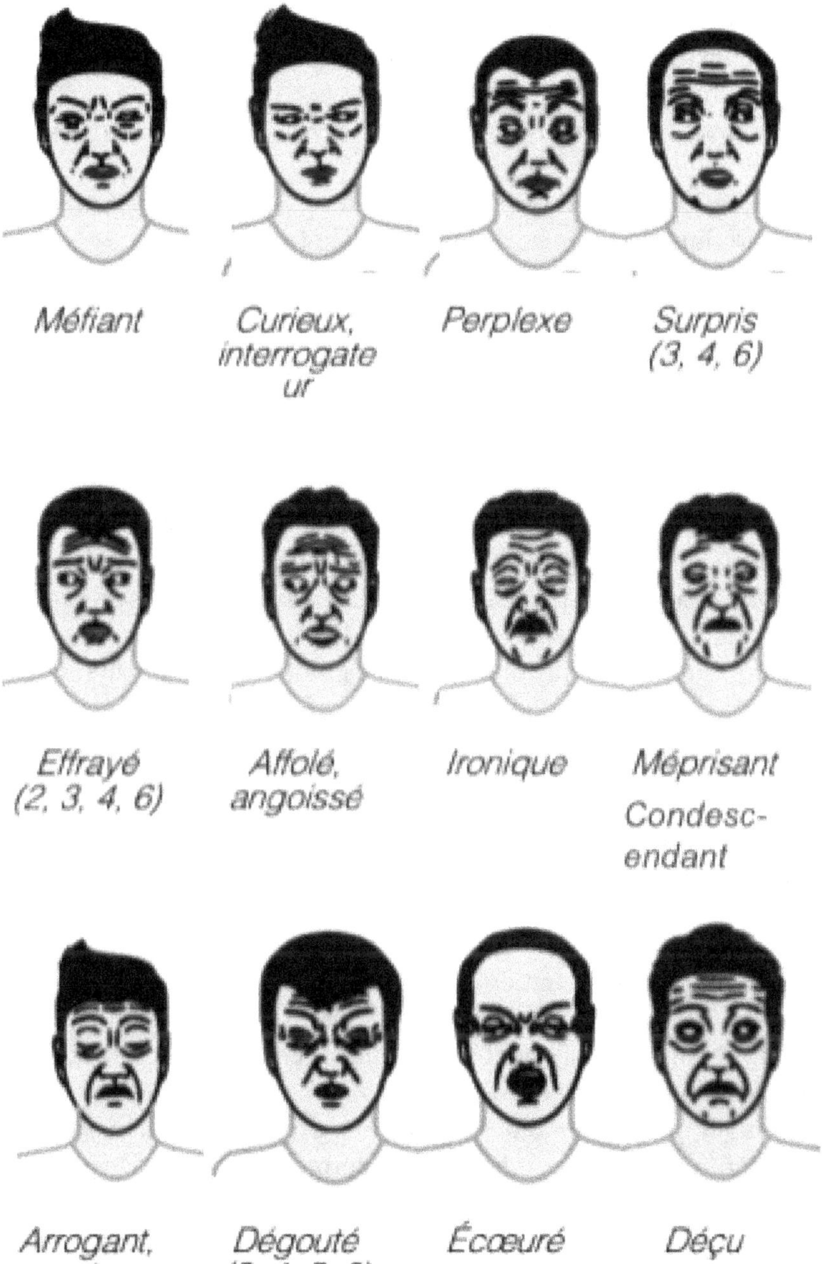
Méfiant
Curieux, interrogateur
Perplexe
Surpris (3, 4, 6)
Effrayé (2, 3, 4, 6)
Affolé, angoissé
Ironique
Méprisant
Condescendant
Arrogant, auto-suffisant
Dégouté (3,-4, 5, 6)
Écœuré
Déçu

1. **Grand zygomatique** : remonte les coins des lèvres ;
2. **Corrugateur du sourcil / abaisseur du sourcil** : fronce les sourcils ;
3. **Partie interne des sourcils** : lève les sourcils intérieurs et produit des rides sur le front ;
4. **Partie externe des sourcils** : lève les sourcils extérieurs et produit des rides horizontales sur le front ;
5. **Orbiculaire de l'œil** : resserre la peau autour des yeux et produit des rides autour des yeux, lève la paupière inférieure ;
6. **Orbiculaire de la bouche** : resserre, comprime et inverse les lèvres ;
7. **Abaisseur de l'angle de la bouche** : tire les coins de lèvres vers le bas.

Enfin, si votre conception contient une technologie avec un impact sur les émotions du patient, il vous faudra étayer vos informations concernant les variants sociologiques, psychologiques et systémiques[1] pour contextualiser l'apparition des émotions, leur manifestation, et leur rôle. Car si les émotions sont générées dans le but primaire de protéger le sujet concerné, elles ont également une fonction motrice sociale.

6.3.2. L'influence sur le comportement

De fait, reconnaître une émotion est un premier pas pour en chercher la cause, anticiper les sensations qu'elles produisent, et comprendre les besoins des patients. Les émotions parcourues précédemment permettent d'avoir une première approche des façons de prendre en compte les états émotionnels que traverse l'usager. L'émotion, une forme d'état physiologique associé généralement à l'identification d'un sentiment, permet de rehausser certaines cognitions.

Par exemple, si la peur permet d'être meilleur en calcul et en stratégie, elle inhibe en même temps d'autres performances cognitives. Elle peut, entre autres, créer un manque de lucidité en

---

[1] Krauth-Gruber, S., Niedenthal, P., & Ric, F. (2009). *Comprendre les émotions, Perspectives cognitives et psycho-sociales*. *Culture*, pp. 123-125.

accroissant certaines facultés plus que d'autres. Le comportement du sujet en est donc particulièrement affecté, même si les sensations de plaisir seront généralement toujours privilégiées alors que les sensations douloureuses seront évitées. À des degrés moindres, les sensations agréables seront privilégiées à celles qui ne le semblent pas.

Ainsi, l'usager de votre solution devra ressentir des émotions positives, aux moments les plus opportuns de son parcours de santé. N'en faites pas trop non plus au risque d'ennuyer le patient ou bien de vous retrouver avec des attentes de feedbacks positifs (cf. II-1.3.1. La gamification) bien trop importants pour pouvoir y répondre, le striatum de l'usager réclamant toujours plus de plaisir. C'est le principe de la surconsommation[1].

Les moments opportuns dépendent naturellement de votre persona, de sa pathologie, et de sa thérapie. Cependant, les pics de positivité dans son quotidien sont généralement des bons *moments* à renforcer alors que les négatives sont plutôt à adoucir. Si vous proposez des exercices de respiration par exemple, vous pouvez anticiper la façon dont les usagers accueilleront les interactions avec votre solution. Les applications de sport ont intégré ceci d'ailleurs en encourageant les utilisateurs en amont de leur challenge et en récompensant la moindre amélioration perçue. Cette récompense cible à la fois les compétences (passage d'une étape, gratification, ascension…), les performances (montrer que d'autres ne sont pas encore à son niveau, lui demander des conseils pour les autres, valoriser son conseil…), et la vie sociale (montrer le nombre de personnes faisant le challenge ou étant connectées en même temps, avec elle en ce moment).

Quand l'utilisateur rencontre une émotion négative, tentez de le justifier et de le faire relativiser, voire de donner une perspective différente à son vécu (cf. II-6.3.4. Et après-demain). Les gens aiment donner du sens à ce qui leur arrive. Ce mérite est profondément enraciné en nous, probablement issu des croyances religieuses.

En effet, nos actes étaient considérés, de génération en génération, comme jugés à la toute fin, puis punis ou récompensés. Vous pourrez ainsi valoriser cet état dans sa nouvelle quête identitaire, avec la sémantique de l'*après-combat* ou du

---

[1] Bohler, S. (2019). *Le bug humain, pourquoi notre cerveau nous pousse à détruire la planète et comment l'en empêcher,* Robert Laffont.

développement végétal. Ce sont des sémantiques de plus en plus fréquentes[1] lorsque les patients s'expriment sur leur parcours de malade (cf. II-5.2.2. L'UX Writing).

Il faudra l'aider à intégrer ce qu'il vit, en incitant à le transformer de façon positive pour qu'il se construise. C'est une forme d'aide à l'évaluation cognitive de l'expérience. Les émotions négatives peuvent cependant aussi être provoquées directement par votre solution, en cas de bugs par exemple. À vous de le justifier, et l'humour, surtout l'autodérision, sera votre meilleur allié pour cela. L'humour aide en effet à la prise de recul et au changement de perception. À manier ceci dit avec précaution et sous supervision bien entendu.

Selon la personnalité des utilisateurs, vous aurez différents univers à construire. Il est préférable d'éviter les graphismes un peu trop ludiques. Les formes pleines et saturées peuvent être trop imposantes et lourdes pour certaines personnes. Une interface épurée, avec une certaine légèreté, leur donne la sensation de pouvoir respirer, d'être soulagés d'un poids. De plus, le côté ludique pourrait avoir tendance à amener un sentiment d'infantilisation pouvant être préjudiciable.

Ce côté plutôt déceptif aura pour conséquence d'enfoncer le sentiment de découragement ou d'isolement. L'autostigmatisation, à travers la honte de se sentir comme sous tutelle technologique et « même pas humaine », pourrait également se manifester. Vos utilisateurs ne sont pas là pour s'amuser, mais pour se construire, se sentir importants pour eux-mêmes, et se délester d'un poids

[1] Fleury, C., Morin, C., & Riquier, C. (Réalisateurs). (2021). *Webinaire de la Chaire de philosophie* [Webinaire].

psychologique. Prendre très au sérieux ce besoin est important, surtout en début d'expérience.

Les cinq émotions ci-dessous, vous permettent de comprendre le mécanisme psychologique, physiologique et les besoins inhérents des usagers dans ces moments-là. Ces émotions citées sont celles que vous verrez le plus souvent dans vos recherches utilisateur.

En cas de colère, cela peut provenir d'une forme d'impuissance ou de frustration, voire d'un manque de respect envers sa personne, créant une situation ressentie comme injuste. Les sensations physiologiques ne seront pas forcément conscientes, mais vous pourrez les observer. Le patient aura entre autres la mâchoire serrée, une respiration plus rapide, ses yeux froncés, des contractions musculaires et une sensation de chaleur.

Il aura à ce moment-là besoin d'écoute et de décharger son énergie, que ce soit en courant, en faisant une pause, en malaxant quelque chose, en criant, ou en prenant un temps pour faire des exercices de respiration. Il aura besoin d'être compris, de changer de situation ou de voir l'injustice réparée à ses yeux.

En cas de honte, ses valeurs sont généralement bousculées, voire non respectées. Des moqueries ou des jugements provenant des autres ou de lui-même en sont souvent la source. Une sensation de lourdeur se manifestera par un regard fuyant et un dos courbé. Une envie de pleurer et de fuir apparaîtra. Le patient aura également besoin de retrouver son estime personnelle, en s'acceptant de façon inconditionnelle. Il devra demander pardon (même à lui-même), et réparer l'erreur éventuellement ; il pourra solliciter des excuses également. L'interaction avec la solution devra être empreinte d'écoute et de bienveillance.

En cas de tristesse chez l'usager, elle sera issue d'une séparation, d'une perte ou d'un échec dans un objectif qu'il avait, même s'il se l'était fixé lui-même. Les larmes viendront probablement et seront accompagnées de lèvres tremblantes, potentiellement d'idées noires, et d'une gorge nouée. Dans ces cas-là, votre usager aura grandement besoin de réconfort. Il aura dans l'idéal besoin d'être pris dans les bras, d'accepter de ce qui s'est passé. Parler, et exprimer ce qu'il ressent pourra lui faire du bien. Pleurer le soulagera également.

En cas de dégoût, un spectacle de quelque chose de nocif est généralement observé. Les marques faciales ne manifestent pas le plissement du nez, une nausée et la baisse globale de sa température.

L'usager aura besoin de retrouver une vision de justice, de se sentir en sécurité et respecté. Il faudra qu'il s'exprime et qu'il se ménage quant à la nourriture ou aux odeurs, en écoutant ses sensations physiques. S'éloigner de cette scène nocive, prendre du recul et s'apaiser sera nécessaire. Les marques faciales du dégoût peuvent être proches de celles de la peur chez certaines personnes. Ne confondez pas.

En cas de peur, un danger imminent accompagne un manque de sécurité chez l'usager. Il peut s'agir simplement parfois d'un élément inconnu. L'afflux du sang augmentera, ainsi que la sécrétion de l'adrénaline, avec une accélération du rythme cardiaque. Les meilleures choses à faire seront de lui montrer qu'il est protégé et aidé dans son parcours ; il faudra lui apporter de la réassurance, avec des paroles, une table ronde, ou via par exemple l'expression artistique comme le dessin ou un jeu.

6.3.3. La plasticité synaptique

« Qu'importe le flacon, pourvu qu'on ait l'ivresse ! »

De Musset A.,
1831[1]

L'origine d'une émotion n'est pas toujours certaine. Les émotions dépendent en partie de marqueurs somatiques liés à notre vécu, déclenchant ainsi des réactions physiologiques plus ou moins dominantes selon les stimuli extérieurs. En effet, leur rôle est similaire à celui des biais cognitifs. Il est de nous aider à choisir parmi de nombreuses options s'offrant à nous chaque jour ; le but étant d'obtenir un résultat positif.

Cela ne fonctionne pas à tous les coups encore une fois. Nous faisons régulièrement de mauvais choix bien que nous sachions

---

[1] De Musset A., (1831) La Coupe et les Lèvres. *« Aimer est le grand point, qu'importe la maîtresse ? Qu'importe le flacon, pourvu qu'on ait l'ivresse ? »*

pertinemment la résultante au long terme non positive. Nous faisons en effet régulièrement des choix guidés par la satisfaction immédiate plutôt que par les conséquences sur le long terme.

- « Qu'importe le diabète, pourvu que cette belle pâtisserie me rassasie ! »
- « Qu'importe la cirrhose, prenons un verre après cette longue journée pour effacer le stress accumulé. »

Il est ainsi difficile d'ancrer de nouvelles habitudes chez le patient si des émotions mnésiques fortes persistent. Il existe pour autant des techniques pour tenter de contrecarrer les automatismes générés par ces émotions. Le fait de marquer des arrêts sur image, par exemple, et de créer des temps de réflexion, permet de prendre le dessus sur ces marqueurs somatiques.

Cela permet de prendre du recul, et de recouvrer une certaine lucidité. L'objectif reste de mieux contrôler une situation nocive pour le sujet pouvant se renouveler, voire finir par le faire souffrir. C'est ainsi que les schémas synaptiques peuvent être cassés : avec le temps et la répétition de ces arrêts sur image. Cette technique est notamment utilisée dans les Thérapies cognitivo-comportementales d'ailleurs.

La plasticité synaptique est le fait de pouvoir modifier les schémas synaptiques. Si les circuits neuronaux peuvent être renforcés avec la répétition des expériences vécues, ils sont également en mesure de créer, à tout âge, de nouvelles ramifications neuronales. Des expériences vécues, consciemment ou inconsciemment, créent de nouveaux schémas synaptiques, tout en faisant des liens avec ceux déjà en place. Cela permet de faire des ponts notamment entre les circuits de pensées antérieurs et ceux que vous tenterez de développer chez le patient.

La plasticité synaptique est ce mécanisme de modification des schémas neuronaux, en intégrant petit à petit, de nouveaux gestes et réflexes. Cette spécificité du cerveau est à votre avantage dans la conception des solutions en santé connectée. En comprenant son mécanisme, vous aurez des clés supplémentaires pour guider le patient dans ses nouvelles habitudes.

6.3.4. Les schémas synaptiques

Les schémas neuronaux dépendent donc de l'histoire des sujets : de leur éducation, de leur environnement culturel et de leurs actions. En répétant plusieurs fois les mêmes actions, nous l'avons vu, des associations d'objets, d'idées, de situations, de sujets et de contextes se forment. Et plus les répétitions s'accumulent et plus les schémas neuronaux, c'est-à-dire les associations d'idées, se renforcent. Ces schémas renforcés généreront à leur tour des réflexes d'assimilation ultérieure, les *signifiés*[1] générant des *signifiants*[2,3]. Lorsque nous n'en avons pas conscience, cela s'appelle d'ailleurs l'intuition[4]. Ces schémas auront un impact considérable sur nos capacités de réflexion et de perception. Cela justifie le fait que, dans une même situation, deux personnes du même groupe peuvent avoir des réactions, des interprétations ou des visions différentes. Leurs expériences antérieures ayant forgé leurs schémas neuronaux différemment, elles abordent forcément les faits de manière particulière[5]. Cela justifie l'utilité de comprendre la taxonomie des

1 Les associations synaptiques déjà faites par le passé.

2 L'association d'idées qui se forme grâce aux signifiés.

3 Ansermet, F., & Magistretti, P. (2017). *À chacun son cerveau, Plasticité neuronale et inconscient.* Odile Jacob.

4 Ibid.

5 Wendel, S. (2020). *Designing for Behavior Change,* Second Edition Applying Psychology and Behavioral Economics. Kindle.

usagers, et cela vous aidera pour construire l'arborescence d'un site par exemple (cf. II-5.2.3. L'architecture d'information), plutôt que de se reposer sur sa propre compréhension du contexte et de l'usage de la solution. Vous devrez donc connaître et étayer les données concernant l'histoire de la personne avec les différentes situations rencontrées tout au long de son parcours de santé.

Décomposez les situations en autant de *signifiants* et de *signifiés* que vous pourrez afin de construire de nouvelles perceptions des situations pour le patient. Car ceux ayant eu de mauvaises expériences avec les applications numériques réagiront probablement plus mal avec votre solution (en tous cas au départ) qu'une personne sans a priori. Une personne ayant eu des difficultés avec des professionnels de santé ou avec le système de prise en charge globale aura probablement davantage confiance en votre thérapie numérique, car sans intervention humaine visible.

Les schémas neuronaux créent donc des *raccourcis* synaptiques. Ce qui crée, par corrélation, des habitudes. Cela désigne en fait beaucoup de choses : une façon d'être, de penser, d'agir, etc. Une habitude est un comportement type effectué plusieurs fois et répondant à des stimuli similaires. Il s'agit donc d'un automatisme, potentiellement inconscient. Il nous permet de nous libérer de notre charge cognitive quotidienne et de nous concentrer sur ce qui est le plus important : les éléments nouveaux, les projets à mener, et les problématiques rencontrées.

Une habitude peut provenir comme nous l'avons vu de répétition d'actions, suite à un certain type de stimuli rencontré. Plus cela se produit, plus l'association synaptique des éléments correspondants sera forte. Et plus l'habitude sera inconsciente, comme lorsque vous conduisez par exemple. Vous ne réfléchissez pas réellement à la façon dont vous devriez prendre le volant quand vous conduisez. Ceci pourrait même être dangereux, car vous pourriez être dépassé par une multitude d'informations et finalement avoir une saturation du cortex préfrontal. Vous serez limité dans votre capacité d'assimilation et de compréhension de la situation. Nous l'avons tous vécu lors de nos premières heures de conduites, pour ceux qui ont le permis. Le fait d'être récompensé peut aider à ancrer une nouvelle habitude dans notre quotidien que ce soit être fier de nous ou que cela vienne de l'extérieur (cf. II-1.3.1. La gamification). Le fait de trouver une gratification pour une action nous invite à la réitérer par la suite. C'est la théorie du conditionnement de B.F. Skinner. Cela peut être intrinsèque et se manifester par des sensations agréables, comme manger, boire, sourire. Mais cela peut être extrinsèque aussi et se manifester à la réalisation d'objectif fixé antérieurement[1].

Rappelez-vous que dans votre recherche utilisateurs, il est important de recouper les informations avec celles des proches. Croiser les points de vue, trouver des corrélations ou des différences pourra vous éclairer quant à la façon qu'a le patient de vivre les événements par rapport aux autres parties prenantes. Notez également que, la mémoire étant constructive, les patients rassemblent dans leur tête les différents éléments du vécu au fur et à mesure qu'ils les racontent. Il peut arriver donc qu'au moment où vous recueillez les informations, il puisse manquer des éléments ou

1 Ibid.

bien y avoir des incohérences. Vous devrez naturellement les approfondir pour vérifier ou étayer les propos.

De fait, les entretiens (cf. I-4.4. Les entretiens) peuvent se faire de concert avec plusieurs parties prenantes au projet, s'il n'y pas d'enjeu de pouvoir[1] ou de rapports à l'intimité trop saillants (cf. II-4.2.3. Les focus groups). Une personne peut tout à fait décrire un parcours et avoir du soutien d'autres individus présents lorsque c'est nécessaire pour se remémorer d'autres éléments de l'histoire. Vous aurez alors affaire à des échanges très instructifs entre les membres, pouvant même révéler des informations importantes. Ce type d'entretien est naturellement à ne pratiquer que dans certains cas. Il ne remplace aucunement les entretiens classiques. Il s'agira uniquement de consolider votre identification des certains schémas neuronaux en confirmant ou infirmant vos hypothèses.

6.3.5. Les processus cognitifs

Il me semble intéressant de voir ici les processus cognitifs. Ils sollicitent en effet différentes régions du cerveau selon leurs besoins. Et ils ne se contentent pas d'une seule zone. Plusieurs régions cérébrales sont fréquemment associées pour gérer les situations rencontrées.

- La **mémoire de travail**, les cognitions sociales et l'attention se situent avec les fonctions exécutives au niveau du Lobe frontal.
- Dans **l'attention**, on notera les capacités de sélection des informations, de rester focus sur un élément, d'être éveillé à son environnement et de rester vigilant. Nous retrouverons par ailleurs dans les fonctions exécutives, l'inhibition, la capacité à être flexible ainsi que les facultés de planification et de mise à jour des connaissances.
- La **praxie** utilisera d'autres aires cérébrales en plus du lobe frontal, et notamment le lobe pariétal.
- Le **langage**, nécessitant de la réceptivité concernant le discours des autres et la possibilité de s'exprimer en retour, mobilisera des ressources au niveau du lobe temporal et du lobe frontal. Le

[1] Sinon, il faudrait que vous cherchiez à comprendre les mécanismes sociaux de cette tension.

lobe temporal et le lobe frontal sont également choisis par la mémoire à long terme, c'est-à-dire la mémoire sémantique et épisodique (cf. I-6.1.7. La mémoire).

- **L'analyse visuelle** et spatiale des environnements nécessitera de l'activité à la fois du lobe pariétal, du lobe temporal ainsi que du lobe occipital.
- Et enfin, **la vitesse de traitement des informations** se fera grâce aux quatre lobes : frontal, pariétal, occipital et temporal.

En travaillant certains processus pour en endiguer d'autres, comme pour le changement d'habitude, le sujet dépense une certaine somme d'énergie, plus élevée que d'ordinaire. Les efforts cognitifs ont un coût énergétique, pas seulement cérébral, mais également énergétique. Si votre sujet est fatigué, vous ne pourrez pas lui demander des performances élevées.

Par exemple, pour faire face à une addiction, ou juste à une envie forte de consommer immédiatement quelque chose de plaisant (aliment, achat, divertissement, etc.), le patient doit court-circuiter *l'appel* du striatum avec le cortex frontal, en ayant un raisonnement conscient et en prenant une décision selon les conséquences sur le long terme.

Des études ont prouvé que les sujets ayant fait cet exercice étaient nettement plus lents pour résoudre des calculs simples[1]. Leur énergie avait été extrêmement sollicitée pour consolider leur choix. Et de fait, l'activité neuronale plus difficile.

Cette notion est importante à prendre en compte dans les *experience maps* que vous analyserez et améliorerez (cf. II-4.3.4. L'experience map). Vous ne pourrez pas demander d'effort aux patients ayant déjà lutté contre des réflexes juste avant, par exemple.

---

[1] Bohler, S. (2019). *Le bug humain, pourquoi notre cerveau nous pousse à détruire la planète et comment l'en empêcher,* Robert Laffont.

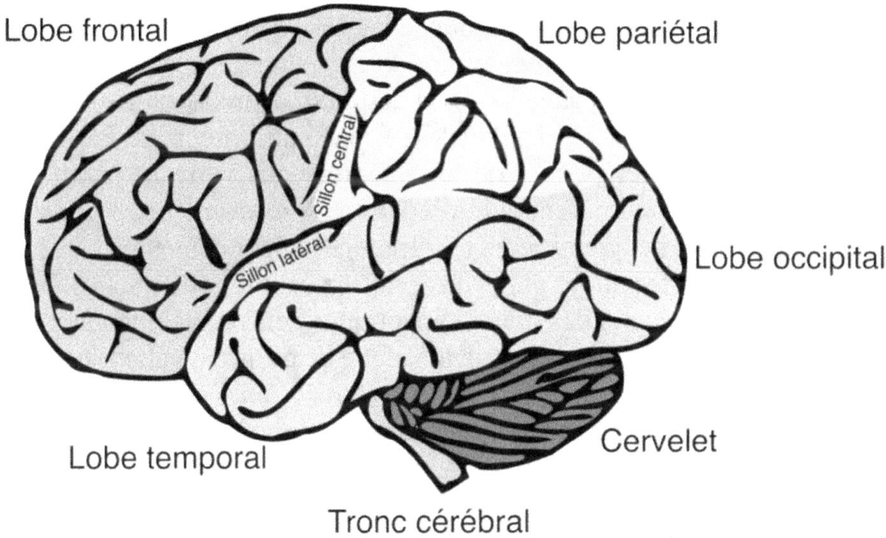

Schéma du cerveau en coupe latérale, vue côté gauche.

6.3.6. L'impact émotionnel

« La tension émotive est provoquée par l'attente de la mort
et non pas par l'amoncellement des cadavres. »

B. Cyrulnik,
2014[1]

Les émotions sont généralement liées à des stimuli, qu'ils soient externes ou internes[2]. Ces états physiologiques d'excitation s'expriment à travers le verbal où l'on dit avec des mots ce que l'on ressent ; à travers le paraverbal où des silences, des ralentissements

[1] Cyrulnik, B. (2014). *Sauve-toi, la vie t'appelle.* Odile Jacob, op. cit. p. 263

[2] Ansermet, F., & Magistretti, P. (2017). *À chacun son cerveau, Plasticité neuronale et inconscient.* Odile Jacob.

et d'autres manières de s'exprimer se manifestent ; et par le non verbal où l'émotion sera communiquée par les postures, les gestes et les expressions faciales et vocales.

Les émotions dites primaires sont les plus connues et les plus utilisées dans le II-4.3. Le design d'expérience utilisateur. Le fait de pouvoir les identifier permet de les intégrer dans votre recherche terrain pour mieux comprendre le vécu de certains événements. Plus vous comprendrez et identifierez leur fréquence, leur contexte et leur intensité de manifestation, plus vous pourrez calibrer votre solution au regard de ce vécu et des traces synaptiques générées. Cependant, ces émotions ne reflètent pas toute la palette de ce qu'un patient peut ressentir. De fait, lorsque vous ferez un questionnaire psychométrique et que vous demanderez par la même occasion au patient de jauger son niveau émotionnel, qu'il soit positif ou négatif, vous aurez des résultats insuffisants.

La plupart du temps, il y a cinq niveaux émotionnels notés. Alors que, ce qui nous intéresse, c'est la granularité de ces émotions. Une colère peut-être vive ou sourde et latente, vécue comme pesante, mais sans puissance par exemple. Une joie peut être légère, douce ou puissante et pétillante à l'inverse. Ces termes sont instructifs pour votre User Interface (cf. II- 5.3. L'habillage). Votre ethnographie sensorielle sera également d'une grande aide pour répondre ou contrebalancer ce type de sensation émotionnelle.

Ainsi, vous devrez vérifier le niveau et la qualité d'engagement émotionnel des patients pour anticiper les effets de l'interaction avec votre outil. Ces émotions primaires sont celles que nous avons vues dans la partie I-6.3.1. Les réactions émotionnelles. Il est donc intéressant de pousser un peu plus loin la réflexion concernant ces dernières et d'aller chercher les aptitudes qu'elles mobilisent et inhibent.

Pour reprendre l'exemple de la colère, qui s'apparente d'ailleurs à la haine, elle conditionne le cerveau en stimulant les zones qui permettent à l'individu d'être stratégique et méthodique. Elle crée, au passage, de la rancune et puis un désir de vengeance. Vous pouvez donc décomposer la formation des émotions en comprenant pourquoi elle survient pour mieux comprendre comment les canaliser.

Les émotions d'arrière-plan font qu'une personne sera caractérisée d'énergique, d'enthousiaste, ou au contraire de lente et lasse. Elles manifesteront des marques d'état physiologique récurrent selon des gestes particuliers. Il conviendra d'analyser par exemple s'ils sont brusques ou doux, leur précision et leur fréquence ; de déceler les mimiques faciales simultanées ; l'expression globale du visage, ainsi que la prosodie de leur expression verbale. Antonio Damasio, professeur renommé de neurologie, appelle cela des réactions composites, étant des actions régulatrices pour maintenir l'homéostasie d'une personne[1] ; pour nous, du patient. Cet équilibre gère ainsi les signaux de douleur, de plaisir ou d'appétits permanents.

En d'autres termes, le corps, avec ses émotions d'arrière-plan, permet de rééquilibrer ses besoins internes afin de se sentir satisfait, dans son métabolisme, toujours en relation avec une situation externe. Ce que Damasio ne sait pas encore selon ses propres propos, c'est la façon dont le tempérament et l'état de santé influent sur ces émotions d'arrière-plan. Ceci est donc la limite sur laquelle vous ne pourrez pas réellement travailler[2].

Enfin, ce neurologue a également identifié les émotions sociales[3], avec un système similaire à celui des neurones miroirs. Elles sont directement liées aux réactions de l'autre personne. Ainsi, les émotions sociales sont interdépendantes de la vie sociale des individus. Selon ses émotions, le patient pourra potentiellement avoir certaines réactions, et provoquer d'autres réactions chez ses interlocuteurs ; celles-ci provoqueront à leur tour de nouvelles (ou les mêmes) émotions. Prenons l'exemple d'un patient ayant peur d'avouer au médecin qu'il n'a pas suivi rigoureusement son traitement de fond.

Il ne va pas appréhender de le dire par peur qu'il lui arrive réellement quelque chose. Il n'y a aucun danger imminent si ce n'est la réaction sociale de son spécialiste. Donc, le patient redoute de s'épancher de peur surtout d'avoir un mauvais moment à endurer socialement. Rappelez-vous donc que vous ne pouvez pas interpréter l'expression d'un patient sans comprendre l'objet de cette réaction.

---

1 Damasio A.R. (2003), *Spinoza avait raison, Joie et tristesse, le cerveau des émotions*, Odile jacob, Poches, p.51

2 À moins que vous soyez chercheur en neuroscience.

3 Ibid., p.52.

L'émotion sociale fonctionne d'ailleurs avec les animaux. Les animaux ont des mécanismes de réactions émotionnelles cousines de celles des humains, leur permettant de casser des cercles vicieux d'angoisse sociale ou d'inhibition de la parole par exemple. Le chien fait la moue au retour de son maître, laissant comprendre qu'il a fait une bêtise. Il sait qu'il va se faire gronder. Et c'est dans cette anticipation sociale que son émotion est modifiée. Ce lien entre l'homme et l'animal leur octroie un rôle dans certaines psychothérapies avec notamment la médiation animale.

Les émotions primaires, d'arrière-plan et sociales, ont donc différents impacts potentiellement utiles dans votre conception. Elles permettent de motiver le patient, et de le guider dans les choix qui lui conviennent le mieux ; elles permettent également d'améliorer certaines facultés cognitives comme la vigilance, l'attention et la rapidité de réaction. Cependant, mobiliser certaines aptitudes peut en altérer d'autres, comme le raisonnement si l'attention est trop captée par exemple (cf. II-1.2.4. Le design attentionnel).

Une émotion peut par ailleurs influencer tout le vécu d'une situation et pas uniquement sur le point d'interaction qui l'a déclenchée. L'inverse est vrai aussi, car la cognition peut générer de nouvelles émotions. C'est ce qui est utilisé notamment avec la technique de la métacognition, afin d'aider le patient dans sa prise de recul et son apaisement. Son état émotionnel est alors modifié grâce à sa réflexion consciente.

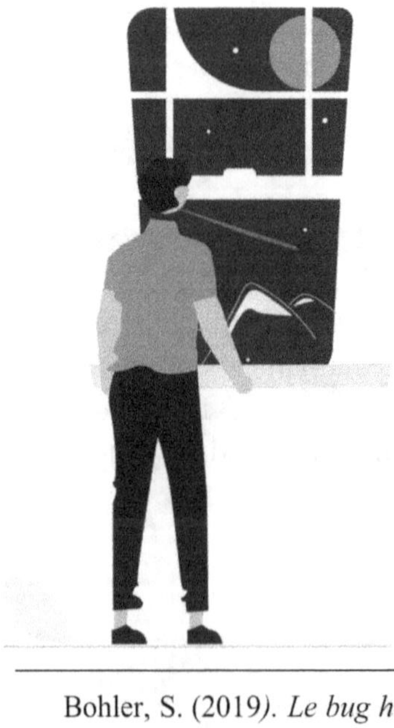

Ce mécanisme est d'ailleurs au cœur des techniques de méditation, soutenant incontestablement les modifications d'habitudes puisqu'il nourrit les zones du cerveau pouvant court-circuiter le striatum[1].

[1] Bohler, S. (2019). *Le bug humain, pourquoi notre cerveau nous pousse à détruire la planète et comment l'en empêcher*, Robert Laffont.

6.3.7. Théorie des perspectives cumulatives

L'évolution des différents états émotionnels et affectifs modifie naturellement les processus cognitifs incitant le patient à prendre telle décision plutôt qu'une autre. Ceci a naturellement la conséquence de transformer toute la chaîne des interactions entre le patient et sa prise en charge. De plus, les sensations et émotions laissent des empreintes.

Ce faisant, les expériences émotionnelles passées jouent également un rôle important dans le vécu présent. Si aujourd'hui, nous nous concentrons sur des théories comportementales, avec les trébuchements cognitifs et les influences heuristiques, associer ces dernières à l'influence de l'affect fera émerger de nouveaux mécanismes de prises de décision potentiels. Le psychologue américain, Robert B. Zajonc a d'ailleurs prouvé que les réactions émotionnelles influençaient beaucoup les jugements humains.

Ce constat a été corroboré par le scientifique Antonio Damasio. Il a en effet démontré que sans émotion la capacité de prise de décision était particulièrement impactée[1]. Ainsi, dans notre contexte, la théorie des perspectives cumulatives[2] permet de relativiser la probabilité des prises de décision du patient. En effet, les problèmes de santé sont éminemment troublants d'un point de vue émotionnel, psychologique et affectif. La théorie des perspectives cumulatives, ou Cumulative Prospect Theory (CPT) permettent d'analyser la perception du patient en prenant en compte cette forte dimension affective. Cette théorie va venir renforcer vos analyses des fonctions cognitives, et vous permettra d'anticiper les prises de décision du patient.

Concrètement, vous connaissez la valeur des attentes du patient par rapport à son niveau de satisfaction. En fait, cette relativité se retrouve dans les perspectives cumulatives : le patient va anticiper les résultats thérapeutiques selon son point de référence (cf. II-1.1.7. Huit biais à connaître).

---

1 Damasio A.R. (2003), *Spinoza avait raison, Joie et tristesse, le cerveau des émotions,* Odile jacob, Poches, p.36

2 Tversky, A., & Kahneman, D. (1992). *Advances in prospect theory: Cumulative representation of uncertainty*.

Il aura beaucoup plus de mal à se concentrer sur la finalité objective visée. Plus précisément, le patient va vouloir un résultat plus positif par rapport à ce qu'il connait de sa situation, et va anticiper les risques de perte. Il s'agira sans doute de son confort, mais celui-ci peut prendre différentes formes : l'ergonomie de son parcours de soin, l'accessibilité des soignants, et des dimensions plus essentielles comme l'intensité de la douleur ou l'importance des effets secondaires. Le patient, ayant souvent connu des phases où sa condition n'était pas optimale, il gardera en tête cette peur de régression. Même si le traitement est scientifiquement plus efficace, la personne va surpondérer les dangers d'aggravation de sévérité de sa maladie, et sous-pondérer les états de santé plutôt moyens, alors même, je le rappelle, que les changements dans les parcours du soin sont opérés à des fins clairement d'amélioration de sa qualité de vie. Le patient va ainsi surpondérer les risques moins probables, sans prendre en compte les résultats relatifs aux preuves scientifiques et sa situation concrète.

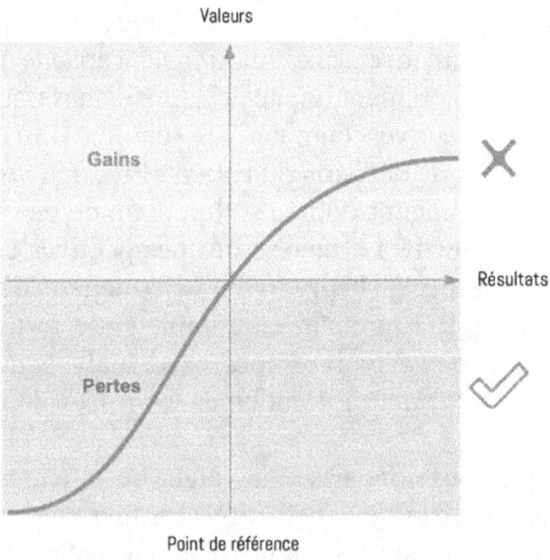

Dans l'exemple ci-dessus, la courbe des pertes en bas est plus pentue que celle des gains. Cela signifie entre autres que les pertes seront plus importantes et donc que les gains ne pourront pas contrebalancer les risques pour le patient. [1]

[1] Consulté le 16 novembre 2022 à 16h30. https://stringfixer.com/fr/Cumulative_prospect_theory

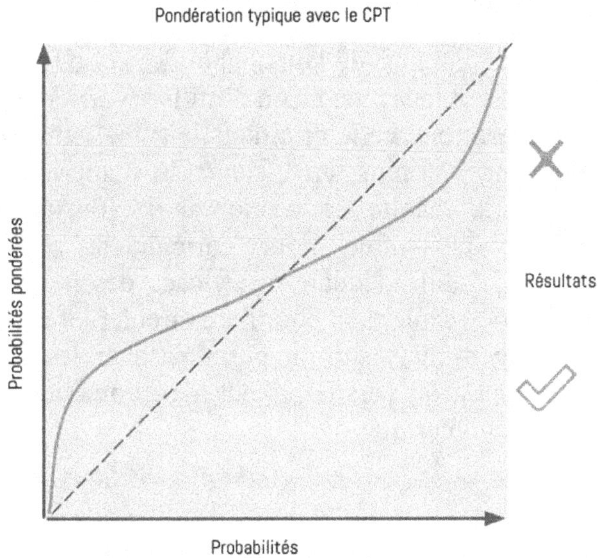

Dans l'exemple ci-dessus, la courbe des probabilités pondérées variées nettement par rapport aux probabilités réelles. Il s'agit clairement des surpondérations et sous-pondérations du patient évoquées précédemment.

La théorie des perspectives cumulatives (CPT) est donc un formidable outil pour prévenir les décisions animées par la peur, ou toute autre émotion pouvant déformer le jugement du patient. Vous pourrez ainsi davantage assister le patient en partant de son point de référence subjectif et non pas de votre point de référence objectif. Cela permettra entre autres de lever les barrières émotionnelles de la résistance au changement, voire de sortir de statu quo basé sur les habitudes. Pour ce faire, vous aurez naturellement besoin de mieux comprendre, tout de même, ces habitudes en question.

6.4. Organiser les données

L'évolution des patients, de leurs habitudes et de leurs maladies, influence grandement leur type façon d'utiliser votre solution, et par conséquent, la place que celle-ci a dans leur vie, ainsi que le sens qu'ils lui donnent. De plus, en e-santé, le numérique capitalise énormément sur la récolte, la gestion et la transformation des données comme plus-value pour enrichir les connaissances médicales. Une gestion adéquate et efficace des informations est donc essentielle, non seulement pour faire circuler les connaissances concernant l'usager, mais surtout pour partager les bonnes. Les bénéfices iront tout droit vers le patient avec l'amélioration de son accompagnement numérique.

6.4.1. L'atomic research

Dans le domaine de la conception d'expérience utilisateur, une des méthodes de gestion de la donnée est *l'atomic research*, pour exprimer le concept de « fragmentation de données ». Ce cadre d'analyse vous permettra de simplifier l'analyse des informations que vous aurez récoltées, en segmentant les informations issues de vos recherches terrain. Ces segments sont composés d'éléments catégorisés en différentes familles tels que les expériences vécues / observées, les faits appris / déclarés, l'interprétation de cet apprentissage, et les recommandations retenues comme pertinentes pour améliorer l'expérience d'usage de la solution. Répartir ces informations par catégorie au fur et à mesure permet de capitaliser sur les études terrain menées auprès des usagers de la solution, et par conséquent de partager les informations efficacement auprès de vos équipes.

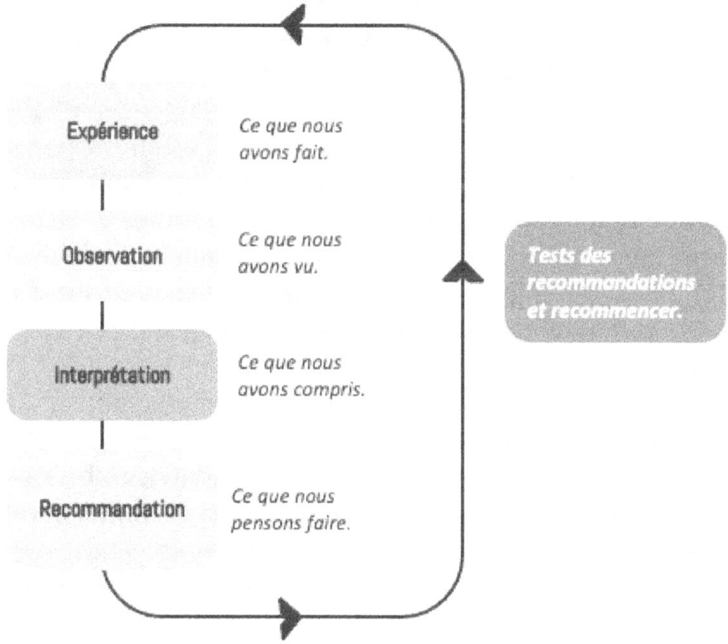

Le modèle de l'atomic research de Daniel Pidcock

Si *l'atomic research* est une méthode pour récolter et stocker la donnée, vous devez également créer un *repository*[1] pour améliorer sa manipulation et sa transformation. Ce référentiel *d'UX research*[2] aide à la connaissance des usagers en triant les différentes formes et sources d'informations les concernant dans un logiciel de traitement de données auquel toutes les équipes ont accès.

6.4.2. Le repository

Vous devrez pour cela rassembler toutes les informations répondant à la motivation que les utilisateurs ont pour utiliser votre solution, les besoins observés et déclarés, les problématiques rencontrées, l'avancement dans la maladie, la proximité avec

[1] « Dépôt » en français, espace numérique de dépôt de données, organisé et partagé de façon à optimiser sa transversalité entre les équipes.
[2] Ou « user experience research » signifiant « recherche centrée sur l'expérience utilisateur » en français.

l'équipe soignante, le niveau d'acception de l'état de santé et des perspectives / efforts à venir, les déclencheurs potentiels d'usage de votre solution, les contextes avec les contraintes et les facilités liées, etc.

Les informations peuvent autant venir des entretiens avec les patients, des études externes d'entreprises prestataires ou de laboratoire de recherche, des questionnaires remplis à chaud après une prise en charge ou à froid lors d'une enquête particulière, des retours de vos premiers patients, des témoignages en ligne ou des données comportementales issues de l'usage même de votre solution.

Lors de mes précédentes missions, j'ai plutôt utilisé Airtable comme outil de gestion pour créer mon *repository*. Mais vous trouverez d'autres outils sur le marché comme **Glean.ly**, **Dovetail**, **UserBit**, **Aurelius**, **Productboard**, **Avrio**, **Usability Hub**, ou **Condens**.

6.5. Modifier les habitudes

« Le souvenir encourage l'usage, et l'usage réactive le souvenir. On peut dire que la mémoire déposée dans l'objet est vivante. »

S. Tisseron,
2018[1]

S'il y a bien une chose que j'ai remarquée, c'est que travailler l'expérience du patient en santé ne suffit pas toujours. Quand le but est d'améliorer l'impact de la thérapie, il faut parfois aller jusqu'à modifier des habitudes. Une de mes parties favorites, je l'avoue, en lien avec mon histoire personnelle. Le fait d'avoir subi des maltraitances, hors milieu familial, dès mon plus jeune âge (avant mes 3 ans) jusqu'à mon adolescence (13 ans), j'ai été entraînée à analyser les comportements. Je devais savoir plusieurs dizaines de mètres à l'avance, avec de tout petits indices, si la situation allait virer au cauchemar. Le but étant de me préparer, changer de chemin, trouver une personne avec qui discuter, ou une autre solution de fortune pouvant me sortir de ce mauvais pas. Sans solution, il ne me restait qu'à serrer les dents et à attendre que les insultes, les menaces, voire les coups, passent.

[1] Tisseron, S. (2018). *Petit traité de cyberpsychologie, pour ne pas prendre les robots pour des messies et l'IA pour une lanterne.* Le Pommier, op. cit. p. 214

Analyser et comprendre les comportements est donc essentiel pour introduire des changements. Et pour modifier les habitudes d'une personne, il faut prendre en compte les six étapes comportementales qui les composent[1].

1. Le patient remarquera un ou plusieurs stimuli externes l'incitant à l'action ;
2. Le système A est un automatisme ; il s'actionne et le patient réagit de manière intuitive ;
3. Une prise de conscience se fait permettant de réévaluer son choix au regard de ce qui est raisonnable ou non ; c'est le système B qui est réflexif ;
4. Pour prendre une décision de façon raisonnable, il vérifie s'il est en capacité de mener l'action prévue ;
5. Il réfléchit à comment la mener et s'il a tout ce qu'il faut pour y arriver ;
6. Il choisit le moment opportun pour effectuer son action ; c'est l'entonnoir de la prise de décision.

À chacun de ces moments, le patient est potentiellement distrait et capté vers une autre activité. C'est souvent le cas lorsque les solutions sont sur une plateforme web ou mobile. Les réseaux et autres plateformes à l'économie de l'attention ont vite fait de récupérer le patient.

Vous avez par ailleurs plus de chance de l'aider si le patient effectue ces six étapes jusqu'au bout, sans être distrait par des distractions externes ou internes. Cela signifie qu'il est conscient de ce qu'il fait (système B). Sinon, cela voudra dire qu'il ne réfléchit pas et qu'il agit de manière non consciente (système A). Votre parcours s'en trouvera entravé[2]. Il vous faudra, non pas compter sur ses capacités cognitives, mais sur vos possibilités d'action concernant les stimuli en question, afin d'en modifier les liaisons synaptiques. Notez que vous devrez potentiellement travailler aussi en amont ses capacités de résistances, en préparant le patient à se concentrer.

---

[1] Wendel, S. (2020), Designing for Behavior Change, Second Edition Applying Psychology and Behavioral Economics

[2] Ibid.

Le mot de Pierrich Plusquellec

Les problèmes de santé mentale sont de plus en plus communs dans nos sociétés. On estime qu'environ de 15 à 20 % des travailleurs occidentaux rapportent des problèmes liés à la détresse psychologique, à la dépression et à l'épuisement professionnel[1]. Ces problèmes engendrent de l'absentéisme et une baisse de productivité pouvant générer des coûts élevés pour les organisations et les gouvernements. Daniel Kahneman, prix Nobel d'économie, a compris cet enjeu sociétal et nous indique la voie[2,3]. Selon lui, toute organisation devrait favoriser le bien-être de ses membres en prévenant les troubles de santé mentale et en les rendant conscients du lien entre leurs activités et les émotions qu'elles suscitent. L'intelligence émotionnelle est une théorie scientifique développée par John Mayer et Peter Salovey[4,5] qui peut se définir comme « la capacité de contrôler ses propres émotions et celles des autres, de les différencier et d'utiliser ces informations pour guider sa pensée et son action ». Bien qu'ayant encore des éléments à valider[6], cette théorie a eu le mérite de galvaniser les recherches sur l'influence des émotions dans nos vies, aussi bien dans la sphère personnelle[7], de

---

1 Marchand AB, M.-E.; Durand, P. . Genre, âge, catégorie professionnelle, secteur économique et santé mentale en milieu de travail: les résultats de l'étude SALVEO. . *Canadian Journal of Public Health.* 2015;106(4):223-229.

2 Kahneman D, Krueger AB, Schkade DA, Schwarz N, Stone AA. *A survey method for characterizing daily life experience: the day reconstruction method.* Science. 2004;306(5702):1776-1780.

3 Kahneman D, Krueger AB. Developments in the measurement of subjective well-being. *Journal of Economic Perspectives.* 2006;20(1):3-24.

4 Mayer JD, Salovey P, Caruso DR. *Emotional intelligence: Theory, findings, and implications. Psychological Inquiry*. 2004;15(3):197-215.

5 Mayer JD, Dipaolo M, Salovey P. *Perceiving Affective Content in Ambiguous Visual-Stimuli - a Component of Emotional Intelligence. Journal of Personality Assessment*. 1990;54(3-4):772-781.

6 Cherniss C. *Emotional Intelligence: Toward Clarification of a Concept. Industrial and Organizational Psychology.* 2015;3(2):110-126.

7 Trampe D, Quoidbach J, Taquet M. *Emotions in Everyday Life.* PLoS One. 2015;10(12): e0145450.

couple[1], que professionnelle[2]. En fait, aujourd'hui, les difficultés de régulation émotionnelle sont considérées comme des cibles d'intervention centrales pour l'ensemble des psychopathologies[3]. Cela implique la nécessité pour tout un chacun de développer ses habiletés à réguler ses émotions, c'est-à-dire à influencer les émotions que nous avons au moment où elles se produisent. Mais avant tout, il faut permettre à chacun de prendre conscience de ses émotions. C'est ici que le champ de l'informatique affective pourrait avoir un impact social bénéfique majeur s'il est déployé de manière éthique et responsable. En effet, actuellement, grâce aux développements en apprentissage profond, l'analyse automatique des expressions faciales permet à nos ordinateurs et téléphones intelligents de décoder nos émotions. Ces avancées se sont nourries des connaissances scientifiques dans le domaine de la communication non verbale. Les recherches sur les expressions faciales occupent en effet plus de 40 % des 30 000 articles scientifiques de ce domaine de recherche[4]. Ces progrès ont ainsi largement contribué à la création d'outils de quantification automatique des expressions faciales, même si ces avancées comportent leur lot de limites et de défis[5]. Malgré ces limites, les applications scientifiques de l'analyse automatique des expressions faciales d'émotions apparaissent très prometteuses notamment en santé où elles se sont déjà illustrées pour détecter la présence de douleurs postopératoire des enfants[6], pour entraîner les enfants

---

1 Gottman JM, Levenson RW. *A two-factor model for predicting when a couple will divorce: exploratory analyses using 14-year longitudinal data. Fam Process.* 2002;41(1):83-96.

2 Totterdell PA, *Niven K. Workplace Moods and Emotions: A Review of Research.* 2014.

3 Sloan E, Hall K, Moulding R, Bryce S, Mildred H, Staiger PK. *Emotion regulation as a transdiagnostic treatment construct across anxiety, depression, substance, eating and borderline personality disorders: A systematic review.* Clin Psychol Rev. 2017; 57:141-163.

4 Plusquellec P, Denault V. The *1000 Most Cited Papers on Visible Nonverbal Behavior: A Bibliometric Analysis.* J Nonverbal Behav. 2018;42(3):347-377.

5 Martinez B, Valstar MF, Jiang BH, Pantic M. *Automatic Analysis of Facial Actions: A Survey. Ieee T Affect Comput.* 2019;10(3):325-347.

6 Sikka K, Ahmed AA, Diaz D, et al. *Automated Assessment of Children's Postoperative Pain Using Computer Vision. Pediatrics.* 2015;136(1): e124-131.

autistes à mieux percevoir les émotions des autres[1], ou encore pour mesurer objectivement les symptômes psychotiques de patients schizophrènes[2]. Plusieurs compagnies privées développent aussi activement cette technologie comme *EmotionCues* en Chine, qui permet à un enseignant d'avoir une rétroaction en temps réel de l'émotion de sa classe[3] ; *Emotuit*[4], qui souhaite mesurer l'engagement de clients en ligne ; *Eyeris*[5], qui annonce mesurer *l'état* d'un conducteur dans une voiture ; ou *Cladoop*[6], qui propose un outil de détection des troubles d'adaptation des enfants. Le marché est friand de ces technologies même si elles posent des questions sur la confidentialité des données, que peu de ces initiatives adressent vraiment. Soulignons que les GAFAM[7] ont déjà intégré cette fonctionnalité de lecture automatique des expressions faciales dans certains de leurs produits sans réellement informer le public[8].

La science des émotions combinée à celle de l'informatique affective est sans nul doute une voie d'avenir à considérer dans le développement de futurs produits. Il faudra cependant rester extrêmement attentif à l'éthicité de leur utilisation.

M. Pierrich Plusquellec
Professeur agrégé, Université de Montréal, Co-fondateur et CEO chez EmoScienS

---

1 Gordon I, Pierce MD, Bartlett MS, Tanaka JW. *Training facial expression production in children on the autism spectrum. J Autism Dev Disord.* 2014;44(10):2486-2498.

2 Hamm J, Kohler CG, Gur RC, Verma R. *Automated Facial Action Coding System for dynamic analysis of facial expressions in neuropsychiatric disorders.* J Neurosci Methods. 2011 ;200(2) :237-256.

3 Zeng H, Shu X, Wang Y, et al. *EmotionCues: Emotion-Oriented Visual Summarization of Classroom Videos.* IEEE Trans Vis Comput Graph. 2020; PP (99):1-1.

4 https://emotuit.com. Accessed2020.

5 https://www.eyeris.ai.

6 http://www.cladoop.com/site/.

7 Google Apple Facebook Amazon Microsoft

8 Plusquellec P. https://plus.lapresse.ca/screens/359ed0f3-b4af-4c1a-afb4-5aac9cd0b0aa__7C___0.html. Published 2017. Accessed.

Postface de Nabil Thalmann

Vous avez pu le constater, les mots “sciences humaines et sociales” et “usage” ont été au cœur de cet ouvrage. Ils ont été expliqués, décortiqués, déployés, enrichis afin de bien faire comprendre qu’un projet en e-santé ne se résume pas à un projet technique, où il s’agirait de numériser, dématérialiser certains processus existant aujourd’hui en physique ou penser numériquement des innovations.

Cela va bien au-delà de concevoir une interface homme-machine à travers une liste de fonctionnalités qui consisterait grosso modo à recueillir des données, apporter de l’information au patient et le rendre “autonome” en permettant une auto-évaluation de sa santé.

Que l’on soit en e-santé ou tout autre type de projet, la démarche impose de se demander pourquoi proposer tel ou tel outil/support voire dispositif médical et à quel public.

Et la mise en place en amont d’un protocole de détection des besoins, de recueil des attentes (à ce sujet, j’ai d’ailleurs appris l’acronyme RIPH, les recherches impliquant les personnes humaines) est indispensable. Il existe de nombreuses méthodes pour observer les usages, les comprendre et identifier des besoins non adressés. J’affectionne personnellement l’approche qualitative, qui permet d’aller au cœur même du vécu, qui traque le non-dit, élargit le champ de vision, bouscule le discours de bon ton et les a priori, épaissie la donnée pauvre, nuance la donnée brute, accueille l’inattendue, valorise le signal faible, explore l’inconnu voire démine les situations compliquées. Je précise néanmoins qu’une approche mix-méthodologiques est aussi très pertinente, car elle mixe différents regards et types d’informations, souvent indispensables pour couvrir l’ensemble d’un sujet et partir dès le départ, dans une bonne direction.

Cet ouvrage donne un aperçu détaillé de tous les aspects à prendre en compte lorsqu’on souhaite concevoir pour le patient un projet en e-santé.

Concevoir une expérience patient est à la fois un challenge et une ambition.

Un challenge tout d’abord, car on se rend vite compte à la lecture de cet ouvrage que les contraintes réglementaires sont fortes et impliquent d’être anticipées. J’ai particulièrement apprécié ce rappel, qui, s'il n'est pas le plus motivant dans ce type de projet, peut vous faire perdre du temps et de l'argent (essayons d'éviter cela en ces temps d'optimisation des ressources). Cet ouvrage dresse ainsi le panorama de tout un univers codifié, médical, administratif, technique qu'il faut apprivoiser.

Le challenge consiste aussi à faire se parler différentes disciplines. Vous avez pu constater la multitude de professionnels, de parties prenantes qui sont concernés par un projet en e-santé (à ma connaissance davantage que dans d'autres projets). Et en premier lieu, la solution conçue devra prendre en compte les activités du soignant et les contextes de soin du patient. Et dans ce cas, quel langage commun adopter ? À propos de quelle thématique ? Pour embarquer quels acteurs et à quels moments du projet ?

Le rôle d'un chef d'orchestre est alors incontournable. Il peut être incarné par trois types de personnes : le chef de projet, le designer ou le RID (responsable innovation et développement).

Un challenge, enfin, parce qu'un projet en e-santé aborde le vécu, l'intime, les émotions.

Il ne s'agit pas de faciliter l'utilisation d'une application météo pour optimiser le moment de planter telle fleur ou tel légume dans son jardin. L'expérience patient aborde la maladie, la perception de soi dans un moment de vie particulier, où l'humain se sent un autre, souvent diminué, affaibli.

Concevoir l'expérience patient est aussi une ambition sur cet aspect de l'intime. N'en déplaise à certains PDS de type rouge, il ne s'agit pas tant de vaincre la maladie que de soigner le malade. À ce sujet, la description des différents types de praticiens est aussi utile pour mieux savoir comment les embarquer.

Les perceptions du malade, avant d'être un patient sont de trois natures : avec soi-même, avec son entourage et avec son environnement. Il faut prendre en compte cette triple strate où l'expérience individuelle se niche et s'entrechoque. L'autrice parle quant à elle de micro-environnement, de méso-environnement et de macro-environnement.

S'occuper de l'humain est une exigence forte, qui nécessite des compétences, un cadre, un savoir-faire et un savoir-être. Cet ouvrage n'a de cesse de le rappeler.

Et je le rappelle à nouveau ici : l'apport des sciences sociales et humaines, ce sont des connaissances éprouvées et une attitude à adopter afin de bien démarrer un projet et de valider son état d'avancement. D'ailleurs, saluons le soin apporté aux sources et à la documentation. J'espère que vous savez toutes et tous métacogiter désormais !!

À ce sujet, il me semble indispensable de maîtriser les notions de psychologie cognitive, l'impact des émotions sur nos actes, les schémas neuronaux (certains d'entre vous connaissent peut-être davantage la notion de modèle mental, souvent à la base du comportement humain). Les nombreux conseils de conception et d'ergonomie qui jalonnent la 2e moitié de cet ouvrage démontrent que la conception de votre solution devra s'appuyer sur la connaissance des différentes étapes du parcours thérapeutique, des manières potentielles de les vivre et le rythme de progression, du besoin du patient d'envisager un bout du tunnel, de garder sa motivation à un bon niveau, d'identifier les moments où il sera prêt à interagir et d'exploiter au mieux les émotions qui le parcourent.

J'ajouterai aussi que cet ouvrage, s'il détaille de nombreuses convictions, n'est pas moralisateur. C'est-à-dire qu'il n'affirme pas qu'il soit plus noble de travailler à améliorer la vie du malade que de maintenir le consommateur dans un *Flow* optimal afin de capter sans fin son attention. Certes, dans les deux cas, la prise en compte des ressorts émotionnels est indispensable. Cependant, les KPI visés ne sont pas les mêmes et l'impact sur la santé de l'être humain non plus bien sûr.

Finalement, c'est un ensemble de connaissances, de méthodes, de partenaires aux mêmes objectifs qui se mettent en scène pour le bien commun.

Mieux comprendre comment l'être humain fonctionne pour mieux concevoir.

M. Nabil Thalmann

Directeur d'étude / Research manager depuis plus de 20 ans et président de Flupa (association regroupant les professionnels francophones de l'expérience utilisateur).

Structures éditoriales du groupe L'Harmattan

L'Harmattan Italie
Via degli Artisti, 15
10124 Torino
harmattan.italia@gmail.com

L'Harmattan Hongrie
Kossuth l. u. 14-16.
1053 Budapest
harmattan@harmattan.hu

L'Harmattan Sénégal
10 VDN en face Mermoz
BP 45034 Dakar-Fann
senharmattan@gmail.com

L'Harmattan Cameroun
TSINGA/FECAFOOT
BP 11486 Yaoundé
inkoukam@gmail.com

L'Harmattan Burkina Faso
Achille Somé – tengnule@hotmail.fr

L'Harmattan Guinée
Almamya, rue KA 028 OKB Agency
BP 3470 Conakry
harmattanguinee@yahoo.fr

L'Harmattan RDC
185, avenue Nyangwe
Commune de Lingwala – Kinshasa
matangilamusadila@yahoo.fr

L'Harmattan Congo
219, avenue Nelson Mandela
BP 2874 Brazzaville
harmattan.congo@yahoo.fr

L'Harmattan Mali
ACI 2000 - Immeuble Mgr Jean Marie Cisse
Bureau 10
BP 145 Bamako-Mali
mali@harmattan.fr

L'Harmattan Togo
Djidjole – Lomé
Maison Amela
face EPP BATOME
ddamela@aol.com

L'Harmattan Côte d'Ivoire
Résidence Karl – Cité des Arts
Abidjan-Cocody
03 BP 1588 Abidjan
espace_harmattan.ci@hotmail.fr

Nos librairies en France

Librairie internationale
16, rue des Écoles
75005 Paris
librairie.internationale@harmattan.fr
01 40 46 79 11
www.librairieharmattan.com

Librairie des savoirs
21, rue des Écoles
75005 Paris
librairie.sh@harmattan.fr
01 46 34 13 71
www.librairieharmattansh.com

Librairie Le Lucernaire
53, rue Notre-Dame-des-Champs
75006 Paris
librairie@lucernaire.fr
01 42 22 67 13